JENS ANDERSEN
イェンス・アンダーセン 著　三島崎子 訳

LEGO

木工所から世界No.1玩具メーカーへ、90年間のストーリー

楓書店

君は僕を夢想家だと言うだろうね
だけど僕一人だけじゃないさ
いつか君も仲間に加わってほしい
そうして世界は一つになるんだ
（ジョン・レノン）

Contents

家系図

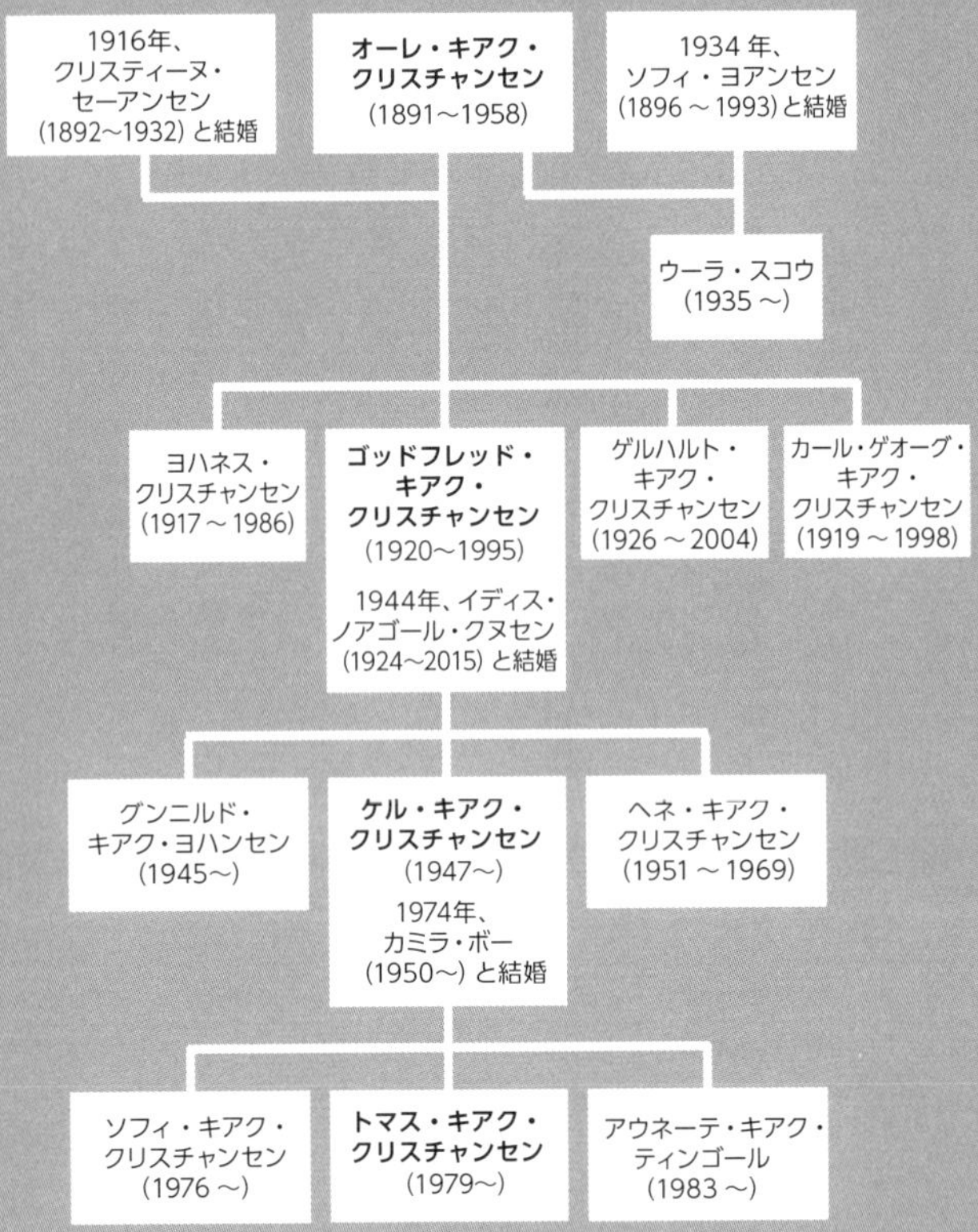
1916年、
クリスティーヌ・
セーアンセン
(1892〜1932) と結婚
オーレ・キアク・
クリスチャンセン
(1891〜1958)
1934 年、
ソフィ・ヨアンセン
(1896 〜 1993) と結婚
ウーラ・スコウ
(1935 〜)
ヨハネス・
クリスチャンセン
(1917 〜 1986)
ゴッドフレッド・
キアク・
クリスチャンセン
(1920〜1995)
1944年、イディス・
ノアゴール・クヌセン
(1924〜2015) と結婚
ゲルハルト・
キアク・
クリスチャンセン
(1926 〜 2004)
カール・ゲオーグ・
キアク・
クリスチャンセン
(1919 〜 1998)
グンニルド・
キアク・ヨハンセン
(1945〜)
ケル・キアク・
クリスチャンセン
(1947〜)
1974年、
カミラ・ボー
(1950〜) と結婚
ヘネ・キアク・
クリスチャンセン
(1951 〜 1969)
ソフィ・キアク・
クリスチャンセン
(1976 〜)
トマス・キアク・
クリスチャンセン
(1979〜)
アウネーテ・キアク・
ティンゴール
(1983 〜)

序文　読者の皆さま

毎年、世界全体で八〇〇〇万～九〇〇〇万人の子どもがレゴの箱を与えられ、一〇〇〇万人ものの大人が自分用にレゴを買っているという。だが、レゴは単に、無数の方法で組み合わせたり組み立てたりできるプラスチックのおもちゃではない。レゴは、人間にとって遊びがいかに重要なものかを教えてくれる存在である。

本書は、九〇年にわたって子どもの遊ぶ権利を守ってきた、ある世界的企業とあるデンマーク人一族――大人も自分の中にある子どもを育む時間を持つべきだと信じる一族――の物語である。

レゴは一九三〇年代初頭から、しばしば社会や文化の壁を越え、幼い子ども向けに、そしてかつて子どもだった人々に向けておもちゃを作り、体験を生みだしつづけている。その間レゴは何度も世界的な危機に遭遇してきた。その間にデンマークをはじめとする北欧諸国は福祉国家へと変貌していった。父親が上座につく父権制家族の社会は、女性が働いたり世帯主になったりする世界に変わった。社会には新たなジェンダーの役割と家族構造が出現し、その変化とともに新たな遊び方も誕生した。かつて、遊びとはもっぱら身体的な活動だった。今日、遊びはデジタル化された。こうした変化を経るあいだも、レゴは常にレゴでありつづけた。

本書の着想を得たのは二〇一九年の秋だった。これは一般的なビジネス書というよりは、キアク・クリスチャンセン一族三世代の文化史、そして伝記である。彼ら三世代がレゴを生みだして現在の形に育て上げ、今は四世代目が受け継ごうとしている。世界最大の玩具メーカーであり世界で最も愛されたブランドの一つ、それがレゴなのだ。

　本書の内容は、創業の地ビルンで保管されているレゴの資料と、一年半にわたるケル・キアク・クリスチャンセンとの対話に基づいている。彼は一九四七年に生まれ、五〇年近くのあいだレゴの進化に貢献してきた。

　このあと、彼のことは単に「ケル」と呼ぶことにする。それは彼の望みである。レゴの二万人の従業員にも、一〇万人にのぼる公式ファンリストにもその名前で知られているからだ。大人のファンにとって、レゴは情熱の対象であり、ライフスタイルそのものでもある。

　名前といえば、一族の姓は長年、時として混乱を招いてきた。ミドルネームの「キアク」については何も問題ない。だが、ラストネームは「Kristiansen」と「Christiansen」のどちらが正しいのか？

　古い教会の記録や洗礼証明書によれば「K」で始まる「Kristiansen」のはずだが、なぜか創業者のオーレ・キアクは、一九一六年に若き大工としてビルンに移り住んだとき自らの名前を「Ch」で始まる「Christiansen」と綴ることにした。基本的には死ぬまでそのスペルを用い、ビルン郊外のグレーネ教区墓地の墓石にもそう刻まれている。

　オーレ・キアクの息子ゴッドフレッドも「K」でなく「Ch」で自分の姓を綴り、野心あふれる若き現場監督となった一九四〇年代にイニシャルGKCを用いはじめた。彼は生涯その名称を使いつづけ、会社の従業員や取引先、地元の人々や親しい友人たちが彼を呼ぶときのニックネームにもなった。GKCの息子、本書の中心人物であるケルは若い頃、教会の記録に従うことを選び、以来「Kjeld Kirk Kristiansen（ケル・キアク・クリスチャンセン）」という名前で通している。

私は個々人の希望を尊重することにした。したがって本書内では、レゴの創業者は「オーレ・キアク」もしくは「クリスチャンセン」、彼の息子は「ゴッドフレッド」または「GKC」、そして三代目は「ケル」とのみ表記する。

レゴ（LEGO）やレゴグループ内のキアクビ（KIRKBI）などを大文字で書いているのは、この会社の一般的な表記に従うのが自然だと思ったからである。

ただし、レゴの従業員や関係者の方々は、ある一点に関して本書が社内の正式なガイドラインから外れていることをお許し願いたい。私は標準的な英語における慣例に従うことにした。つまり、「LEGO」のあとにつく商標登録記号Ⓡを省略したのだ。これは単に読みやすさを優先したものである。

ポッチ（突起）が八つの典型的なブロック二つの組み合わせ方が二四通りあるのと同じように、レゴについて語るにも多くの方法がある。私は注釈を略して大河小説的に語ることにした。

しかしまずは、私が無事このプロジェクトを完成させられたのは以下の方々のたゆまぬご協力のおかげであることを申し上げておきたい。レゴアイデアハウス館長イェテ・オーデュナ、アーキビストのティーヌ・フロベウ・モーテンセン、キアク・クリスチャンセン一族の皆さま、レゴ株式会社のニールス・B・クリスチャンセン、ヨアン・ヴィー・クヌッドストープ、キアクビ株式会社のウーラ・ルンドゥスとセーアン・トルップ・セーアンセン、それにポリティケンス・フォーレイ社のキム・フンデヴァットとウーラ・マヴィルド。また、読みやすい英語に翻訳してくださったキャロライン・ウェイト、編集の眼識と言葉の達人ぶりを発揮してくださったエリザベス・デノーマにも感謝している。

最後になったが、デンマークの歴史におけるおとぎ話のようなエピソードについて見識を示してくださったケルには特別な心からの感謝の意を示したい。デンマーク語の「leg godt（よく遊べ）」がLEGOの語源だ。だから、ここにもそれを応用したい。

よく読め！

イェンス・アナセン、二〇二一年七月

1

Woodwork

木工

1920年代

オーレ・キアクの道具類

『昔々、はるか彼方の銀河で……』

これは、かの有名な宇宙の英雄伝説の冒頭である。今からお聞かせする物語でも、その伝説はある役割を演じることになる。この物語は一九一五年の秋、デンマークの辺鄙な田舎で始まる。ユトランド地方の一人の若き職人が、ビルンという小さな田舎町で木工所が売りに出ていることを耳にした。

彼はデンマークの荒涼たる辺境の地で育っていた。貧しく、ほとんどの人が日雇い労働者として働く地方だ。少年時代、彼は羊や牛の世話をし、道路の穴やクサリヘビに警戒することを覚え、嵐が起こると地域の誰よりも巧みに退避壕を掘ることができた。

一人前の大工となった若者は、自分の家を持つことを夢に見、結婚して独立することを口にした。兄弟姉妹の協力を得て銀行から一万デンマーククローネ〔以下「クローネ」とのみ表記〕を借りることができ、一九一六年二月、デンマークのユトランド地方にある小さな村ビルンの郊外に、作業場が付属した平屋建ての白い家を手に入れた。神——そしてヴァーデ銀行——の助けがあれば、何もかもうまくいくだろう。四月、二五歳の誕生日に、オーレ・キアク・クリスチャンセンはハンシン・クリスティーヌ・セーアンセンと結婚し、翌年彼女は息子四人のうち一人目を出産した。

ケル：祖父は一八九一年、ビルンの北二〇キロほどの町、ブロホイで生まれた。家族には男の子が六人と女の子が六人いて、一人一人に曾祖父の考えたミドルネームがついていた。いや、女の子はミドルネームをつけてもらわなかった。もちろん、結婚したら名前が変わることに

1916年4月7日、オーレ·キアクの25歳の誕生日、彼はクリスティーヌと結婚した。ビルンでは、インナー・ミッションの幹部カレンとピーターのウルメイアー夫妻が、親身になってこの若き新参者の面倒を見た。心からの友情が生まれ、年老いて寡婦となったカレンが病気になった際、オーレ・キアクは彼女を自宅に連れてきて回復するまで面倒を見た。

なっていたからだ。息子の一人の名はランベク、二人目はカンプ、三人目はボンデだった。祖父のオーレ・キアクというファーストネームとミドルネームは、ある西ユトランド地方の尊敬すべき農夫で地所集会《スタンデルフォーサムリンゲン》のメンバーの名前をもらったものだ。曾祖父はその農夫のもとで働き、その人を崇敬していた。祖父は六歳になる頃にはすでに動物の世話をし、いくつかの農場で働いていたけれど、結局兄の一人とともに大工の徒弟になった。ほかの職人と同じく最初は出稼ぎに行ったが、間もなく帰郷し、兄がグランステに郵便局を建てるのを手伝った。そして一九一六年、ビルンに移った。

第一次世界大戦の終わり頃、近隣の都市ヴァイレとグランステを結ぶ線路上の中間に位置するビルンには、一〇〇人ほどしか住んでいなかった。郵便局を兼ねた駅舎以外で一九一六年のビルンにあったのは、四、五箇所の大規模農場、畑仕事のできなくなった老人たちが住むための家数軒、学校一校、協同組合の乳製品販売所、食料品店一軒、ミッション・ハウスという福音派の集会場、酒場一軒だけだった。

酒場はその後ほどなくして酒類販売免許を取り消され、酒を提供しないホテルとして営業を再開することになる。全部で三〇ほどの建物が、両側に深い溝のある砂利だらけの田舎道沿いに並んでいた。

オーレ・キアクとクリスティーヌの家は、裏に作業場があり、ビルンの外に向かう道路の端に位置していた。家の向こうには耕された畑が少しあったが、それを越えると見渡す限りの荒野が広がっている。西へ向かう砂だらけの田舎道沿いに、何キロにもわたって茶色がかったヘザーが

1910年代の絵葉書。西から見たビルンの風景。砂利道にはヘザーが広がっている。左の白い建物はオーレ・キアクが 1916 年に買った家と作業場。（グレーネ教区、郷土史資料集）

根を張ろうとしていた。

昔コリングの町から来た一人の裕福な男性が、グレーネ教区を通ったときビルンを「神に見捨てられた地」と呼んだ、と言われている。確かに、一九一〇年代のビルンは弧を描く田舎道上の小さな点にすぎなかった。しかし第一次世界大戦後の年月、そこは活気に満ちていた――とりわけ、神と聖霊に関して。

若夫婦がビルンに居を構えたのは、デンマークの歴史において宗教運動が急速に国全体に広がっている時期だった。大都市で大きくなっていた労働組合を除けば、福音派信仰復興論者の組織インナー・ミッションは国内最大の民間団体だった。デンマークじゅうの信心深く倹《つま》しい農夫たちのあいだにミッション・ハウスが次々とでき、一九二〇年頃には、主に平凡な農家や労働者階級の三〇万人以上が、インナー・ミッションの教えに基づいて多くの小さな地域コミュニティを結成していた。これは一つの宗派ではなく多くの分派による宗教的ネットワークで、一人一人の信者はデンマーク国教会という大きな枠組みの中で敬虔なキリスト教徒としての生活を送っていた。とはいえ、当時国教会の多くの牧師は、インナー・ミッションのメンバーが教会に足を踏み入れることを拒んでいた。

一八八〇年代以降、信仰復興運動の波は何度かグレーネ教区に押し寄せていた。何十年ものあいだ、カトリックやルター派の司祭、敬虔主義信者、モラヴィア兄弟団から、信心深い現代の信者、いわゆる「グルントヴィギアン」（讃美歌作者ニコライ・フレデリク・セヴェリン・グルントヴィと彼のキリスト教や文化や教会や祖国についての思想を信奉する人々）に至るまで、多種多様な宗教的主張がこの地に響き渡った。

基本的には、インナー・ミッションのメンバーは、人間は生来罪深いと信じている。神を理解してその助けを受け入れることによってのみ、我々は罪悪から解放され、満足した人生を送ることができる。ビルンに移り住んだ大工とその妻も、そう信じていた。ただし、クリスチャンセン家は、地域のほかの家よりも陽気だった。

ケル：当時、ビルンの人々は二種類に分かれていた。自分の時間をすべてミッション・ハウスで過ごす厳格な信心家と、神との関係においてより現実的とされるグルントヴィギアンだ。グルントヴィギアンはよく町の公会堂で集まっていた。祖父母と同じく町民の大多数はミッションにかかわっていたが、どちらのグループも、どうしても必要なとき以外に交わることはなかった。

私も姉妹も、誰がミッションの人間で誰がグルントヴィギアンかを知っていた。祖父母は二人とも非常に信心深かったが、話を聞く限りでは、祖父は陽気な人でもあり、いい意味で「単純」だったようだ。とても開けっ広げで、自分の信仰に関して正直だった。祖父の信仰は揺るぎないもので、神の助けがなければ自分は玩具製作を思いつくこともレゴを創業することも決してなかっただろうと死ぬまで確信していた。

新参の職人からの請求書の上部には『ビルン・ウッドワーキング・アンド・カーペントリー』と書かれていた。町のほとんどの人々はオーレ・キアクの職人としての腕、きっぷのよさ、強い信仰心に感服していたし、商売は順調なスタートを切っていた。だが、数年経っても彼とクリスティーヌが期待していたほどの利益は上がっていなかった。ビルンやその他の地域の農家は第一次世界大戦中、デンマークの中立の立場を利用して戦争当事国に穀物や肉を売って儲け、泥炭を産出して臨時収入も得ていた。

つまり、彼らは修理や改築や商売の拡張を行う金を持っていた。だから一九一六年から一九一八年にかけては、仕事熱心な若き建具工の棟梁が取り組む仕事はふんだんにあった。ところが戦争が終わると国際的な金融危機がデンマークをも襲った。ビルンと周辺地域では、彼らにあるのは痩せた砂だらけの土地だけだった。

それでも優秀な大工は常に必要とされており、オーレ・キアクは自信に満ちていた。彼は職人と徒弟を雇い入れ、大規模な建築事業には地元の労働者を採用した。彼は優しく親しみやすい棟梁として知られており、部下には念入りで細かな仕事を要求した。そのため怠惰な人間は、クリ

ビルン駅は 1914 年に完成し、泥炭や泥灰土や堆肥の売買のおかげで、ヴァイレ―グランステ間で有数のにぎやかな駅となった。1917 年のある日、列車から降りたヴィッゴ・ヨアンセン（右）は、回想録にこう書いている。「私は今も、クリスチャンセンと奥さんのことをよく覚えている。彼らはホームレスの少年の世話をし、素晴らしい職業訓練を施し、生きるうえでの礼儀作法を教えてくれた」（グレーネ教区、郷土史資料集）

スチャンセンのもとで長くは働けなかった。逆に、努力を惜しまず、仕事に懸命に取り組む者は安心して働くことができた。部下が失敗しても、オーレ・キアクが厳しく叱責することはめったになかった。「失敗から学べばいい」と。

長年のうちにオーレ・キアクやその家族と親密になった職人の中に、ヴィッゴ・ヨアンセン、通称「建具屋ヴィッゴ」という男性がいた。彼は一九一七年にビルン・ウッドワーキング・アンド・カーペントリーで徒弟となり、その後八年間勤めた。ここで働いた経験は、この若者の、技術や高い倫理規範のみならず、ほかの人々や人生そのものへの態度に大きな影響を与えた。

オーレ・キアクの四人の息子と同じく、ヴァイレの近くにあるインナー・ミッションの孤児院で育ったヴィッゴも、人生とは神からの賜りものであると同時に義務でもあることを学んだ。我々人間には自分に与えられたものを最大限に活用する責務がある。ヴィッゴは決してそれを忘れず、クリスチャンセン家と過ごした歳月について後年書いた回想録の中で何度もそのことを強調した。のちに彼はその回想録を棟梁の息子たちに贈った。

一四歳のヴィッゴは一九一七年のある春の日、すべての持ち物を小さなスーツケース一つに入れてヴァイレから列車でビルンに到着した。ポケットに入っていた全財産は一クローネ八二オーレ（約二五セント）。オーレ・キアクは駅で少年を出迎え、歩く彼の横で自転車を押して、自宅兼作業場まで連れ帰った。オーレ・キアクは自転車を家の裏の小さな庭に置き、少年をこれから住む場所に案内した。作業場の上の涼しい屋根裏部屋だ。

「ここが君の部屋だよ、ヴィッゴ。屋根裏で一人ぼっちで寝るのは怖くないかい？」

「平気です」ヴィッゴは勇ましく答えたものの、ベッドと机と椅子のある自分だけの部屋を持つのは孤児院育ちの少年にとって初めてのことで、戸惑いを覚えていた。少年が一階に下りて正面側の部屋へ行くと、棟梁の妻はヴィッゴをじっと見つめた。

「この子、ちょっとひ弱そうよ」

「うん、だけどここにいれば丈夫になるさ」棟梁は答えた。

すぐにヴィッゴはこの家になじんだ。自分はもう、ブレッドバーレ孤児院にいるみなしごではない。今は、毎回の食事の最初と最後に祈りと神への心からの感謝を捧げる家族の中に、居場所がある。客が来れば彼らは讃美歌を歌い、ヴィッゴもその席に加わって仲間に入らせてもらえる。クリスチャンセンはよくモラヴィア兄弟団の信仰カレンダーを声に出して読み、讃美歌集から特に好きな一節か二節を選んで締めくくった。

二〇世紀初頭のデンマークでは一般的なことだったが、ヴィッゴは徒弟だった四年間、部屋と食事は与えられたものの賃金は支払われなかった。その代わりに、オーレ・キアクはヴィッゴが作業場のかんなくずを拾い集めることを許し、ヴィッゴはそれを焚きつけとして一袋一〇オーレで売った。また、ときどき地元の人が夜にミッション・ハウスへ行ったり友人の家へコーヒーを飲みに行ったりするとき、ヴィッゴは子守りをして小遣いを稼いだ。

道具の使い方に慣れてくると、オーレ・キアクは営業時間外に作業場を使わせてくれたので、ヴィッゴはスツール、帽子掛け、小さな本棚、ドールハウスの家具や小さな玩具などを作って腕を磨き、それを町で売った。

「材料の記録をつけておくのを忘れるな、ヴィッゴ！」クリスチャンセンは言った。「それから、売ったものの代金はちゃんともらうんだぞ」。後者はグレーネ教区では少々難しいことだった。あまり多くの現金が出回っておらず、物々交換が一般的だったからだ。窓の修理や古いドアの取り替えといったちょっとした仕事の場合でも、農夫たちはオーレ・キアクに、現物での支払いか、割引をねだってくるのだった。

一九一九年から一九二一年まで行われたスジョービヤウ教会建設の際もそうだった。当時すでにビルンで引っ張りだこになっていた棟梁は、グレーネ教区の教会に大きなオルガンと新しい柱廊を作るよう依頼された。ビルンの南、ヴォーバッセに向かう道路沿いのスジョービヤウ教会建設は、オーレ・キアクにとってそれまでで最大規模の仕事だった。彼は重要な大工仕事すべての監督を任された。錬鉄製の付属品を備えた巨大な正面扉、会衆席、説教壇、祭壇画。町の外から来た木彫師は一二使徒像の作成を依頼され、ヴィッゴはそれを祭壇画の狭いくぼみに設置し、次に箔押師が像に金箔を貼った。

スジョービヤウ教会の完成後、オーレ・キアクは費用に見合うだけの報酬を受け取れなかったが、後年言ったように「大義の役に立った」ことで満足していた。それで神が喜んでくださったのなら、賢明な投資だったと言えるだろう。

とはいえ、スジョービヤウ当局が新しい教会に充分な報酬を支払わずにすませたという事実は、オーレ・キアクが大工仕事は几帳面でも金銭には無頓着だったことを示している。一九二〇年代前半、ヴィッゴは何度か、クリスチャンセンが金銭的に困窮していることを知らされた。商売が深刻な危機に瀕し、棟梁の祈りにもかかわらず神が救いの手を差し伸べてくれないとき、ヴィッゴはよく自転車でグランステの銀行まで使いにやらされた。

西からの向かい風を受けて砂利道を銀行まで走り、戻ってくるのは、三〇キロほどの道のりだった。ヴィッゴのポケットには、借金の取り立てを逃れるための金が入った封筒が入っていた。「タイヤがパンクしないことを祈るよ、ヴィッゴ、もし君が三時までに銀行に行き着けなかったら、やつらは作業場と家を取り上げるからな」クリスチャンセンは真剣な口調で警告したが、すぐにいたずらっぽい笑みが顔に広がるのだった。

ヴィッゴはのちに振り返った。「よほどのことがなければ、棟梁が不機嫌になることはなかったよ」

オーレ・キアクの人格の中心にあるのは、人は神の子であってその罪は洗礼によって許されている、という確固たる信念だった。だが、彼は陽気で冗談好きな人間でもあった。彼のユーモア感覚は常識外れと思われることもあるほどだった。たとえば、大晦日の夜には人の股の下に爆竹を投げるのが好きだった。また、年老いてから、孫に犬のふりをさせて車のトランクに入れたこともある。

ケル：祖父は、陽気で、にこやかで、とても優しく、町でも工場でも人とふざけ回らずにはいられない人だったと記憶している。一度、祖父は私を自分の車オペル・カピタンのトランクに閉じ込めたことがあった。祖父母はドライブをするときいつも犬をトランクに入れていて、私も犬の気持ちを知るべきだと考えたからだ。実のところ、あまり楽しくはなかった。誰かが不意にやってきて祖父に話しかけ、祖父は私をトランクから出すのを忘れてしまったんだ。私はかなり長時間ほったらかしにされたので、中からバンバン叩いていたら、やがて誰かが聞きつけて出してくれたよ。

生涯を通じて、ユーモアと悪ふざけは、惜しみない信仰心とともにオーレ・キアクの性格を特徴づける側面だった。借金、返済の滞納、果ては破産申請という事態に陥っても平然としていられたのは、このお気楽さが深い信仰と組み合わさっていたからかもしれない。商売に暗雲が立ち込めたときでさえ、オーレ・キアクはたいてい、借金取立人や、数多くの債権者が差し向けた弁護士たちと仲良くなっていた。強制執行官すら、仕事をやり終えないまま、家族への土産として美しい木工品を腕いっぱいに抱えてビルンをあとにするのだった。

一九二一年一一月、ヴィッゴの徒弟期間が終わった。しかしユトランド地方のこの地域にフルタイムの仕事はあまりなかった。「これからどうするつもりだね、ヴィッゴ？　どこか行く当てはあるのか？」クリスチャンセンは尋ねた。ヴィッゴは黙っていた。

「よし、じゃあ私から提案がある。君はそれを受けてもいいし断ってもいい。どちらにしても、我々はこれからもずっと良き友人だ」

棟梁はヴィッゴに、ここにとどまって、間もなく訪れるであろう大規模な仕事を手伝ってくれるなら、部屋と食事と週給一〇クローネを提供すると申しでた。「私が君と同じくらい金に困っているからといって、低賃金の労働力を求めているとは思わないでくれ。君に徒弟として学んだことを活かしてほしいだけなんだ。君には技術がある、ヴィッゴ、足りないのは仕事だけだ」

もちろんヴィッゴは承諾した。その時点で彼はビルンのクリスチャンセンのもとで四年間働いており、職人の暮らしがどういうものかわかっていた。大きな仕事を請け負っていないときは、自宅の作業場で小さな仕事をして、なんとかやっていくのだ。作業場の一つの部屋には機械類が置かれていた。帯鋸《おびのこ》、ドリル、かんな盤、えぐり機。すべては長いベルトで天井に渡した軸につながっている。かんなくずであふれたもう一つの部屋には、ベンチが並び、ニカワを加熱するためのコンロがあった。ここで個別に細工した木材を組み合わせて、ドア、窓枠、キッチンの家具や調度品、棺桶、荷馬車用の箱、奉公人として働く若い男女のための衣装ダンスや引き出しを作るのだ。

ヴィッゴは作業場でもっぱら建具の仕事を行ったが、ほんの数週間後、近くの農場でもっと大きな仕事を請け負うことになった。クリスチャンセンは最初から、ヴィッゴに職人として充分な報酬――一時間当たり一クローネ一八オーレ――を払うようにした。

ケル：棟梁として、そして工場経営者として、長年祖父が本当に求めていたのは、完璧と質の高さのみならず、人としてのわきまえだった。具体的には、スタッフと良好な関係を築くということだ。それは社会的責任感であり、素晴らしい仕事に対して敬意を抱くのもそういう気持ちからだった。あらゆるものが最高の品質でなければならなかった。

手を抜いてはいけない。父は若いとき、それで叱られたことがある。一九三〇年代のある日、工場が玩具を作るようになったあと、父は請け負った木製のアヒルを普通よりずっと早く出荷した。自分の思いつきを聞いたら祖父は褒めてくれるだろう、と父は考えていた。普段はニスを三度塗っているが、アヒルには二度塗ることで自分は会社の時間と金を節約したと考えたからだ。しかし、祖父は父に目をやり、駅から品物をすべて取り返してこいと言った。そうしてアヒルにもう一度きちんとニスを塗るように、と。祖父にとっては、製品の質、ひいては顧客の満足が何より重要だったのだ。

ほどなく、オーレとクリスティーヌには養うべき家族が増えた。一九一七年のヨハネスに続いて、一九一九年にはカール・ゲオーグ、一九二〇年にゴッドフレッド（ケルの父親）、そして最後に一九二六年にはゲルハルトが生まれた。そのため、オーレ・キアクは一九二三年、作業場

1923年、オーレ・キアクが機械作業場の上の屋根裏部屋に作ったビルン・ウッドワーキング・アンド・カーペントリーでは、万事が順調に進んでいた。右翼部の窓の奥には作業ベンチ、道具棚、ニカワ加熱器を備えたもう一つの作業場があり、その上階は職人用の部屋になっていた。

の上にもう一階付け加えることにして屋根裏に貸し部屋を作り、一階の一部屋も貸しに出した。どんな形の収入も大歓迎だった。

一九二四年四月の終わり頃の日曜日、家族が昼寝をしていると、突然外から叫び声が聞こえた。「火事だ！」作業場は炎に包まれ、火は瞬時に母屋まで広がった。数時間後には、建物はすべて焼け落ちていた。

その後、当時五歳のカール・ゲオーグと、のちにレゴの精力的な最高経営責任者となる当時四歳のゴッドフレッドが、遊びで作業場に忍び込み、隣の娘たちのためにドールハウスの家具を作ろうとしたことが判明した。ひどく寒かったので、二人は作業ベンチに何本かのマッチ棒を見つけ、コンロを点火しようとした。燃えさしが弾け飛び、かんなくずに

1920年代初頭の夏のある日曜日、庭で子どもと一緒にいる嬉しそうな両親。左はカール・ゲオーグを背負ったオーレ・キアク、中央は家政婦とヨハネス、右はクリスティーヌとゴッドフレッド。

火がついた。二人は棒で叩いて火を消そうとしたが、かえって炎を大きくしてしまった。すぐに火炎が上がり、上階で眠っていた徒弟が煙に気づいた。彼は階段を駆け下りて、少年たちが閉じ込められていた作業場のドアを打ち破った。

幸いにも怪我人はいなかった。だが、機械はだめになった。私物をわずかしか持っていないヴィッゴにとっては大打撃だった。読書好きの彼は、服や靴のみならず収集した本も失った。その中には、クリスチャンセンが製本を手伝ってくれたものもあった。

ライフワークが突然瓦礫の山と化したのはオーレ・キアクにとってショックだったが、地元のコミュニティが力になってくれた。一家はすぐに、火事現場の真向かいにある協同組合の建物の屋根裏部屋を世話してもらったので、少なくとも雨露をしのぐことはでき、オーレ・キアクは仕事を続け

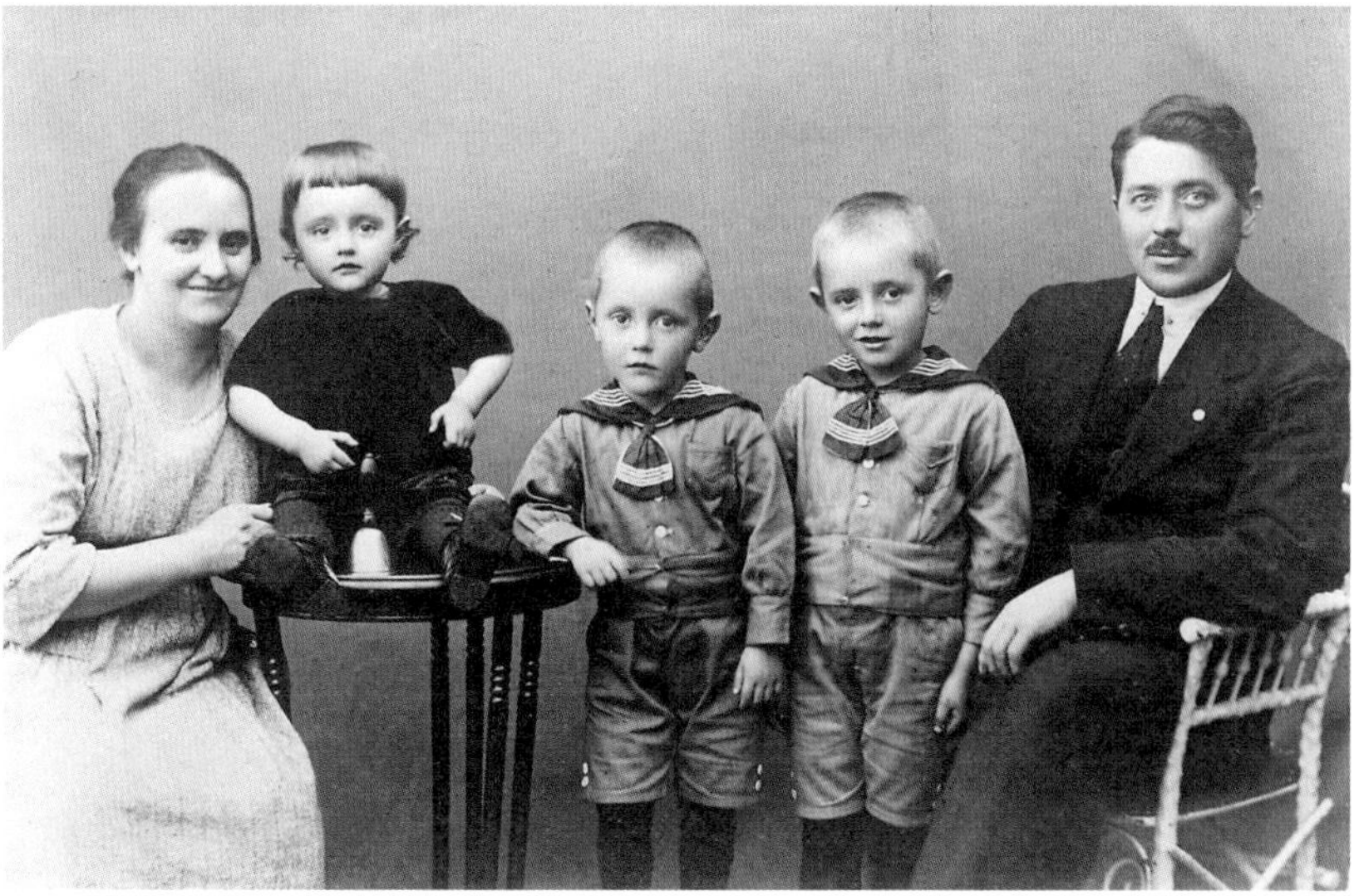

1924年、クリスティーヌとオーレ・キアク、ゴッドフレッド（左）、カール・ゲオーグ、ヨハネス。1926年生まれのゲルハルトはまだ存在していなかった。

られた。彼は多くの職人とともに忙しく働いて町の中央にビルンの新しい協同組合の乳製品販売所を建てた。現在レゴハウスがある場所だ。

乳製品販売所はビルンの町だけでなくその地域一帯にとって非常に重要な建物だった。オーレ・キアクは自らの不運について考えまいとし、焼失した家に代わる将来の家に心を向けるように努めた。乳製品販売所の建設中に何度か建築家と話をした。この建築家はビルンの東の町フレゼリシア出身で、一九二〇年代の多くの同業者と同じく「よりよい建築実践運動《ベター・ビルディング・プラクティス》」の信奉者だった。ありふれた材料と優秀で健全な職人の技を重視し、多くの場合、絵のように美しい細部を取り入れた建築スタイルを目指す運動である。

オーレ・キアクはその建築家イェスパーセンに、隣に作業場を備えた新しい家を設計してもらった。その結果、大きく美しい建物ができたが、同時に借金も増えた。クリスチャンセン自身の言葉を借りれば、借金は「そのあと何年も私について回った」。多くの教区民は棟梁の新居にうさんくさげな目を向けた。かなり大規模な農場でも、敷地内で拡張するときは牛小屋から始めるものだ。次に穀物小屋を建て、最後にもし金が残っていたなら住宅を建てる。ところがクリスチャンセンは、金もないのにいきなり豪邸を建てたのだ。彼は大きなことを考える人間だった。家のデザインは先進的で、複数のリビングルーム、複数の寝室、キッチン、複数の作業場を一つの機能的な建物にまとめたものだった。

家の形が決まったのは一九二四年の夏。オーレ・キアクは八月に、母屋と作業場の窓やドアについて何点か明確な指示を記した手紙を建築家に宛てて出した。その手紙には、未払いの報酬を払うよう乳製品販売所の経営者に頼んでほしいという依頼も書かれていた。「当方は少々金に困っているのです」。イェスパーセンはオーレ・キアク・クリスチャンセンに至急二〇〇〇クローネを送るよう頼む手紙を添えて、その要求を乳製品販売所に伝えた。

そうして、ビルンの年がら年じゅう金欠の棟梁は、グレーネ教区で最も高級で近代的な、裏に作業場と庭のある豪邸を手に入れた。

堂々としたレンガ造りの家の一方の端には道路に面して大きな窓があり、その奥は、ほかの立派な熟練職人がしているようにオーレ・キアクが自分の作品を展示する一種の工房になっていた。この家を建てた職人技を際立たせるため——「家自体が新たな客を引き寄せるのだ」とオーレ・キアクは明言した——、家の前にセメント舗装を施し（ビルンで唯一の舗装）、正面玄関の両側には門番のごとくセメント製のどっしりしたライオン像を置いた。像が置かれて建物が使われはじめるやいなや、人々はそこを「ライオン・ハウス」と呼ぶようになった。

ケル：ある意味、家を設計したのは祖父自身だった。建築家は祖父の指示に従ったにすぎない。どんな家になるのか、祖父にははっきりイメージできていた。とはいえ、大人二人、子ども四人、常に数が変わる住み込みの職人たちが暮らすにしても、そこはあまりに大きすぎた。だが祖父の建築プロジェクトはいつも、生涯を通じてそんな感じだった。あらゆるものが大きくなければならない。後年祖父と父はそれに関して何度か激しく言い争った。母屋を含む建物は最初からとにかく広すぎたので、二階を賃貸に出した。一階には通りに面した窓が展示スペースになっている事務所があり、あと半分にはリビングルーム、寝室、キッチンがあった。この場所は今でもビルンの中心地で、レゴハウスの斜め向かいに位置しており、オーレ・キアク・クリスチャンセンとその業績を記念するとともに、当時のデンマークの建築様式を示してもいる。

レゴの歴史における最初の数十年は災難続きだった。八月のある日、一家がライオン・ハウスに越してきてほんの一年後、雷が新しい作業場に落ちて火事になった。機械類、家具、調度品、膨大な数の未完成の製品がだめになった。火事による損失は四万五〇〇〇クローネと見積もられ、オーレ・キアクは事業をゼロから再建せねばならなかった。

翌一九二七年の一一月、またしても不運が襲った。今回の災難は自ら招いたものだと言わざるをえないが、保険会社はそのことを知らされなかった。大規模な建築プロジェクトが進行中の地元の農場で労働者や職人たちと談笑中、オーレ・キアクはいつもの陽気で快活な調子で、自分の体のある部分で農夫の新しいガソリン発電機を簡単に止めることができると断言した。当然なが

建築家イェスパ・イェスパーセンは1924年、「ベター・ビルディング・プラクティス」の理念に従ってオーレ・キアクの新居を設計した——レンガ造りの採用、上質でしっかりした材料を用いたシンプルで美しい仕上げ。均整の取れた外観は実用的でモダンな内装と調和し、訪問者が第一印象を抱く玄関部分に重きが置かれている。門番をする２体のセメント製ライオン像以上に、威厳たっぷりで人目を引くものがあるだろうか？（図面：フレゼリシア郷土史資料集）

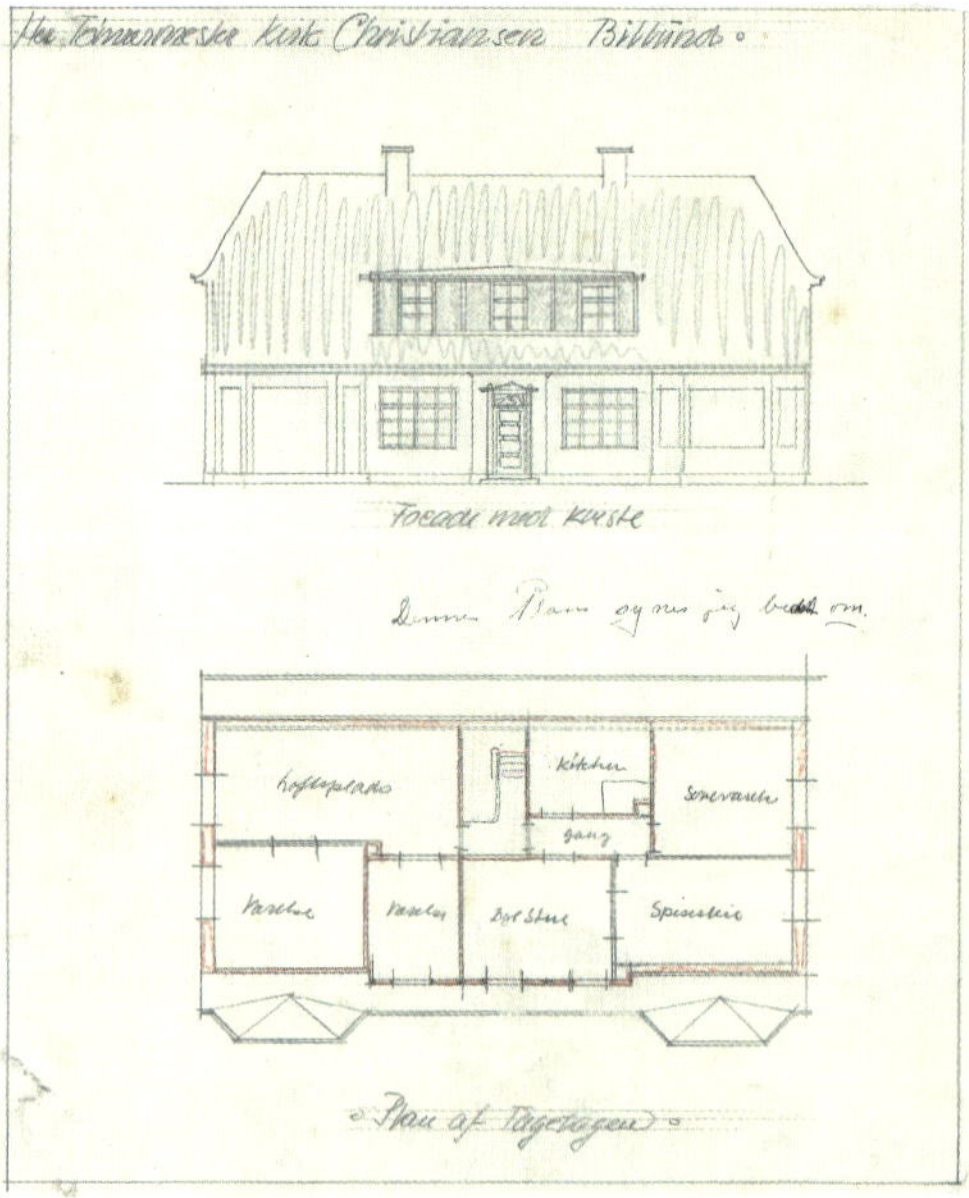

ら、周囲の人々は彼が実演すべきだと言い張った。

クリスチャンセンが駆動ベルトに尻を置いた瞬間に機械が倒れた理由は、誰にもはっきりとはわからなかった。いずれにせよ、それは最悪の結果を招いた。彼は激しく地面に打ちつけられ、頭蓋骨にひびが入ったのだ。数日後、新聞は「ランゲ医師は車の上に白い旗をつけて事故現場まで猛スピードで駆けつけ、救急車がそのあとに続いた。負傷者はただちに病院へ運ばれた。容態は深刻で、予断を許さない」と報じた。

しかしその「負傷者」は比較的すみやかに回復し、保険会社から四五〇〇クローネが支払われると、状態はさらに改善した。この予期せぬ大金のおかげで、最新技術に目がないオーレ・キアクは鉱石ラジオ受信機を買うことができた。ところがこの装置を手に入れた直後、彼は「近代的な自動車」を夢に見るようになった。当時自動車はビルンに一台しかなく、それは鍛冶屋が持っていた。一九二八年秋、オーレ・キアクはまたもや大きなことを考えるようになり、借金のことをすっかり忘れて中古のフォード・モデルTに金を注ぎ込んだ。

ケル：祖父はいつも、最新の機械を手に入れずにはいられなかった。見せびらかしたかったわけではない。新しい技術にとても強い好奇心を持ち、それで楽しんでいたのだ。祖父は一九五〇年代にビルンで初めてテレビを入手した人物でもある。子どもにとっても大人にとっても、それは大事件だったのを覚えている。数えきれないほどの人たちが、祖父母の古いリビングルームで、巨大な箱みたいなテレビの前に座った。とにかく祖父はそういう人だった。そこに役に立つアイデアがあると知ったら、あるいはそんな気がしただけであっても、まったく憶することなく新しいものを試すのだ。

だがビルンの一部の人々は、オーレ・キアクは神への敬意を欠いているのではないかと考えはじめていた。まずは身のほど知らずの家を建て、次にラジオを買い、ついには車まで。といっても、散財できるほどの金を急に手にしたのは彼一人ではなかった。デンマークには「農夫が豊かなら皆豊か」ということわざがある。一九二八年から一九二九年にかけては、並外れて豊作の一年だった。その後しばらく、ビルンと周辺の地域では石造建築や木造建築や絵画がブームになった。

けれども、オーレ・キアクがすべての時間を注ぎ、最高級の木材を使ってフロケア・イェンセン牧師のために大型の立派な橇《そり》を作りはじめたとき、クリスティーヌは彼の熱意が度を超えているのではと思った。「代金はもらっているの、オーレ?」

オーレ・キアクは報酬など期待していなかった。「牧師さまに喜んでいただけたら、きっと主が報いてくださるよ」

その言葉どおり、彼は家や小屋の注文をどんどん受けるようになり、そのためどんどん忙しくなっていった。顧客と会うときはモデルTで駆けつけるようになった。この車は3ペダル式で、操作がより簡単になっていた。値段は一四〇〇クローネで、彼はこれを分割払いで買っていた。

しばらくのあいだ、将来は明るく思えた。ところが、何十億ドルもの富を葬り去った一九二九年一〇月のウォール街大暴落の衝撃は、たちまちヨーロッパにも広がった。デンマーク最大の貿易相手国ドイツとイギリスも大打撃を被り、穀物やバターや豚肉の価格が暴落した。

オーレ・キアクの「HGF」――ペダルで変速するハイ・ガム・フォード（＝「背の高い古いフォード」）の当時の愛称――にもたれかかる若者。これは1928年秋に分割払いで購入され、ビルンで2台目の自動車になった。1台目はアセチレンランプとキャンバストップのついたドイツのブレンナボールという車で、イェンセンという男性が所有していた

農業危機が広まると農夫のみならず商売人も悪影響を受け、建設需要は急速に冷え込み、大量の失業者が生まれ、ストライキや暴動が起こり、地方では破産が激増した。農場所有者や職人の多くは休業を余儀なくされ、不況の網はすぐにビルン・ウッドワーキング・アンド・カーペントリーをも締めつけることになった。

2

Faith

信念

1930年代

アヒル、1937年

一九三一年秋のある朝、一人の男性が憂鬱な気分でフォード・モデルTを運転し、町の外へと向かった。これから長い一日が待っている。棟梁オーレ・キアクはこの地域の人々から少しでも金を取り戻そうとしていた。

オーレ・キアクは借金の取り立てが苦手だった。普段は、返済時期が迫ると一〇歳のゴッドフレッドに請求書を持たせて使いに出している。父親と違って、息子が手ぶらで帰ってくることはめったにない。しかしこの日、オーレ・キアクは破産の危機に直面しており、法律の手からライオン・ハウスと作業場を守るため自ら行動に出なくてはならなかった。

その日最後に訪問したのは、グランステ通り沿いに農場を所有するイェンス・リース・イェンセンだった。彼はかなり前に干し草小屋を建ててもらい、いまだに代金三五クローネを払っていない。背の高いフォード・モデルTが敷地に入ってくると、リースは応対に現れた。オーレ・キアクは車のドアを開けたが、座ったまま出てこなかった。

「未払いの三五クローネは持っていないんだろうね、イェンス・リース？　今日はつけのある一五箇所を回ったんだが、誰も現金を持っていないし、約束手形すら書いてくれないんだ」

すると農夫は悲しげに首を横に振った。

「悪いな、クリスチャンセン。この前大きくなった豚二匹を食肉処理場へ持っていったんだが、小さな子豚のときに買ったよりも安い値段しかつかなかったよ。今は一クローネも手元にない。だけど、チーズでよければ持って帰ってもらえるかな？」

「そういうことだろうと思っていたよ、リース。しかし、約束手形に署名はしてもらえないか？　私が明日を乗りきれるように」

1930年代、ビルンの協同組合は電動コーヒーミルと道路沿いの給油ポンプを入手した。責任者のハンス・ニールセンは、通りを挟んだ向かい側のクリスチャンセン一家とは親しくしていた。オーレ・キアクの従業員から支払い保証のない小切手を喜んで受け取り、オーレ・キアクの口座に充分な金があると確認したときだけその小切手を銀行に持ち込んだ。この小さな町では、人々は可能な限り互いに助け合っていた。（グレーネ教区、郷土史資料集）

「あの、実のところ、いずれ小屋の残りの代金を支払えるかどうかも……」

「どうしてもとなったら連絡してくれ、イェンス・リース。そのときには少しくらい貸してあげられるかもしれない」

農夫はにっこり笑い、ペンをつかんで手形に署名した。

オーレ・キアクは礼を言った。「今日一日運転して回って、もらえた署名はこれが初めてだ。でもこれで、少なくともあと一日は持ちこたえられる」

イェンス・リースをはじめとしたデンマークの農夫は誰も、出荷した作物に見合う代金を受け取っていなかった。そして一九三〇年代初頭、大きなものを修理したりドアや窓を取り替えたりする余裕のある人間はいなかった。やがてある日、オーレ・キアクは、もうこれ以上木材をつけで買えないことを知った。近くの農場が火事で焼け、小屋と家の再建を頼まれたとき、彼はいつものようにコリングのヨハネス・グロンボー製材所に木材を注文した。多くの職人が破産していたため、グロンボーは少量の注文であっても掛け売りを認めることに不安を感じており、銀行に助言を求めた。ビルンのクリスチャンセンに掛け売りをしても大丈夫だろうか？

返事はすぐに来た。「いくら保険がついていても、掛け売りはなさらないことをお勧めします。お尋ねの大工は非常に厳しい状況にあり、いつ破産してもおかしくないからです」

確かに、オーレ・キアクは危うい立場にいた。それでも、一九三二年の初め頃、彼は楽観的だった。おそらく、人生のあらゆる点について神が助けてくれると信じていたからだろう。一九二八年からオーレ・キアクのもとにいて、かつてのヴィッゴと同じく冬には洗面器の水が凍る作業場の屋根裏部屋で暮らしていた徒弟のリレ（小さな）・クヌーは、一九三一年、もう一人の職人とともに、クリスチャンセンがビルンで請け負った最後の家屋建築の仕事に従事した。この二人は今、作業場でさまざまな木工品を作るのを手伝っている。一家はそれをクリスマスシーズンに売ろうと考えていた。踏み台、スツール、乳搾り台、クリスマスツリーの台、それに玩具の車をいくつか。車については、棟梁が四人の息子に意見を聞いてアイデアを得ていた。

こうした小さな玩具を作るのを、オーレ・キアクはおおいに楽しんでいた。構想は簡単に浮かんだ。飛ぶように売れたわけではないが、大人向けの製品を作るのと同じくらい慎重に注意深く子ども用の製品を作るのは楽しかった。息子たちが幼かった一九二〇年代、彼はときどき床から木の断片を拾い上げ、ナイフや鋸で削って馬や牛や家、自動車や列車や飛行機を作った。

ケル：祖父は思いやりのある素晴らしい父親で、特定の考え方や原則に基づいて男の子を育てた。時間があるときは一緒に遊んだ。それは基本的には日曜日だけだった。日曜日は祝日で、家族とともに過ごす機会だと考えていたからだ。木を彫ったり組み立てたりして息子たちのために小さな玩具を作り、彼らがそれに自分の刻印を押せるようにもしてやったらしい。一九三二年に真剣に玩具を作りはじめると、下の息子二人がそれを試した。私の父とゲルハルトだ。これは面白いか？　これを使った遊びは充分に面白いか？　ある意味、一九五〇年代に父が私にしたのも、まったく同じことだった。突然地下の遊び場にやってきて、今回私が何を作ったか、レゴが生産を始めた新しいプラスチックのブロックを子どもはどうするかを見たのだ。

一九三二年早春のある日、ライオン・ハウスのドアがノックされた。外に立っていたのはイェンス・V・オルセン、通称「材木屋オルセン」というフレゼリシアの材木商だった。彼は同業者を伴っており、二人はクリスチャンセンが作業場で何をしているか見せてほしいと頼んだ。当時建築業は低迷していて、大工は次から次へと廃業していたのだ。二人は、オーレ・キアクの作るはしご、スツール、乳搾り台、アイロン台の高い品質を称賛した。見事な玩具の車を見せられたときには、とりわけ感心した。

車のいくつかは光沢のある派手な色に塗られていた。オルセンはその場でオーレ・キアクの製品を大量に注文し、八月に引き渡しを求めた。この地方一帯の、家族へのクリスマスプレゼントになりそうなものを求めている商店主や協同組合の責任者が買ってくれるに違いない。今がいくら不況であっても、子どもたちがその犠牲になってはいけない、と材木屋オルセンは力説した。

　二人はコーヒーに招かれ、やがてオルセンはデンマーク労働協会《ダンスク・アーバイデ》の話を始めた。デンマーク人にデンマーク産の製品を買うよう促し、熟練した職人が新たな形態の生産を始められるよう手助けする組織だ。木工品、特に玩具は、今後とりわけ人気が出る、とオルセンは予言した。また、ダンスク・アーバイデは、フレゼリシアで毎年開かれる見本市キューブステーヴヌに初めて参加する製造業者にブースを無料で提供していた。商売人はそこに製品を展示でき、販売店や問屋と新たな契約を結ぶこともあれば、大量の注文を受けることもある。

　オーレ・キアクにとっては初耳の話だったが、のちに語ったように、彼とクリスティーヌは「宣伝に乗りやすい」人間だった。材木商二人が帰ったあと、彼は言った。「これはいけるんじゃないか？　アイロン台や踏み台、木の車などのおもちゃを、ちょっと出展してみようじゃないか」

　それは、オーレ・キアク・クリスチャンセンの職業人生における転機となった。彼は生産を刷新して、実用的な木工品と玩具に全力を注ぐことにした。作業場に人を雇うのと、価格表を作るのに、兄弟姉妹の何人かから金を借りた。その金を返済するには一〇年ほどかかった。

　家族全員が彼の決断に納得したわけではない――それどころか、まったく納得しなかった。ビルンの住民の多くも、オーレ・キアクが作る雑多な製品をあまり評価していなかった。大の大人が玩具を扱うなど、ばかげている！　常日頃オーレ・キアクの熱心な仕事ぶりや技術に感心していた人々が、今やあきれて首を横に振っている。面と向かってずけずけ言う者もいた。「あんたはもっとましな人間だと思っていたよ、クリスチャンセン。もう少し有意義なことを見つけたら

1932年夏、最初の木工製品を並べた後ろに集まった誇り高き従業員たち。左から、カレン・マリー・イェッセン、リレ・クヌー、イェンス・T・マティーセン、ニールス・クリステンセン、〝四十雀《メイゼ》〟、ハーラル・ブンゴール、そしてオーレ・キアクの長男ヨハネス。

どうだね！」

ケル：最初の数年間、町や地元教区の人々のみならず兄や姉たちも彼が木製玩具を作っているのを見下していることを、祖父は感じていた。彼らはそれをとんでもなくばかばかしい仕事だと考えていたし、実際商売がすぐにうまくいったわけではない。年老いてからのインタビューの中で、祖父は自らを家族の厄介者と呼ぶことがあった。だが、大工の仕事を維持するのが難しいため女性の家事や子どもの遊びに使う小さな商品に頼らざるをえなかった、という事情を考える必要があるだろう。

1932年の初夏、クリスティーヌは5人目の子どもを身ごもっており、妊娠のため体がつらかったので杖を使わなければならなかった。オーレ・キアクと末息子ゲルハルトとともに写っているのは、職人のハーラル・ブンゴール。

当時、人々はそれを理解していなかった。

それでも、オーレ・キアクはオルセンからの注文を必死でこなした。O・キアク・クリスチャンセン・ウッドワーク・アンド・トイ・ファクトリー内で、木製玩具はそれ以外の商品と同じくらいのスペースを取るようになっていった。この木工所の様子は、一九三二年のある夏の日に作業場裏の家庭菜園で撮られた写真に残っている。木製の自動車、路面電車、飛行機など多くの玩具が、アイロン台やはしごの上に展示されている。その後ろには、息子のヨハネス、ハーラル・ブンゴール、リレ・クヌー、ニールス・クリステンセン（別名「レンガ積みのニールス」）、そして玩具の塗装を受け持つ一三歳のカレン・マリー・イェッセンが、一

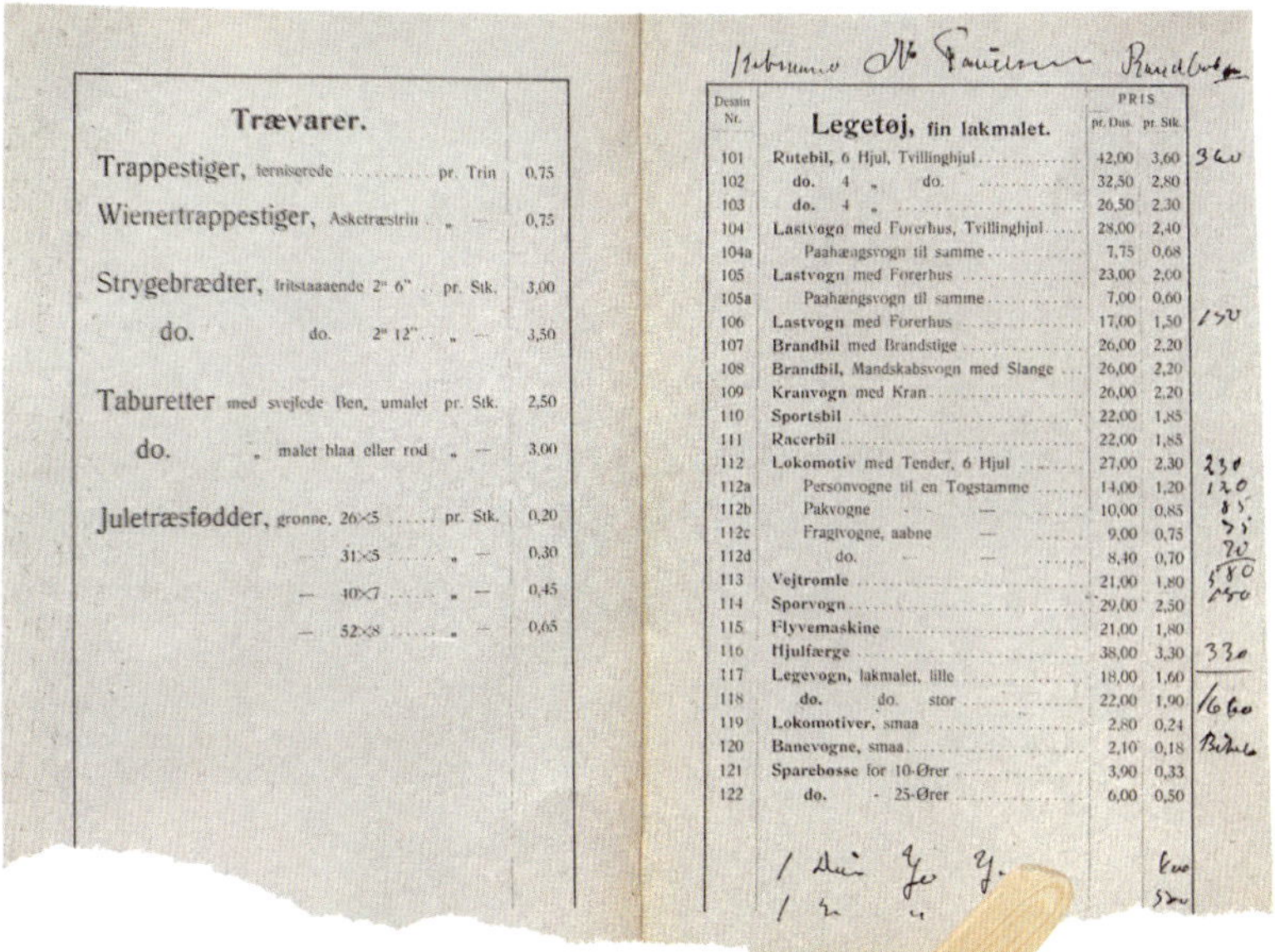

Trævarer.

Trappestiger, terniserede	pr. Trin	0,75
Wienertrappestiger, Asketræstrin ..	„ —	0,75
Strygebrædter, fritstaaaende 2" 6" ..	pr. Stk.	3,00
do. do. 2" 12" ..	„ —	3,50
Taburetter med svejfede Ben, umalet	pr. Stk.	2,50
do. „ malet blaa eller rod	„ —	3,00
Juletræsfødder, gronne, 26×5	pr. Stk.	0,20
— 31×5	„ —	0,30
— 40×7	„ —	0,45
— 52×8	„ —	0,65

Dessin Nr.	**Legetøj,** fin lakmalet.	PRIS pr. Dus.	PRIS pr. Stk.
101	**Rutebil,** 6 Hjul, Tvillinghjul	42,00	3,60
102	do. 4 „ do.	32,50	2,80
103	do. 4 „	26,50	2,30
104	**Lastvogn** med Førerhus, Tvillinghjul	28,00	2,40
104a	Paahængsvogn til samme	7,75	0,68
105	**Lastvogn** med Førerhus	23,00	2,00
105a	Paahængsvogn til samme	7,00	0,60
106	**Lastvogn** med Førerhus	17,00	1,50
107	**Brandbil** med Brandstige	26,00	2,20
108	**Brandbil,** Mandskabsvogn med Slange ...	26,00	2,20
109	**Kranvogn** med Kran	26,00	2,20
110	**Sportsbil**	22,00	1,85
111	**Racerbil**	22,00	1,85
112	**Lokomotiv** med Tender, 6 Hjul	27,00	2,30
112a	Personvogne til en Togstamme	14,00	1,20
112b	Pakvogne - - —	10,00	0,85
112c	Fragtvogne, aabne —	9,00	0,75
112d	do. — —	8,40	0,70
113	**Vejtromle**	21,00	1,80
114	**Sporvogn**	29,00	2,50
115	**Flyvemaskine**	21,00	1,80
116	**Hjulfærge**	38,00	3,30
117	**Legevogn,** lakmalet, lille	18,00	1,60
118	do. do. stor	22,00	1,90
119	**Lokomotiver,** smaa	2,80	0,24
120	**Banevogne,** smaa	2,10	0,18
121	**Sparebøsse** for 10-Ører	3,90	0,33
122	do. - 25-Ører	6,00	0,50

オーレ・キアクの最初の価格表。はしご、スツール、アイロン台、クリスマスツリーの台に加えて、丸１ページにわたって玩具が記載されている。O・キアク・クリスチャンセン・ウッドワーク・アンド・トイ・ファクトリーの会社の形ができつつあった。

列に並んで立っている。写真を撮ったのはオーレ・キアクかもしれないが、五人目の子を妊娠中だったクリスティーヌの可能性もある。

この歴史的な写真の中にはないが、その時代に最も人気があり、世界的に大ヒットしていた玩具がある。ヨーヨーだ。オーレ・キアクにとって、これは神のお告げだった。のちに彼は言った。「神のおかげで、この玩具は売れると信じることができた。ヨーヨーのことだよ」

世界的なヨーヨーのブームは子どもも大人も巻き込み、悪化する一方の経済危機から束の間目をそらしてくれた。ヨーヨーがデンマークに上陸したのは一九三一年末で、コペンハーゲンの技術研究所で開かれた「デンマーク・クリスマスギフト」展示会で初めて紹介された。その冬から一九三二年の春にかけてヨーヨー熱は全国に広がり、オーレ・キアクのような木工職人は短期間の繁栄を味わった。デンマークの新聞は、古代ギリシャで生まれたと言われるこの玩具の新たな人気をさらにあおった。「ヨーヨー熱は盛り上がっている。路面電車で、自転車に乗りながら、職場で、官公庁で、人々はヨーヨーで遊んでいる。郵便局の職員に客の応対をする時間がないとしたら、それはカウンターの下でヨーヨーの練習をしているからだ」

突如需要が巻き起こったため一九三二年の最初の価格表に載ってもいなかったヨーヨーだが、オーレ・キアクはその予期せぬチャンスに飛びつき、大量に生産しはじめた。作業場の職人たちにとって、その小さな玩具は短時間で簡単に作れるものだった。この狭く勤勉な町の女性たちやライオン・ハウスに住む家族が、色を塗り、ニスで仕上げた。木綿の糸をつけられたヨーヨーはケースに詰められ、ビルン駅から国じゅうの問屋や流通業者へと送られた。

一九三二年のヨーヨー熱のおかげで、レンガ積みのニールスなどクリスチャンセンの工場の幸運な数人の職人には充分な仕事があった。オーレ・キアクはヨーヨー一個について一オーレを支払い、調子のいい日だとニールスは一〇〇〇個こなすことができた。おかげで日給は最大一〇クローネにもなり、それはレンガ職人として彼がもらっていた賃金を上回った。とはいえ、オーレ・キアクが最も頼りにしたのは妻と息子たちだった。

後年、彼は語った。「私たちは必死で働いた。私も、妻も、子どもたちも。商売は徐々に持ち直していった。たいていは朝から夜中まで働き、私はゴムの車輪がついた荷車を買った。深夜に荷物を駅まで運ぶとき、近所迷惑になってはいけないからだ」

一九三二年夏に撮られた、誇り高き忠実なチームが自分たちの作った種々の美しい木工品に囲まれている写真は、非常に穏やかでのどかに見える。これはオーレ・キアクお気に入りの讃美歌の最初の一節を思い起こさせる――「危うきに面して誰より安全なのは／神の子たちなり」

だが、四一歳となった棟梁であり先見の明を持つ工場経営者には、さらなる試練が待ち構えていた。八月、ヨーヨーの生産が最高潮に達したとき、身重のクリスティーヌが重病になってグランステの病院に入院したのだ。検査の結果、胎児はすでに死んでいることが判明した。彼女は死産のあと回復したかに見えたが、突然静脈炎を発症し、九月六日に四〇歳の若さで亡くなった。

深い悲しみに打ちひしがれたオーレ・キアクは考えをまとめたり感情を制御したりするのに苦労した。息子たち、特に一二歳のゴッドフレッドは、悲嘆に暮れた父親の姿を決して忘れなかった。

「私が正面側の部屋でオルガンを弾いて遊んでいるとき、父がやってきて、何が起こったかを話してくれたのを覚えている。父が泣くのを見たのは、それが初めてだった。私たちは神に祈ったあと、外で働いていた兄弟を呼びに行った」

オーレ・キアクは衝撃を受け、神への信仰が揺らいだ。彼はミッション・ハウスの理事を辞め、その後一〇年間一般会員として過ごした。理事会の記録にオーレ・キアク・クリスチャンセンの署名が再び見られたのは、一九四四年になってからだった。後年、生涯で最もつらく不幸だった時期を振り返って、彼はこう記している。「私は『主イエスの御心（意志）のままに』と言おうとし、心からそう思おうと努めた。けれども、悲しみによる心の痛みが癒えることはなかった」

ケル：事態が最悪でどうしようもないと思えたときにもあきらめないのが、祖父という人だった。祖父は非凡な意欲の持ち主だったに違いない。何があっても、なんとかなると考えることができた。簡単に投げだしてしまう人ではなかった。父にも同じ気質を見ているし、私自身もそうだ。受け継がれてきたのは一種の頑固さだ。それは信じる気持ちと結びついている。必ずしも宗教的な信仰という意味ではなく、もっと広い一般的な意味での信念だ。将来を信じ、自分が責任を持っているものすべてを信じること。そこから、「これなら私は対処できる！」という思いや気持ちが生まれるのだ。

のちに、年老いてレゴの取締役となったオーレ・キアクは、一九三二年から一九三三年までのあいだに彼を襲った経営危機と個人的問題にどう対処したのかと問われた。彼の返答は、要約すると、「たくさん祈った、注文が入りますように、製品を作れますように、金を得られますように、と」だった。神のおかげで彼や家族や商売は危機を乗り越えられたという考え方について、そして天からの啓示について、自身の見方を以下のように詳しく説明した。

ある夜、私は自分が経験した失敗のすべてについてじっと考えていた。債権者は弁護士を送り込み、家族や友人は私が「何も有益なことをしていない」と責めた。私はどうしたらいい？助けは非常に遠いところにあって、絶対に私のところまで行き着けないかのように思えた。そのとき素晴らしいことが起こった。それについては死ぬまで忘れないだろう。まるで映像のように、大きな工場が見えたのだ。人々が忙しく出入りし、材料が運び込まれ、完成品が出荷されている。それは非常に明瞭なイメージだったので、以来、自分は必ず目標に達するのだというこことを二度と疑わなくなった。その工場は、今現実になった。あれほどの絶望のさなかにいて、よく信頼と自信を持てたものだと不思議に思う。きっと、神があのような幻を見せてくれたのだろう。私が子どもの頃から信じてきた神が。

事業の再建を果たしたオーレ・キアクは突然、一人で家庭を切り盛りして六歳から一五歳までの男の子四人を育てることになった。息子たちは皆、母親の死を深く嘆いていた。六歳のゲルハルトは幼すぎて父親の助けにはならず、一三歳のカール・ゲオーグは間もなく大工の徒弟奉公に出ることになっていた。ライオン・ハウスには一二歳のゴッドフレッドが残された。彼は小さい頃に虚弱だったため、長生きしないのではと両親に思われていた。それでも今や聡明で知的な少年に成長し、学校に行っていないときは兄のヨハネスとともに作業場で手伝いをした。ゴッドフレッドは手先が器用で数字が得意だった。一方いつも笑顔のヨハネスは、子どもの頃に起こした癲癇の後遺症に生涯つきまとわれていた。

妻を失った悲嘆に加えて、オルセンからの玩具の大量注文がさらなる問題を引き起こしていた。商品は八月に納入する予定だったにもかかわらず、その後もまだ棚の上で埃をかぶっていた。オーレ・キアクはなんの疑いも持っていなかったが、実はオルセンは破産していたのだ。天からの助けを求めるときいつもするように、オーレ・キアクはひざまずき、自らが抱える問題を神に訴えた。すると神は打開策を示してくれた。翌日、彼は早起きし、オルセンに引き取ってもらえなかった注文品を古いフォード・モデルTに積み、店から店へ、協同組合から協同組合へと商品を売り込んで回った。

大成功というわけではなかった。なんとか大半をさばくことはできたものの、彼は生まれながらのセールスマンではなかったのだ。いきなり飛び込んで自社製品を宣伝するのは苦手だった。黙っていても、品質がよければ買ってもらえると思っていたからだ。だがエスビャウの町に行ったとき、その考えは誤りだと思い知らされた。

「店の女主人はうちの商品をこきおろしたが、私は言い返さなかった。さんざん悪口を言ったあと、彼女はもう三〇パーセント割引してくれるならいくつか買ってもいいと言った。店を出るとき、私は上機嫌だったよ」

それ以外の場所では物々交換を承知せざるをえず、オーレ・キアクはレーズン、タピオカ、殻入りのアーモンド二〇キログラムを持ってビルンに戻った。おかげで、ライオン・ハウスで暮らす小さな家族（その頃には家政婦を雇っていた）は地域のほかの家族よりも少しだけ豪華なクリスマスを過ごせることになった。住民の多くは肉やデザートを買う余裕がなく、ジャガイモやキャベツ、それに教区会からのささやかな施しで満足しなければならなかったのだ。

ヨーヨー熱は短期間で終息し、一九三三年秋には、暮らしは次第に苦しくなっていった。オーレ・キアクは、さばききれない大量のヨーヨーの在庫を抱えていた。一一月四日付の『ユランズ・ポステン』紙に、彼はこんな広告を出した。「おもちゃの車や色つきヨーヨーのご注文に応じます。即日配達。一〇〇〇個当たりのお値段は最安。ビルン・トイ・ファクトリー、代表オーレ・キアク・クリスチャンセン。ビルン」

こうした金銭的問題が積み重なったのは、オーレ・キアクがクリスティーヌを失って苦しんでいるのと時を同じくしていた。クリスティーヌは一五年間家族の要であり、家事の一切を引き受けて四人の息子を育てていたのだ。また、オーレ・キアクは昔からの負債にも悩まされていた。特に、一九二〇年代に地元の建設事業を進めるため善意で署名した保証契約である。

それは、私たち職人がよくしていた慣行で、リスクを負うようなものではなかった。私の保証は形式的なものだった。ところが、経済状況が厳しくなると、ほかの保証人たちは苦し紛れにすべての責任を私一人に負わせようとした。私の不動産は差し押さえられようとしていたが、私はちっとも気づいていなかった。しかし、私に危険を押しつけておきながら何も危険はないと甘い言葉で請け合っていた人々が、今や在庫品を押収しはじめ、私はもう何もかもおしまいだと思った。

ヨーヨー熱に大きく賭けたことが原因で、オーレ・キアクは1933年、大量の在庫を抱えることになった。

オーレ・キアクはついにあきらめて破産を申し立てようとしたが、一九三三年晩夏のある日、フレミング・フリース＝イェスパーセンが訪れた。フリース＝イェスパーセンはヴァイレの弁護士で、用事で近くまで来たとき、この大工のところに立ち寄ることにした。オーレ・キアクはこの弁護士からの警告の手紙にも召喚状にも応答しておらず、裁判を欠席したため有罪判決を受けていたのだ。だがもしかすると、債権者と債務者双方を満足させる解決策が見つかるかもしれない、とフリース＝イェスパーセンは考えた。何年ものち、ゴッドフレッド・キアク・クリスチャンセンに宛てた手紙で、フリース＝イェスパーセンは悲しみと失望に沈んだオーレ・キアクに初めて会ったときのことを以下のように回想した。

非常に大きな邸宅の裏にある、がらんどうのような作業場で、この男性に会った瞬間、私は同情を禁じえませんでした。

「正直言って、私はもうあきらめたよ」彼はすぐさま話しだしました。「去年、家を二軒建てた。一軒は客の注文で、もう一軒は売りに出すために。だが客は代金を支払えず、建売の家を買おうとする人もいなかった。今は二軒とも競売に出さざるをえない。私自身の家も、おそらく遠からぬうちに同じ運命をたどるだろう。あちこちに借金をし、妻は死に、残されたのは私を頼る子ども四人。私はどうしたらいい？　今すぐ商売をたたんだほうがいいかもしれない」

フリース＝イェスパーセンは、いちばん愚かなのは何もしないことだと言った。放っておいたら、小さな負債が複利によってどんどんふくらみ、気がつけば倍になってしまうからだ。彼は支払い能力を失った大工に、今すぐ債権者とその要求のリストを作るよう助言した。フリース＝イェスパーセンはそのリストに基づいてライオン・ハウスを担保とした信用状を提出する。これで債権者は返済に対する一定の保証を得られる。また、オーレ・キアクには返済まで少しの猶予ができるので、そのあいだにささやかなビジネスを立て直すとともに、新しい家政婦を探せばいい。

クリスティーヌの死後一年間家族の世話をしていた有能で仕事熱心な女性ニーナは、一九三三年一〇月一日、突然辞職した。オーレ・キアクはこの信心深い女性の推薦状に、彼女は「神の王国の仕事をすることを熱望している」と書き、毎日一二人分の食事を作って掃除をしただけでなく、オルガンを弾いて歌うこともできると記した。これほど有能なニーナに代わる女性を、いったいどこで見つけられるだろう？

レゴの最初の所有者が女性であることを知る人はほとんどいない。一九三三年一〇月のある日、キッチンの椅子に新聞が置かれていなかったとしたら……。その日、ソフィ・ヨアンセンは南シェラン地方の町ハスレヴに住む友人を訪ねた。三七歳のソフィは、石鹸や香水、そのほかの衛生用品を売る地元のチェーンストア〈タトル〉で店長の仕事を得ようと、もっと大きな町オーフ

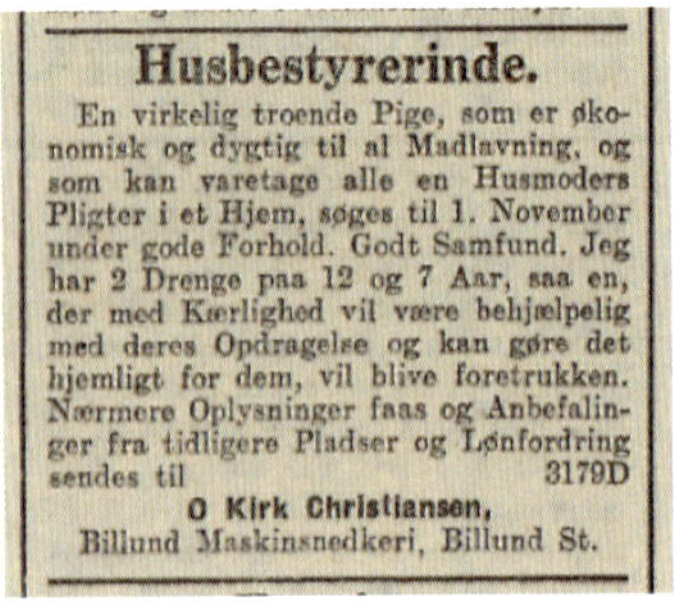

Husbestyrerinde.

En virkelig troende Pige, som er økonomisk og dygtig til al Madlavning, og som kan varetage alle en Husmoders Pligter i et Hjem, søges til 1. November under gode Forhold. Godt Samfund. Jeg har 2 Drenge paa 12 og 7 Aar, saa en, der med Kærlighed vil være behjælpelig med deres Opdragelse og kan gøre det hjemligt for dem, vil blive foretrukken. Nærmere Oplysninger faas og Anbefalinger fra tidligere Pladser og Lønfordring sendes til 3179D

O Kirk Christiansen,
Billund Maskinsnedkeri, Billund St.

『クリステリット・ダウブラ』紙の求人広告に応募した37歳のソフィ・ヨアンセンは、自分が人生の岐路にいることを悟った。問題を抱える少年たちの施設やインナー・ミッションの若い売春婦の「救済施設」で10年間働いたあと、ソフィは家政婦の仕事に挑戦することにした。

スから故郷に戻ったところだった。
過去数年間、ソフィはオーフスで問題を抱えた少年たちの施設で働き、自分の店を持つという夢を実現するため貯金に励んだ。残念ながら、その日はハスレヴで希望の仕事につくことができず、がっかりして、気を紛らわせるため自転車で友人の家に向かった。コーヒーが淹れられ、テーブルについたソフィは椅子に置かれていた『クリステリット・ダウブラ』紙をパラパラとめくった。求人のページを開いたとき、「家政婦」と題した求人広告が目に入った。

倹約家で料理が得意な信心深い女性、家事すべてを引き受けられる女性求む。一一月一日より勤務開始。良好な環境、安全な地域。一二歳と七歳の男の子あり。愛情を持って彼らを育て、家を彼らにとって家庭的な場にできる人物が望ましい。詳しくはビルン・ウッドワーキングのO・キアク・クリスチャンセンまで。前の職場からの推薦状を提出し、希望賃金を知らせたし。

オーレ・キアクは乳製品販売所の経営者ホウゲセンにも協力してもらって広告へのさまざまな返事を読んで検討した結果、立派な推薦状を持ち、熱心なキリスト教徒で、デンマークにおけるインナー・ミッションの拠点ハスレヴ出身であるソフィ・ヨアンセンを選んだ。ゴッドフレッドがビルン駅で新しい家政婦を出迎え、ライオン・ハウスまで連れてきた。オーレ・キアクは玄関ドアを開けると、思わず大声をあげた。「君がそんな短い髪をしていると知っていたら雇わなかったのに！」

一方のソフィは、美しい舗装と立派なライオン像を有する大邸宅の中がこれほど散らかっていると知っていたなら、この仕事に応募しなかっただろう。そして、広告には二人の男の子と書かれていたのに、実際には四人の男の子がいると知っていたなら。といっても、カール・ゲオーグとヨハネスはそれぞれの徒弟奉公からたまに帰宅するだけだったが。一三歳のゴッドフレッドは、自分は学校に通いながら作業場で父親を手伝っている、と話した。七歳のゲルハルトは見知らぬ女性の膝にのって言った。「僕のお母さんのこと知ってた？ すごく素敵な人だったよ！」

いくら髪が短くても、この新しい家政婦は天からの賜りものだった。五〇年後に四人兄弟がテレビのインタビューで口を揃えて語ったように、「ソフィは私たちにとって実に素晴らしい母親になってくれた。有能で、愛情深く、家に秩序を取り戻してくれた」

最初からソフィとオーレ・キアクは強く純粋な絆で結ばれ、七カ月後、ハスレヴの彼女の実家で結婚式が行われた。ユトランド地方にいるオーレ・キアクの亡き妻の家族に言わせれば、少々早すぎる結婚ではあった。一九三四年五月一〇日の挙式に、ソフィはオーレ・キアクのためにB・S・インゲマンによる『タヴェ・ボンデの畑で《パ・タヴェ・ボンデス・エイア》』のメロディに乗せて歌う歌詞を書いた。その歌詞は、ビルンのオーレの畑で急速に花開いた愛について表現している。

彼女は穏やかな人生なんて夢に見たこともなかった。
オーレが妻になってくれと頼むまで。庭で彼がたたずんでいるとき
この輝かしい瞬間を台なしにするものはなかった。
その日二人がどんな言葉を交わしたか、ここにいる誰にもわからない。
理解への道には、二人しか知らない秘密がある。

その後死ぬまで、オーレ・キアクはたびたび、もし一九三三年にソフィがビルンへ来なかったら、そして彼女の貯金を使うことを許してくれなかったら、レゴは存在しなかっただろうと話した。

まさにそのとおりだった。ソフィは結婚するとき持ってきた一〇〇〇クローネ（現在の通貨価値では三万七〇〇〇クローネ）で、一九三四年三月にまたしても破産の危機に見舞われた夫を救った。そして、オーレ・キアクの兄弟姉妹数人からの少額の借金と合わせて、ソフィの「持参金」はこのあと設立される会社の財政基盤を築いた。

翌年、O・キアク・クリスチャンセン・ウッドワーク・アンド・トイ・ファクトリーは改名した。以前オーレ・キアクを破産の危機から救ったフリース＝イェスパーセンが、玩具製作所に、

客に覚えてもらえる名前をつけることを提案したのだ。オーレ・キアクは一九三四年と一九三五年の二年連続でフレゼリシアでの大規模な産業見本市に行っていて、出展した大手企業はどれも独創的な名前をつけていることに気づいていた。そこで八人の従業員を集め、素晴らしい名前を思いついた者には賞品としてリンゴ酒二瓶を授与すると発表した。

棟梁の自家製の酸っぱい酒に魅力がなかったのかもしれないが、最良の提案二つ――LEGIOとLEGO――を出したのは社長本人だった。のちにゴッドフレッドが語ったところによると、一つ目は「大量の玩具（legions of toys）」から来ていた。「父は、この玩具製造事業を軌道に乗せるには大量生産する必要があると考えていた」。二つ目のLEGOはデンマーク語の「よく遊べ（leg godt）」を縮めたもので、オーレ・キアクが思っていた以上に時代の風潮によく合っていた。響きがよく、大人にも子どもにも発音しやすいという理由で、後者が選ばれた。この語にラテン語で「集める」（または「組み立てる」）という意味があるとわかったのは何年ものち、ビルンで創業した玩具メーカーが世界じゅうにプラスチック製ブロックを輸出するようになってからだった。

ケル：社名にはもう一つの物語がある。祖父が玩具を作ることにしたのは、困窮から脱するため必要に迫られたからだけではなかった。建設不況に陥ったあと、祖父は最初、実用的な生活用品を作りはじめたが、間もなく木製玩具に移行した。第一の理由は、祖父自身が遊びの好きな人間で、いつも子どもと一緒に過ごすことを楽しんでおり、「子どもは楽しむべきだし、私は良質のおもちゃを与えることで子どもを幸せにできる」と考えていたからだ。そういう考え方が、特に事業を立ち上げた難しい時期、祖父にとって大きな役割を演じたのだと思う。だからこそLEGOという名がすぐに思い浮かんだのだろう。祖父は好んでこう言っていた。「私が今していることは、少なくとも一般的な建具や大工の仕事と同じくらい大事なことなんだよ」

一九三〇年代から一九四〇年代初頭にかけて、オーレ・キアクとソフィとの結婚と、家族の強い絆が「レゴ・ファクトリー」(新たにデザインされたレターヘッドには、優美な文字でそう記されていた)の基盤を築いた。一九三五年春、オーレとソフィは最初にして唯一の子ども、娘ウーラを授かった。ウーラが育った小さな町では、皆が知り合いで、人々は互いに助け合い、地元住民はライオン・ハウスの裏の埃っぽくやかましく木とニスのにおいがする作業場で生計を立てていた。年末には会社の売上高は前年のほぼ二倍となり、一万七二〇〇クローネに達した。一九三六年、売上はさらに倍加し、作業場はかつて神が幻想でオーレ・キアクに見せてくれた大規模な施設にどんどん似てきた。

しかし、この小さな会社はまだ、創業者の昔からの負債と、新たな技術に投資しようとする飽くなき衝動によって、流動資産の不足に悩まされていた。一九三七年、ドイツでの産業見本市に行ったオーレ・キアクは、エルゼ・アンド・ヘス社が出展した最新型のえぐり機から目が離せなかった。この装置は木材を精密に切り抜くことができるので、人気のあるレゴの車輪つき動物の角《かど》を丸く柔らかくするのも容易になるだろう。残念ながら、この装置は四〇〇〇クローネという高価なものだった。二カ月後、彼はコペンハーゲンの業者を通じてこれを一台注文した。その時

1936年は、オーレ・キアクが長年彼の小さなビジネスにとって非常に重要だったフレゼリシアの産業見本市に参加した、最後の年だった。ビルンの玩具工場はカタログに新しい社名「レゴ」を載せ、電報アドレスはもちろん「Leg.」だった。（フレゼリシア郷土史資料集）

点では一か八かの賭けだった。

数年後、経理係ヨハンセンがレゴのオフィスで給料支払い小切手を切っているときにも、オーレ・キアクは同じように金銭に無頓着なところを見せた。作業をほぼ終えたとき、電話が鳴った。ヴァイレ銀行からだった。

「ヨハンセン、もうだめですよ。会社が支払えない小切手を切るのは、もうやめてください！」

ヨハンセンは前にもこういう文句を聞いていたので、それをはねつけ、レゴにほとんど金はないが銀行にはたっぷり金があるだろう、などと反論した。電話の向こうの冷たい声が、これは上からの決定だと答えたため、ヨハンセンはオーレ・キアクに知らせるべきだと考えた。

庭で膝立ちになって花を植えていた棟梁は、ヨハンセンは必要なだけ小切手を切りつづければいいと答えた。「私にはもっと大きな問題があるんだ！」

オーレ・キアクが金銭に関して無責任だったため、そして昔の借金がまだ返せていなかったため、一九三五年から一九四四年までレゴの所有者は名義上ソフィ・キアク・クリスチャンセンになっていた。仮にオーレ・キアク個人が破産したとしても、債権者がソフィの財産を取り上げることはできない。またこれにより、レゴが株式会社になった一九四四年まで、レゴの収入と資産は法律上すべてソフィのものということになっていた。

ゆっくりと、だが着実に、ビルンの小さな玩具工場は発展していった。初めて新しい社名とロゴが世界に向けて発表されたのは、一九三六年夏のフレゼリシアでの産業見本市だった。この年、見本市は過去最高の盛り上がりを見せ、八万二〇〇〇人――そのうちの一人はデンマーク国王クリスチャン一〇世――が塁壁に囲まれた巨大な複合施設の展示場を訪れた。

オーレ・キアクのブースは、国じゅうの大手有名企業や中小の建設業者や新興企業とともに本館の三階に置かれた。それらの会社が展示した製品は、ピアノやコルセットや果実酒から粉石鹸や牛肉エキスや葉巻保管箱まで多岐にわたっていた。それまでの数年も、ブースを訪れた人々はすでにオーレ・キアクの玩具の品質のよさを認識し、種々の自動車の細かな作りに感心していた。その自動車はビルンカーと呼ばれ、車輪は古いヨーヨーでできていた。一九三三年に売れ残ったヨーヨーを分解して車輪に作り直したのだ。車輪は驚くほど実物そっくりだったが、それを担当したのは一三歳のカレン・マリー・イェッセンだった。彼女は回想する――

車輪一つ一つに三工程の作業を行った。最初は下塗りをして乾燥させた。次に灰色に塗ってまた乾燥させ、最後に中央にきれいな赤色を入れて縁を丁寧に描いた。車輪三個につき報酬は一オーレ。一週間に九〇〇個仕上げることができたので、三クローネになった。毎週土曜日の夜にそのお金を渡したとき、母がとても喜んでくれたのを今でも覚えている。

一九三〇年代のレゴの従業員の大半は、ビルンなど地元地域出身の、一度も徒弟奉公をしたことのない若い男性や、少女、主婦、寡婦たちだった。オーレ・キアクは彼らの身の上をよく知っていた。彼らのほとんどの家族は農業危機で打撃を受けていたため、レゴが常に多忙をきわめるクリスマスシーズンには内職をして収入を補っていた。

一九三〇年代後半にデンマークの企業の多くが直面した大きな課題は、賃金を払ったり材料を購入したり機械類に投資したりするのに必要な運転資金だった。木材産業では、一九三〇年代の末になってもやはり流動資産は不足していて、供給業者は掛け売りをいやがった。それでも、レゴはユトランド地方以外にも名の通った会社になりつつあり、年間売上高は四万クローネに近づいていた。一九三九年、オーレ・キアクがフュン島のデーヴィネ製材所に大量の注文を出し、会社の信用度を証明するよう求められたとき、ヴァイレ銀行は製材所に次のような評価を伝えた——

レゴの所有者はミセス・キアク・クリスチャンセンですが、実質的な経営者は彼女の夫です。当行の印象としては、彼らは倹しい生活を送る立派で仕事熱心な人々であり、充分な利益の出る事業を構築することは可能だと思われます。クリスチャンセン氏から一九三八年の帳簿を見せていただきましたが、少額ながら経営利益が計上されていました。したがいまして、ある程度の量を掛け売りすることに大きな危険はない、というのが当行の判断です。

リカード・クリスチャンセンが操作しているのは、1937年にオーレ・キアクが大金を注ぎ込んで購入した高価なえぐり機。結局、これは賢明な投資だった。引っ張る動物の玩具が大人気になったからだ——定番の灰色のアヒルだけでなく、ネコやニワトリも。これらには車輪と紐がつけられ、小さな子どもの手でも引っ張れるようになっていた。

レゴ工場はフル稼働を続け、一九三九年には売上高五万クローネを記録した。男の子向けや女の子向けにさまざまな玩具を作った。部分的に器械仕掛けでクチバシを上下させるアヒルをはじめとする大人気の引っ張る動物、赤い高速列車、人形の馬車、海岸で遊ぶゲーム、各種の車など。

オーレ・キアクは海外へ出かけるようになった。ライプツィヒ見本市には何度か顔を出し、利用できそうなヒントやアイデアを探した。彼は製品を輸出することも考え、一九三八年一月には外務省に宛てて「木製玩具を北欧諸国ならびに英国で販売する可能性」を探りたいとする手紙を書いた。外務省からの返答には、多くの輸入業者の連絡先、各国での関税についての情報とともに、会社とその製品について詳細を知らせるようレゴの経営者に求める質問票も含まれていた。

何十年ものあいだ、ヨーロッパの玩具市場はデンマークよりずっと大きな隣国のドイツが支配していた。ドイツでは木製や器械仕掛けの玩具が作られていたが、品質にこだわるオーレ・キアクに言わせれば、それは「ニュルンベルクのブリキのガラクタ」だった。彼はドイツの玩具業界になんら感銘を受けず、職人の技能に関してならレゴは太刀打ちできると確信していた。

菌によって変色した「青変病」の材木をペンキに浸して病気を隠して使う同業者は多かったが、オーレ・キアクはそうした安物の材料を使わなかった。レゴの木製玩具にこぶは絶対になく、生産のすべての段階で製作チームは厳格で熟練した仕事を行い、一つ一つに上塗りをして品質チェックを行って仕上げていた。

材料のブナは最高品質でなければならなかった。木はビルンに運ばれてから切断し、空気乾燥し、そのあと蒸気に当て、かまどで乾かした。一九三二年に玩具を作りはじめたときから、レゴの中核製品は上質で頑丈な長持ちする木製玩具だった。品質がものを言う、とオーレ・キアクは信じていた。見本市で見かけたドイツ製テディベアのキャッチフレーズにあったように、「子どもにふさわしいのは最高のものだけ」だったのである。

一九二〇年代と三〇年代、子どもと遊びについての非常に進歩的な考え方がヨーロッパを席巻した。その考え方とは、いろいろな意味で、フリードリヒ・フレーベルによるずっと昔の理論の延長線上にあった。フレーベルは一八四〇年に初の幼稚園を作ったドイツの教育者で、子どものための玩具を設計し、「さあ、子どもたちのために生きよう」というモットーを記した日記を発表している。

一九〇〇年に出版されて数カ国語に翻訳された、スウェーデンの作家エレン・ケイによる『児童の世紀』（冨山房、小野寺信・小野寺百合子訳、一九七九年）も同様のテーマを掲げていた。エレン・ケイはそれまでの教育書では見られなかった論調で理想的な育児について論じ、親子間の愛を訴え、人類にとって最も大切なのは常に私たちが世の中に送りだす子どもたちであると主張した。

ジークムント・フロイトが遊びの役割を述べた論文「快楽原則の彼岸」も、子どもを主題として取り上げている。フロイトはここで、子どもが遊ぶ主な理由はゲームが快楽と関連しているからだと論じた。同じく一九二〇年代、スイスの心理学者ジャン・ピアジェは、多くの科学雑誌の記事で、子どもは遊びを通じて世界を探検すると述べ、それによって彼らは原因と結果を理解するようになると主張した。

二つの世界大戦の合間の時期、ほかの多くの心理学者・教育者・著作者・哲学者が、子ども時代や、遊びの普遍的な重要性を研究した。マリア・モンテッソーリ、マーガレット・ミード、A・S・ニイル、バートランド・ラッセル、ヨハン・ホイジンガ。ホイジンガは一九三六年、人類の文化はすべて遊びを通じて生まれ、発展する、という説に基づいて『ホモ・ルーデンス』（中央公論新社、高橋英夫訳、一九七三年、ほか）を発表した。

北欧では、一九三〇年代からの数十年、子どもや子ども時代に関する特徴的な考え方が発展し、それは具体的には玩具や文学で表現された。一九三二年、オーレ・キアクが事業の刷新を行ったのと同じ頃、芸術家で職人のカイ・ボイスンがコペンハーゲンの大規模な展示会に美しいデザインの木製玩具を出品して世界的な注目を集めた。その前年には、オズビーに本社を置くイヴァルソン兄弟経営のスウェーデンの玩具メーカーが、カラフルな木製玩具に社名の「BRIO」（ブリオ）を刻印するようになった。彼らはその二〇年前から遊びの重要性を意識し、子どもたちに最高の経験をさせることを願って製品を作りつづけていた。

一九四〇年代と一九五〇年代初頭、北欧では子ども向けの画期的な本が何冊も書かれた。世界の文学史上初めて、大人の作家が児童書で子どもや子どものようなキャラクターを一人称の語り手にして、子どもにとって自然に聞こえるようにしたのだ。こうした革新的な変化は、スウェーデンの作家アストリッド・リンドグレーン、デンマークのエゴン・マーチセン、ノルウェーのトルビョルン・エグナー、フィンランドのトーベ・ヤンソンなどの作品に明確に見られる。イヴァルソン兄弟やカイ・ボイスンやオーレ・キアクが作った玩具と同じく、子どものために大人が作った作品を通じて、親は子どもの世界と遊びの本質についての理解を深めていった。

北欧で子どもの文化にこのようなブームが起き、それに関連して子どもとゲームと玩具に注目が集まる中、レゴは生産を拡大しつづけた。一方、オーレ・キアク自身も玩具製造者としての進化を遂げた。この大きな潮流の変化において自らの玩具が重要な要素であったにもかかわらず、最初のうち彼はその変化にほとんど気づいていなかった。だが、一九三〇年代後半に海外の展示会や産業見本市に何度も足を運ぶうち、新たな知識や理解を得るようになった。この頃あるデンマークの新聞に掲載された、特に科学者のあいだで子どものゲームや玩具への関心が高まっていることについての長い記事を彼が保管していたのは、決して偶然ではなかった。

教育者は教育にとってのその価値について考え、医師はそれが子どもの健康に良いか悪いかを検討し、化学者は用いられる顔料（完全に無害なものでなければならない）の成分を調べ、発明家は新たなモデルを作り、技術者はそのアイデアを実現させ、実業家は最も有利な販売戦略を練る。昔なら、子どもには遊び道具としてホビーホース（またがって遊ぶ、先端に馬の頭をつけた棒）、数枚のカラフルな切り絵、ぬいぐるみの人形を与えておけばよかったかもしれないが、今や子どもの要求はより大きくなり、玩具はデンマークの貿易収支に影響を与えるほど重要な要素になっている。

ケル：良質の玩具が良質の遊びの基礎であることを祖父が本能的に認識していたのは間違いないが、現在のレゴにとって非常に重要な教育的側面や、ゲームと学びとの関係については、あまり考えていなかったと思う。父も同じだ。父にとって大事なのは製品のシステムだった。ただ、父は「子どもの創造意欲」のような表現は使っていた。レゴで遊ぶことを通じて学ぶというコンセプトは、一九八〇年代に私が会社に持ち込んだものだ。

オーレ・キアクの四人の息子は、母の死後の父を「良き仲間」として記憶している。一九八〇年代の長時間のテレビインタビューで、彼らは皆オーレ・キアクをそのように表現した。ゴッドフレッドは付け加えて、「父は決してユーモア感覚を失わなかった。私はほかにやりたいことがたくさんあったけれど、父に頼まれて家にとどまり、仕事を手伝った」と述べた。

ゴッドフレッドは三人の兄弟よりも手先が器用で、そのうえ数字に強くて人付き合いも上手だった。子どもの頃から作業場で手伝いをし、経理で父を助け、支払うべき請求書や署名してもらうべき約束手形を持って自転車で走り回った。見返りとして、青年期になると父親のモデルTを運転することを許された――時には他人の命や手足を危険にさらして、といとこのダニー・ホルムは言った。ダニーは一九六〇年代、レゴランドのさまざまな町やおとぎ話の登場人物を作った模型ビルダー兼アーティストとして有名になった人物である。

一九三〇年代初め、ダニーはスキャーンに住み、父親はそこで自転車店を営んでいた。日曜日にビルンの家族が彼らを訪ねてくるとき、ゴッドフレッドが運転することがあった。

「あるとき、彼はスキャーンの真ん中で電柱に突っ込んだ。そのあと電力会社から連絡が来て、『今度ビルンの悪ガキが訪ねてくるときはあらかじめ知らせてくださいよ、住民がそれより前に帰宅できるように』と言われた。事故のせいで、町じゅうが停電して真っ暗になったから」ダニーは言った。

彼女は、兄弟が四人とも、特に悪ふざけやいたずらが好きなところは彼らの父親そっくりだったことを覚えている。ダニーは一八歳のとき、問題児の施設で働くため実家を離れる前、しばらくビルンで暮らした。兄弟は楽しい思い出を作ってやることにし、ある夜遅く、彼女の部屋に生きた豚を放り込もうとした。ダニーはなんとか半ば開いていた窓を閉じることができたが、翌日の夜も彼らはやってきて、今回はいたずらに成功した。翌朝目を覚ましてカーテンを開けたとき、ダニーはぎょっとした。窓の外に人がぶら下がっている。実は、首に縄を巻きつけられたカカシ

1930年代後半、ウーラが生まれたあとのキアク・クリスチャンセン一家。後列左からカール・ゲオーグ、ヨハネス、ゴッドフレッド。前列左からソフィ、ゲルハルト、ウーラ、オーレ・キアク。

だった。

仕事を見つけたり商売を学んだりするために実家を出たのは、ダニーだけではなかった。のちにはゴッドフレッドの兄弟も町を出た。学友のほとんどもそうした。ゴッドフレッドも一五歳のとき、セーアンセン自動車で徒弟奉公を始めるのを楽しみにしていたが、その夢は実現しなかった。ある夜、オーレ・キアクが息子のベッドの端に腰かけ、ゴッドフレッドの頭脳と技術がないと作業場はやっていけないと話したのだ。

ケル：父は工場で働くことを運命づけられていた。父はビルンで一日おきに学校に通っただけで、それも七年生でやめていた。その後は作業場で父親と働き、玩具の開発や生産に協力し、帳簿を見、銀行に行った。祖父はあまり

1930年代半ばから発売した「キアクのボール転がし」には遊び方を教える説明書がついていたが、ウーラは乳製品販売所の裏の砂場で、想像力を駆使して、販売所の経営者ホウゲセンの息子で友達のクルトと一緒に遊んだ。(私蔵資料)

Kirk's Kuglebane
Et herligt Sandspil
Hvert Barn sit Sandspil.

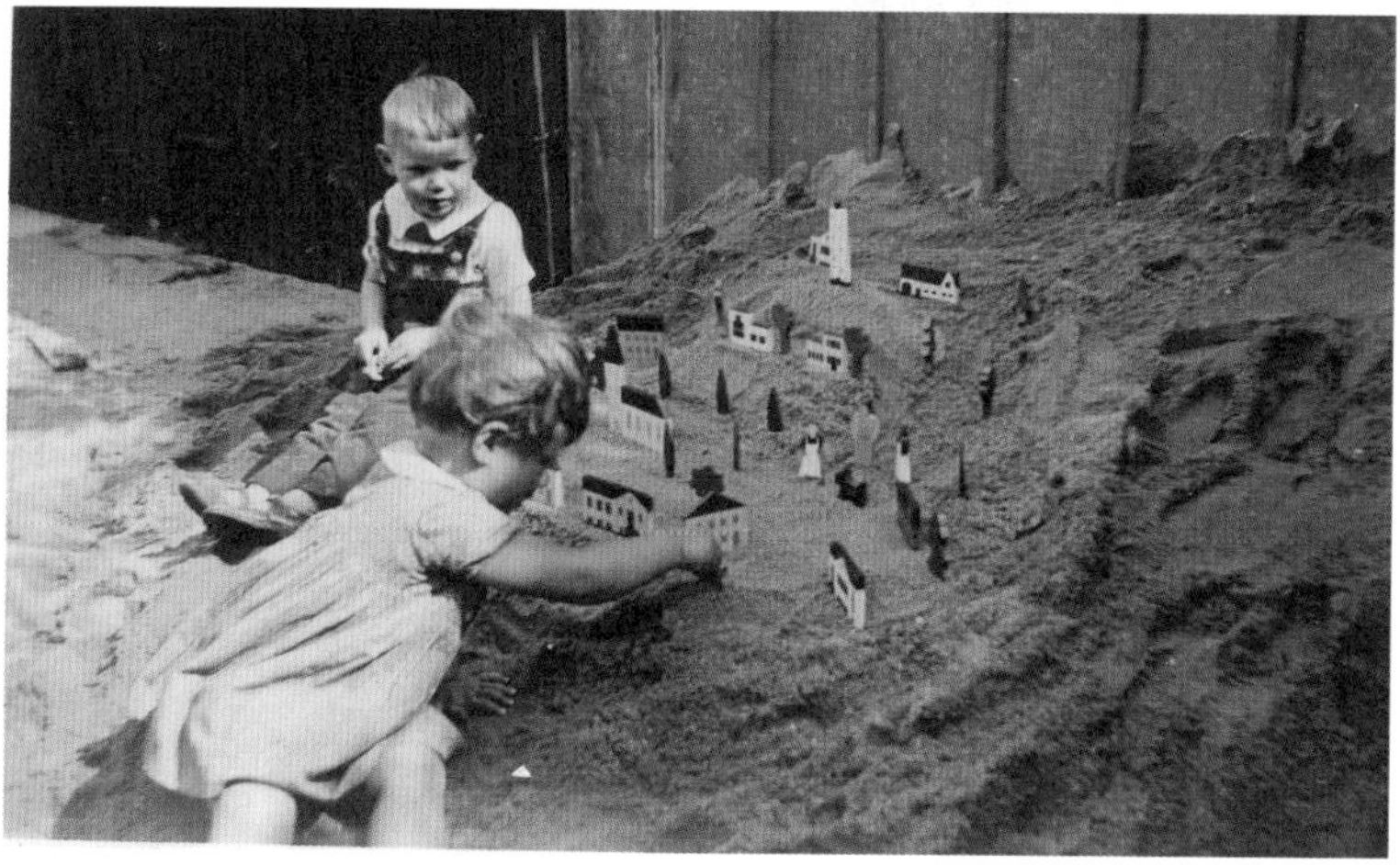

金勘定が得意ではなかったので、それは早くから父に任された。父はそういう仕事を通じて多くを学んだ。

高等教育については、ゴッドフレッドは週に二日、夜にグランステの技術専門学校に通うことで満足せざるをえなかった。日中は、今や五〇種類以上の玩具を製造している作業場を手伝った。種々の車に加えて、車輪つきの動物、手押し車、アイロン台とアイロン、ブランコ椅子、はしご車、それに「キアクの砂遊び」と呼ばれるおもちゃもあった。これは、組み合わせて線路にして砂場や海岸に敷く長い棒のセットだった。

一九三〇年代は、デンマーク人がアウトドアを好きになり、日曜日には家族で森や海岸に押し寄せた時期でもあった。ビルンにおいて、レゴは「砂遊び」を開発するなどしてその潮流に乗った。このセットを入れた箱には、次のような宣伝文句が印刷されていた。「お日さま、砂浜、森、どこへ行っても、キアクの砂遊びは子どものいちばんのお友達」。箱には、棒以外に「キアクのボール転がし」と印刷したデンマークの国旗色の旗が入っていて、子どもが作った砂山の上に立てられるようになっていた。親に向けては、おまけの情報が書かれていた。「お子さまの才能を伸ばすのに最適です」

一九三六〜一九四〇年の期間、オーレ・キアクとゴッドフレッドの関係は建設的で起業家精神に富むパートナーシップに発展し、それが一九四〇年代のレゴの売上増と成功の基礎となった。父と息子の得意分野は異なっていたため、二人が衝突することはなかった。オーレ・キアクは製品の品質とスタッフの健康に注力し、一方ゴッドフレッドは現実的であると同時に直感的な創意に富むデザイナーで、戦略的に物事を考える能力を有していた。

自分に経営を続けるエネルギーがなくなったとき会社を引き継がせる息子として、オーレ・キアクは心の中ですでにゴッドフレッドを選んでいた。ハスレヴのインナー・ミッションの職業学校は評判もよく、ここで寄宿して学べば、息子は刺激を受け、将来レゴの役にも立つに違いない。ところが、その思惑は外れた。ゴッドフレッドは学校になじめなかったのだ。家を恋しがり、今後開発すべき流線型のレゴの木製自動車の設計図を次から次へと描いてはビルンの父親に郵便で送った。

親愛なるみんな！　親愛なるお父さん！

設計図を何枚か同封します！　使えるかどうか検討してください。お望みなら、自動車の図はもっと描けます。僕はフェンダーを取りつけた構造を気に入っています。旋盤加工したものより安くできますし。でも、同じサイズで何種類もの車が作れたら最高ですね。

職業学校では、ゴッドフレッドは同級生から嫌われ疎外されていると感じていた。彼らのような「本物の」職人になるわけではなく、単に子ども向けのおもちゃを作っているだけだからだ。のちに彼は言った。「まともな仕事だとは思ってもらえなかった。おそらく私が感じたのは、父が玩具を作りはじめたとき受けた軽蔑と同種のものだったのだろう」

職業学校での時間つぶしに、ゴッドフレッドは独自の車のデザインを考えた。教室の後方に座り、周りにいる将来の建具工、レンガ職人、大工、鍛冶屋が黒板に向かう教師に注目して製図の練習をしているあいだ、フォードやシボレーを参考にして昔ながらの野暮で不格好な木製の車を流線型に変化させていった。

一方オーレ・キアクは、ゴッドフレッドの将来の教育としてもっと壮大で優れた計画を立てていた。息子がハスレヴの学校を卒業したらすぐにドイツの製材会社で一年間研修できるよう、頑張って段取りを整えたのだ。ところが一九四〇年四月九日にドイツがデンマークを占領したことにより、計画は突然中断を余儀なくされた。ゴッドフレッドはビルンにとどまり、新しい肩書を得て工場を手伝うことになった——職工長である。

一九三〇年代が四〇年代になるとき、世界は長くきわめて破壊的な戦争に突入しようとしていた。皮肉にも、その戦争はレゴのような会社に予想外の新しいチャンスをもたらすことになった。

この 10 年間で自動車は輸送手段として好まれるようになったものの、まだ一般に普及はしておらず、レゴが品質を保証した玩具の車で満足するしかなかった。最初は角張った非常に単純な形だったが、1930 年代の終わり頃には、ハスレヴの職業学校にいるゴッドフレッドが新たなモデルをデザインして工場の父親に送るようになり、なめらかで流線的な形が開発されていた。

3

War

戦争

1940年代

平和ピストル、1945年

西ユトランド地方出身の若き大工職人バーンハード・ボンデ・クリスチャンセンがレゴで働くためにやってきたのは、一九四一年一二月だった。彼の仕事はオーレ・キアクが大金を注ぎ込んだ高価なえぐり機の操作だ。この装置は、その時代の子どもたちが引っ張って遊ぶのを楽しんださまざまな車輪つき動物を削りだすことができた。彼の初任給は週三五クローネ、それに部屋と賄いがついている。食事はライオン・ハウスでとる。ベッドと狭い収納スペースは木工作業場の階上にあり、あと三人の従業員と共同でその部屋を使った。

彼が最初意外に思ったのは、レゴで働くのが少年や年配婦人など雑多な寄せ集めであることだった。従業員は全部で一八人、バーンハード・ボンデが知る限り、徒弟奉公を終えているのは彼一人だ。けれども職場には強い連帯心があって、雰囲気は良好だった。クリスチャンセンは毎日カーキ色のオーバーオール姿で歩き回り、彼が言うところの「坊やたち」とおしゃべりをし、塗装や包装を担当する少女たちと冗談を言い合った。

週間労働時間は四九時間だったが、世界は戦争中でデンマークは占領下にあったので電気の使用は制限され、電気を節約するため従業員は夕方早めに帰宅して夜明けに出勤することもあった。普段の始業は朝七時。バーンハードには午前中に三〇分の休憩、温かな食事が出される一時間の昼休み、午後三〇分のコーヒータイムが与えられた。五時半まで働き、従業員は各自が汚したところを掃除せねばならず、それは終業後に行われた。

バーンハード・ボンデにとって一日の最高の楽しみは、ライオン・ハウスでの温かい昼食と午後のコーヒーだった。束の間、彼は大家族の一員であるように感じた。テーブルにはソフィがお手伝いの少女と一緒に用意した食べ物がずらりと並び、着古した作業着姿のクリスチャンセンが上座につく。祈りを唱えるのはクリスチャンセンだった。「天にまします愛する父よ、あなたからの賜りものへの感謝を捧げます。アーメン！」。テーブルを囲むのは、主人夫妻に加えて娘ウーラ、息子ゴッドフレッドとヨハネス、家に帰っているときにはゲルハルトやカール・ゲオーグ、そしてバーンハード・ボンデと同じく賄いつきで住み込む従業員たちだった。

ときどき、クリスチャンセンが夕食に遅れた際は、テーブルについた全員で歌を歌うのが慣例だった。どんどん声量を上げながら、威勢のいい息子たちが作った歌詞を歌う。

僕らは棟梁を待っている
僕らは棟梁を待っている……
そして僕らは飢え死にしそうだ！

一九四二年三月のある寒い夜、バーンハード・ボンデは同室の人間に揺り起こされ、下から変な音がすると言われた。バーンハードは起き上がるなり煙のにおいを嗅いだ。階段を走り下り、作業場に通じるドアを勢いよく開けた。乾いた材木が炎に包まれている。バーンハードは雪がうずたかく積もった庭を駆け抜けて、ライオン・ハウスの裏口のドアや窓を叩いて叫んだ。「火事です！　作業場が燃えています！」

すぐに中から何人もの声がして悲鳴があがったが、誰にも何も見えなかった。停電していたからだ。

のちにオーレ・キアクは、その後はすべてが本能で展開されたようだと語った。吹雪のせいで、夜のあいだにビルンの電話線と電線のほとんどが切れていた。一本だけが生き残っていて、電話交換局にいたカール・ゲオーグの恋人シーネ（のちに彼の妻となる）がグランステの消防署に通報することができた。火事の知らせはすでに地元の青年たちに伝わっており、彼らはすぐさまバケツや消火装備を持ってライオン・ハウスの前に集まった。オーレ・キアクは消火器を手に作業場に駆け込もうとしたが、後退せざるをえなかった。中は機械類すら溶けるほどの高熱になっていたのだ。ソフィはウーラを毛布でくるんで乳製品販売所まで連れていき、販売所の経営者の娘とともに窓際に座って、煙と夜空を染める真っ赤な炎を見つめた。この光景は一生忘れないだろう。

風向きと消防団のおかげで、全焼したのは作業場の建物だけだった。ライオン・ハウスも、ビルンのほかの家や農場も無事だった。消防士と町や作業場のボランティアの助けを得て、オーレ・キアクと三人の息子はできる限りのものを持ちだした。その一つはゴッドフレッドの発電機で、クランクを回すたびにブルン、ブルン、ブルンとうなっていた、とバーンハード・ボンデは回想した。

カール・ゲオーグはフィルスコフでおじが家を建てるのを手伝っていたが、電話交換局で働く恋人のシーネはすぐ彼に連絡を取った。運転することも人の車に乗せてもらうこともできず、カール・ゲオーグは雪の中を一〇キロ歩いて戻ることにした。つるつるした地面を滑らず歩けるよう、分厚い靴下を借りて靴の上からかぶせた。そして、凍てつくような寒さの中でもまずまずしっかりした足場が得られる荒野や湿地を、半ば歩き、半ば駆け足でビルンに向かった。

到着したときには、建物は煙を上げる廃墟となっていた。崩れかかったすすだらけの壁、焼け

火事の翌日、残ったのは焼け焦げた壁、機械類、家具だけだった。この悲劇の瞬間、オーレ・キアクは従業員と家族を残骸の前に集めて集合写真を撮った。彼はウーラを膝にのせて最前列に座っている。左端に立つのはゴッドフレッドと婚約者のイディス。

焦げた作業ベンチ、機械や道具の溶けた残骸。その損害は七、八万クローネにのぼったが、仕掛中や出荷前の注文品の損失もそれと同じくらいの金額だった。それらには六万クローネの保険しかかかっておらず、翌日オーレ・キアクはクリスティーヌの死以来の強い不安と落胆にとらわれた。

誰もが知っているとおり、苦難は乗り越えるためにある。そうして私たち人間は高められるのだ。自分の会社が焼け落ちるのを見たのは、これが三度目だった。今回は本当に大きなショックを受けた。私は絶望に陥り、寝室へ行って祈るしかなかった。すると驚くべきことが起こった。祈りが私への感謝と祝福を伝える言葉に聞こえてきたのだ。私は目に見えない助けを与えられた。まるで困難が取り去られたかのようだった。

これまでに何度もあったように、レゴの創業者は父なる神に助けを求め、新たな力を得た。災難の数日後には、自らの人生と事業を楽観視できるようになった。オーレ・キアクは岐路に立っていた。今こそビルンを去ってデンマークのほかの場所に根を下ろすべきなのか?

火事から何日か経って冷静になったオーレ・キアクは、確固たる意志を持って、数通の重要な手紙を送った。一通はコペンハーゲンにいるレゴの営業担当者アクセル・バーフォに宛てて不幸な状況を知らせ、当面新たな注文は受けられないと告げるものだった。手紙は次のような言葉で締めくくられた――

損傷を免れた玩具をすべて集めて売った結果、オーレ・キアクはかつて兄弟姉妹やインナー・ミッションの友人から借りた金を完済できた。

将来の計画はまだ決定していないが、適切な場所が見つかれば、国の中心部で、都市部ではなく近郊にある工場、できれば現在使われていない工場を手に入れるつもりだ。よさそうな物件の話があれば、ぜひ教えてくれたまえ。

『ユランズ・ポステン』紙と『ベアリングスケ・ティーゼネ』紙には、もっと明確で形式張った手紙が送られた。それには広告が添付されており、火事から七日後、一九四二年三月二八日に両紙に掲載された。

工場つきの土地を求む。国鉄から近く、木工機械類を装備し、事務所と宿舎のついた床面積六五〇平方メートルほどの工場が望ましい。国の中心部。即時に購入または賃貸可能な物件。敷地内に住み込み可能な六部屋、およびその他の部屋があること。ビルン、レゴ・ファクトリー。

主にユトランド地方の経営者や地主から三〇以上の返事が届き、オーレ・キアクとソフィとゴッドフレッドはいくつかの選択肢に目を向けた。コペンハーゲンとオーフスからの申し出数件はすぐに却下された。オーレ・キアクが息子や孫に伝えた信条の一つは、産業は大都市近辺に集中するのではなくデンマークじゅうに広がらねばならないということだったからだ。家族はいくつかの立地に興味を持ったが、それにはユトランド地方以外の場所もあった。彼らは当時できたばかりの小ベルト海峡橋を渡ってフュン島にも行った。そこでは自動車道のすぐ横をデンマーク国鉄の赤い高速列車リートラＭＳが走っていた。この列車の模型は、一九四〇年代にレゴが出した中で最大級にヒットした製品である。

デンマーク西部をくまなく回った末、オーレ・キアクは自分が何を求めているか、何を適切だと感じているかを確信した。「見れば見るほど、私たちはビルンを好きになっていった」

ケル：生産拠点と家を移すという祖父の提案に父が関与していたのは間違いないし、のちに父自身も同じことを検討した。レゴグループの新しい拠点としてヘーデンステットが提案されたことがある。ビルンよりも便利で主要道路に近い、と父は考えたのだ。だが一九四二年の祖父と同じく父も、私たちのルーツはビルンにあり、ビルンにとどまるべきだという結論に達した。ここは、レゴのためならどんな苦労も厭わない従業員たちがいる場所、親族が集まっている場所だ。あのときビルンにとどまって工場を一から再建すると決めたことは、レゴにとってとてつもなく大きな意味があったと思う。私も常にこの町や地域に強い崇敬の念を抱いているし、だからこそビルンは私たちの本拠地でありつづけるのだ。

オーレ・キアクは新たな借り入れを行い、その時代の水準に合わせ、自らの状況も考慮して、非常に大きく近代的な工場を設計した。工事は一九四二年晩夏に始まって年内に完成した。工事を指揮したのは地元の熟練した石工職人セーアン・クリスチャンセン。彼は一九二〇年代からオーレ・キアクの仕事を請け負っており、ミッション・ハウスの会合や活動を通じてもオーレ・キアクがよく知る人物だった。レゴの新工場は赤レンガ造りで横長の二階建てで、屋根裏部屋と地下室がついている。外観上はライオン・ハウスによく似ていて、家族や工場労働者の休憩場所になっているオーレ・キアクの菜園を取り囲むように建てられた。

火事のあと、新工場の建設中は、ビルン工芸専門学校内に臨時の生産ラインが設置された。数年前にオーレ・キアクが援助して設立された学校である。新しい建物が完成して使えるようになったらすぐ大量生産にかかれるよう、ゴッドフレッドは夜に大工の棟梁テイエ・イェンセンの作業場を使わせてもらい、製品の模型を作った。

高額な費用の一部は「在庫一掃セール」でまかなわれた。これはオーレ・キアクが火事の直後に開催を発表したもので、火事の夜ライオン・ハウスにあって損傷を免れた在庫品を販売した。多額の売上が得られたため、オーレ・キアクは長年の願望を実現できた。兄弟姉妹やインナー・ミッションの親しい友人から借りていた金を返せたのだ。彼らの助けがあったからこそ一九三〇年代の最悪の危機も乗り越えられたし、当座貸し越しの保証人になってもらえたおかげで機械類に投資できたのである。

借金の額は利子を含めると九〇〇〇〇クローネにふくらんでいた。現在の価値では二〇万クローネ、あるいは三万五〇〇〇ドルに相当する。その負債を返済できたことから、オーレ・キアクはこれから建てようとしている新工場が成功すると改めて自信を得た。財政破綻や倒産が目の前に迫り、あるいは事業の拠点を移さねばならないと思ったときからほんの数カ月後の、一九四二年のある夏の日、オーレ・キアクはタイプライターの前に腰を下ろした。おもちゃは売れるとの信念を与えてくれた神に対して、自分の思いを述べたかったからだ。

ライオン・ハウス（上の写真左）の裏にある横長の工場の建物は、1942年末には完成し、より効率的な生産方式を取り入れたが、ほとんどの工程はまだ手作業だった。今や従業員は35～40人となり、正面玄関前の集合写真では、オーレ・キアクとソフィは左端に座っている。ゴッドフレッドは父親のすぐ後ろに立っている。

私たちは今、新しい倉庫と工場の土台を築いているが、自分たちだけで成し遂げられないことはよくわかっている。けれど、神が「あなた方のうち、塔を建てようとするとき、造り上げるのに充分な費用があるかどうか、まず腰を据えて計算しない者がいるだろうか」(『ルカによる福音書』第一四章二八節、新共同訳より引用)とおっしゃったことも知っている。私たちはこれに従って計画を充分に練り、計算をしたつもりだ。それでも結局のところ、神がいらっしゃらなければ何もできないのだ。私たちは戦争の恐怖の中で生きている。デンマークは強欲な連中に占領されている。食料はどんどん乏しくなっている。生活必需品を入手するのは大変だ。これほど売上が伸びたのは戦争のおかげかもしれないが、だからといって戦争の継続を望んでいるわけではない。私たちは世界じゅうの平和を望んでおり、「主よ、この事態をなんとかしてください!」と祈っている。私たちの目標は、レゴは高品質の製品を作ると人々に常に認めてもらうことである。レゴに関して主に祈るのは、あらゆる場面で、生活においても取引においても、誠実な商売を行えるようお助けくださいということだ。そうすれば、私たちの活動も暮らしも、神の栄誉、神の恵みによって行えるのである。神よ、我らの王と祖国を守りたまえ。

ビルン、一九四二年六月一九日

今や戦争はビルンにも色濃い影を落としている。一九四三年夏、レゴの全従業員はクリスチャンセンと息子たちに率いられ、湿地で泥炭を切りだすため荒野に向かった。泥炭があれば、冬のあいだ新しい工場や再建したライオン・ハウスを暖めておける。この小さな町では、窓を閉ざし、日々の食料を配給で受け取るのが日常になっていた。道路の向かい側の協同組合で取り扱う品数

戦争中は燃料が乏しかったので、工場を暖房するため、従業員はオーレ・キアク（左端）とゴッドフレッド（右端）とともに湿地へ行って泥炭を切りださねばならなかった。

は日ごとに減っていった。

ビルンでも存在感を増していた自動車は、私的な使用を禁じられて道路から排除された。ただし、医師と数人の輸送業者は、木炭をエネルギー源とする発電機を搭載した車の使用が許された。電気も配給制で、各家族には一日に一定量の電気が割り当てられた。コーヒーは希少な飲み物となった。オーレ・キアクが、手入れの行き届いた肥沃な菜園で自ら栽培するようになっていたタバコも、貴重品になった。彼は収穫したタバコを屋根裏部屋で乾燥させて細かく刻み、葉で巻き、プルーンエキスを数滴振りかけ、最後に卵白で接着した。

すべての人が豊富に持っていると思われた唯一のものは現金だったけれど、もはやこの国の商店に購入可能な商品はほとんどなかった。危機や物不足の際にはいつもそうだが、木製玩具は大人気だった。デンマークの親の多くは子どもを苦難から守ることに心を砕き、占領下にあった五年間でレゴは一〇〇万クローネ以上を売り上げた。火事のあった一九四二年にも年間売上高は上昇を続け、一九四〇年の七万四〇〇〇クローネから一九四五年には三五万七〇〇〇クローネまで増えた。

しかし、生産に困難が伴わないわけではなかった。問題の一つは上質の木材やまともな塗料、接着剤、ニスの不足であり、もう一つは町に増えつづけるドイツ兵の存在だった。彼らはヴァンデルに「ヴァイレ空軍基地」の建設が予定されている関係でこの地域に派遣され、今はビルンに流入して寝泊まりする場所を要求し、町の比較的大きな建物をいくつも徴用していた。

一九四三年のある日、一人のドイツ人将校がレゴのオフィスにやってきて、ドイツ国防軍は新工場を兵舎と兵站所《へいたんじょ》として使うことを望んでいると告げた。ゴッドフレッドはデンマーク語しか話せなかったものの、どういうことかを俊敏に察知した。それでも理解できないふりをした。のちに彼はインタビューで語っている――

ドイツ兵は装備を置く場所を求めていたし、もちろんやつらには好きなように行動する大きな権力があった。私にとってドイツ語を話せないことが有利に働いたのは、おそらくこのときだけだっただろう。将校は何やら断片的なことを怒鳴り、私たちは冷ややかな目でにらみ合った。やがて彼は唐突にきびすを返してオフィスを出ていき、私は二度と彼を見ることがなかった。

この地方には一九四三年と一九四四年にさらに多くのドイツ兵が駐屯し、町役場やスカウト会館や学校の新しい体育館には兵卒があふれた。彼らは底に鋲を打った靴で歩き回り、ニスを塗った体育館の床を傷だらけにして、町じゅうの怒りを買った。もっと上級の兵士は個室を与えられ、ライオン・ハウスではソフィの年老いた母親がドイツ人将校二人と二階を共同で使わねばならなかった。彼女は娘夫婦と暮らすためハスレヴからビルンに移り住んでいて、ドイツ語は一言も話せなかったけれど、外国人二人とチェスをすることはできた。

オーレ・キアクは招かれざる客との交流は最低限にとどめ、常に礼儀正しく行儀のよい態度を装った。それにはもっともな理由があったのだが、息子たちもそれ以外の家族もそのことについて何も知らなかった。彼は違法なレジスタンス運動にかかわっていたのだ。

一九四四年から一九四五年にかけて組織内に出回っていた機密文書では、「工場主クリスチャンセン」は国じゅうの約五万人の男女から成るデンマーク地下組織における町と地域のリーダーとして登場していた。彼は、一九四四年九月にデンマークの警察が占領者ドイツにより解散させられたあと地域の法と秩序を守っていたビルンの自警団で、団長を務めてもいた。その役職のおかげで数挺のBSAライフルを入手しており、一九四五年五月に国が占領から解放されてビルンの自警団員が多くのドイツ系難民の警護を任されたとき、そのライフルが使用された。東欧の一般市民だった三〇万人以上のドイツ系難民が、ソ連の軍隊である赤軍の侵攻を前に、船に詰め込まれてバルト海を渡り、デンマークに逃げ込んでいたのだ。戦争末期の数カ月間で、数千人の女性や子どもや老人がコペンハーゲンから専用列車で西ユトランド地方に到着した。

グランステやブランデの非常に活発な組織は線路の破壊といったレジスタンス行為を頻繁に

O Kirk Kristiansen
Navn
født d. 7/4 1891
i Filskov
er ansat under
Grene
Kommunes Vagtværn.
d. 27/10 1944.

Indehaverens Underskrift

Borgmesterens (Sogneraadsformandens) Underskrift

1943 年のある日、ビルンの違法レジスタンス組織のメンバー 4 人がリーダーの家の前で話し込んでいる。左から、仕立屋フランゼン、運送屋アルフレッド・クリスチャンセン、レゴの従業員トーヴァル・クリステンセン、店員グンナー・サンド。下の写真はオーレ・キアクの地域自警団団長の身分証明書。（グレーネ教区、郷土史資料集）

行っていたが、レゴの創業者がそうした活動に直接加わることはなかった。それでも、イギリスの飛行機が容器に入れて投下した武器、弾薬、爆発物の輸送や保管というきわめて重要な任務に何度も協力した。レジスタンスの秘密文書において、彼は「グランステ地区抵抗団」の団長ともされていた。これは、鉄道職員、農業従事者、機械工、庭師、仕立屋、家具職人、簿記係、町議会議長、玩具製造者などビルンの男性一七人から成る組織だった。

組織の任務は、地区に空中投下された武器を回収して、ドイツ兵が来る前にパラシュートと容器を処分することだった。だが実際にはビルンは戦争中一度も投下場所にならなかったため、オーレ・キアクは武器弾薬の輸送という重大任務における仲介者を務めた。西ユトランド地方の問屋に運ぶ木製玩具を詰めたと見せかけた「レゴ」と書いた箱を荷馬車に積み込み、何食わぬ顔で武器を運びだしたのだ。父の死後かなりの年月が経過したのち、ゴッドフレッドは語った――

私がそのことを知ったのは戦争が終わってからだった。父は、普段は木製玩具に使う空の木箱に、手榴弾などを入れて運んでいた。地域の多くの家にはドイツ人将校が滞在していて、我が家にも何人かが泊まり込んでいたが、父は平然としていた。そんなことに影響される人間ではなかった。箱はブナ材と一緒に倉庫に保管され、レジスタンス組織はそうやって補給品を受け取っていた。

一九四五年五月に国が解放されたあともデンマーク警察はすぐに機能せず、血に飢えた暴徒は国じゅうで裏切者狩りをし、無秩序で混乱した日々が続いた。その間、クリスチャンセンは武装して往来の巡回警備を行った。五月四日から、レゴの簿記係アクセル・スヴァー、町議会議長クリスチャン・ホーステッドとともに、ライフルを肩に担いでパトロールに出たのである。彼らは、ビルンでは誰も裁判なしで罰せられることはないというメッセージを発しながら、町役場に収容されて農場から持ってきた藁の上で寝ているドイツ系難民を守っていた。

一九四二年に火事に遭い、原材料の不足に悩みながらも、レゴは戦争で多大な利益を得た。玩具の売上は毎年三〇～四〇パーセントの伸びを示し、従業員の数は一九三九年から一九四六年までのあいだに四倍にふくらんだ。今やレゴは、第一次世界大戦以来刑務所で木製玩具を製造しつづけているデンマーク玩具製造所《ダンスク・ライェトイスファブリク》に次ぐ、デンマークでも指折りの評価の高い大手玩具メーカーになっていた。

戦争直後に、どんなおもちゃでいちばん遊びたいかとデンマークの女の子に尋ねたなら、レゴ製のアイロンとアイロン台という答えが返ってきただろう。一方、たいていの男の子はレゴの自動車や列車を好んだ。幼い子どもの親の多くは、赤い箱に入った知育玩具「レゴブロック」を買い求めた。ニスを塗った側面に原色で文字や数字を書いた、光沢ある木のブロックである。この小さな手作りの製品は、オーレ・キアクの品質を追求する妥協を許さない姿勢と、玩具業界における成功の定義を反映していた。「良質なおもちゃとは、誕生日やクリスマス以外のときにも、親が喜んで買い、子どもが遊びたがるものである」

ビルンの工場は戦争中から引きつづき一九四〇年代を通じて大きく発展した。この時期、デンマークの玩具メーカーはまだ輸入禁止によって恩恵を被っていた。レゴが成長したもう一つの要因は、レゴを株式会社にするというオーレ・キアクの決断である。一九四四年、「ビルン・レゴ・トイファクトリー株式会社」が登記された。株式資本は五万クローネ。目的は自ら資金調達を行って、新しく機械類を購入したり工場を拡張したりするたびに金を借りなくてもいいようにすることだった。

この決断により、一〇年近くにわたるソフィ・キアク・クリスチャンセンによる会社の所有に終止符が打たれた。昔からの負債は完済され、オーレ・キアクはついに正当な所有者、社長、家族経営による取締役会と株主の代表を名乗れるようになった。株主は彼自身とソフィ、それに四人の息子だ。レゴは成長軌道に乗りつづけていたため、一九四六年に会社を分割して子会社「O・キアク・クリスチャンセン株式会社」を設立することになった。子会社は生産のみを行い、親会社は販売や宣伝に全責任を持つ。社名の「クリスチャンセン」は「K」で始まる「Kristiansen」と綴られているが、それはオーレ・キアクの公的な出生証明書に従ったからだ。

会社の再編成はオーレ・キアクの発案ではなかった。税制に詳しく家族経営の会社を安全に守る方法を知悉《ちしつ》する、ある意欲的な会計士が提案したものだ。のちにオーレ・キアクはインタビューでこのいきさつを説明するとともに、レゴを下支えする父系継承の原則を強調した。ソフィは取締役会に入っていたし、やがて彼らの娘ウーラもレゴの株式を割り当てられるが、会社を運営するのが家族の中の男性であることに疑いの余地はなかった。

「私と息子たちは、登記された株式会社を二つ所有することにした。一つはレゴで、製品の販売に専念し、もう一方の会社O・キアク・クリスチャンセンは生産を担当する」

戦争の最終年、クリスチャンセン家ではもう一つ大きな変化が起こっていた。ゴッドフレッドが、ビルンの食料品商の娘、二〇歳のイディス・ノアゴール・クヌセンに求婚したのだ。彼女は精力的な野心家ゴッドフレッドとの未来を明確に意識しており、将来生まれる子どもを「家にいて父親の作業場で働く小さな職人」と思い描いていた。その後数十年は彼女の考えたとおりに展開しなかったが、一九四五年当時、家族経営の小さな会社と自宅で働く夫というイディスの小ぢんまりした将来像は、それほど見当外れなものではなかった。レゴはまだ、オーレ・キアクの義理の娘がオフィスの掃除や繁忙期に木製玩具の荷造りを手伝う程度の小さな会社だったのである。

ケル：結婚したとき、父と母は自動車を欲しがった。家族を作るに当たってまず必要なものだと考えたからだ。しかし父一人で自動車を買う余裕はなかったので、乳製品販売所の経営者ホウゲセンと金を出し合って一九三一年型シボレーを買うことにした。それぞれが一週間ずつ使うことになった。何年ものち、父はそれとまったく同じ車を中古車店で見つけた。ひどい状態だったが、父はきれいに修理させ、もとの黒に塗装し、当時と同じ「Z8300」というナンバープレートをつけた。今、その車はピカピカに光って、私の車のコレクションに加わっている。

ゴッドフレッドとイディスは一九四四年一〇月に結婚した。結婚式の祝宴には、食料品商クヌセンの自家用貯蔵庫から出してきた本物のコーヒー豆や、乳製品販売所を運営する協同組合の理事会から追加配給されたバターが用いられた。当時はデンマークにとって苦難の時代で、結婚祝いの贈り物が小麦や砂糖の袋で作った寝具や布巾などの場合もあった。

1944年10月29日、24歳のゴッドフレッドと20歳のイディス・ノアゴール・クヌセンはグレーネ教区の教会で結婚した。彼女の両親は食料品商クヌー・N・クヌセンと妻セオドラ（左）。新婦の付き添いはイディスの妹ビアギット（左）とゴッドフレッドの妹ウーラ。（私蔵資料）

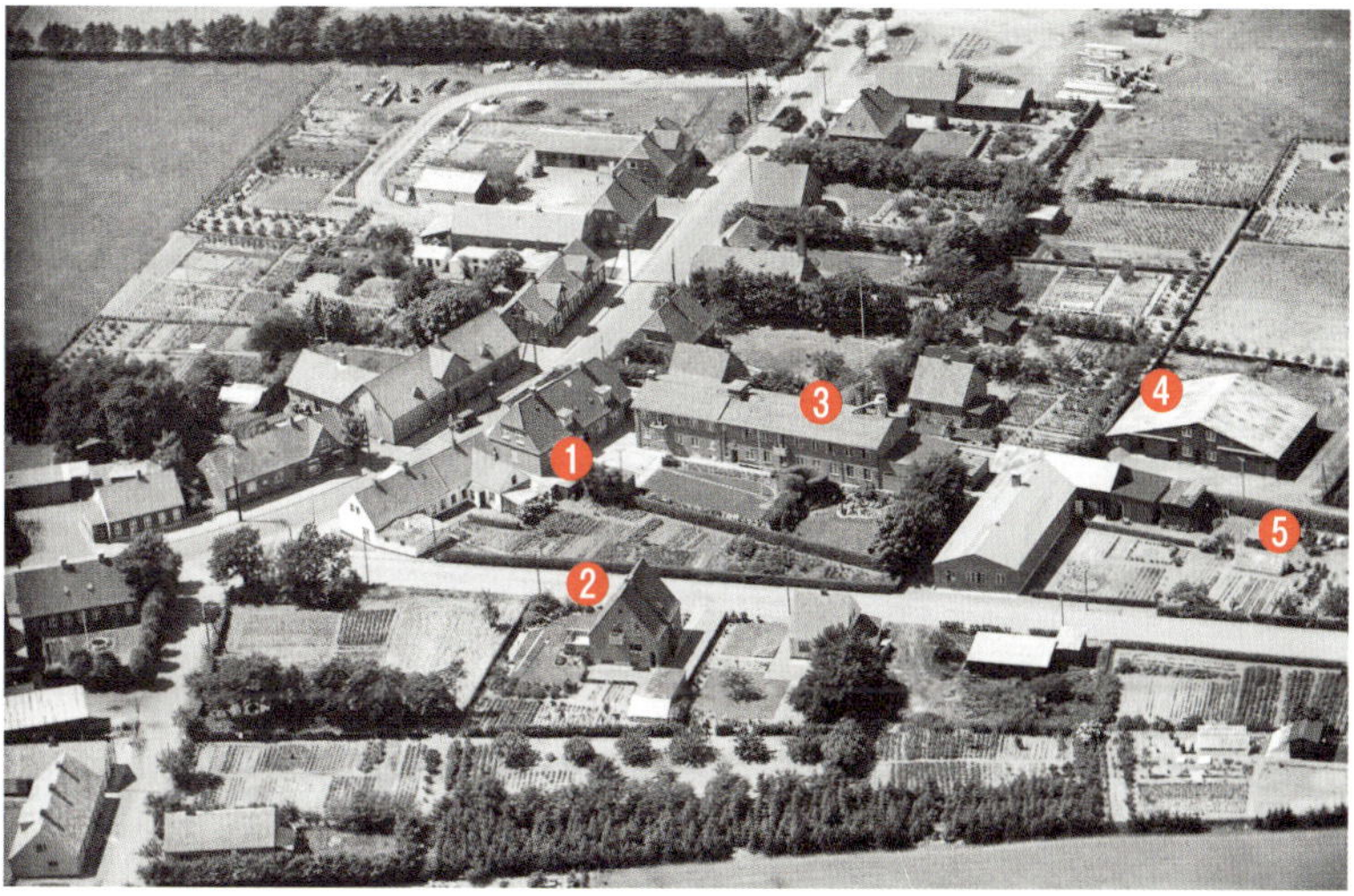

ゴッドフレッドとイディスの家（2）、そこから見えるライオン・ハウス（1）、横長の工場（3）。右端は材木の保管小屋（4）、ミツバチの巣箱や温室のあるオーレ・キアクの菜園（5）。（航空写真：デンマーク王立図書館所蔵）

花嫁とともにこれから作る家族のための家を、花婿はなんとか建てることができた。家は大通りホーウェガーデンから外れた、裏庭や工場に面した道沿いにあった。この道はのちにシステムヴァイと名づけられ、一九五〇年代と一九六〇年代初頭には、レゴの工場とオフィスビルがある発展中の地区の中心的な街路となった。

ゴッドフレッドとイディスの赤レンガの家からは、工場やオーレ・キアクの菜園が見えた。菜園の向こうにはまだビルン北部の平坦で果てしない空き地が広がっていたが、そう遠くない将来、そこには大きな空港と家族用の公園やホテルが建てられることになる。一九四三年から一九四四年に家を建てるとき、ゴッドフレッドはセンダー・オムのレンガ工場からビルンまで材料を運ぶ方法を工夫しなければならなかった。のちに彼は説明する――

トラックを貸してくれた運送業者は、昼間はドイツ兵の指揮下でヴァンデルの飛行場で働いていた。そのため、私がレンガを運ぶのにトラックを借りられるのは夜だけだった。建てていたのは敷地面積五五平方メートルで、地下室、二階に寝室、洗面所つきトイレが一階と二階に一箇所ずつある家だった。屋内トイレが二箇所もあるとはえらく豪勢な屋敷だ、とビルンの多くの人が思っていたのを覚えている。

一九四五年五月に占領から解放され、第二次世界大戦が終わって間もなく、ゴッドフレッドは一年間温めていた製品の構想を実現させた。木で作った、おもちゃのセミオート式ピストルだ。デザイン的には、木製の刀や弓、カウボーイの銃といった昔ながらの男の子向けの武器とは大違いだった。一九四五年には、デンマークでおもちゃや模造のピストルを売るのはまだ禁止されていたが、だからといって創作意欲にあふれるレゴの職工長が特許申請を思いとどまることはなかった。この小さな木製の銃は天才的な技術力によるものだった。木と鋼鉄を合わせて種々のばね仕掛けを組み込んだピストルは、グリップの上の弾倉から自動的に木製の銃弾を装填できる。発砲音はうるさすぎず、爽快な「バン」という音で、男の子たちにおおいに気に入られた。

ゴッドフレッドに暴力を促す意図はまったくなかったため、この発明品を「平和ピストル」と名づけ、パッケージの裏には持ち主への注意が書かれていた。「良い子がみんな欲しがる平和ピストル。だけど、これだけは守ってね――冗談でも本気でも、友達には絶対に銃を向けないこと！」

一九四五年秋におもちゃや模造の銃の販売禁止が解除されるやいなや、このピストルは大ヒットした。生産が需要に追いつけないほどだった。年が明けた直後、コペンハーゲンの営業担当者アクセル・バーフォは業を煮やして「ピストルをあと一〇〇〇挺と弾丸一〇〇〇箱」を送るよう催促した。とはいえ彼も、ビルンで木材が大幅に不足しているのはわかっていた。また、黒い銃を本物らしく見せるためのニスも尽きかけていた。

木材の不足により、オーレ・キアクは別の材料に目を向けるようになった。玩具業界では長らくベークライトの存在が知られていて、当然ながら平和ピストルの次の材料候補になった。多くの人が未来の素晴らしい素材だと考えているプラスチックも候補となったが、デンマークの玩具業界では誰もまだ試したことがなかった。

世界じゅうの多くの研究所は何十年ものあいだ、セルロイド、ベークライト、ポリ塩化ビニ

平和ピストルと「弾薬」（木製の赤い発射体）。左は1945年の木製バージョン、右はその後のプラスチックバージョン。オーレ・キアクは1946年に、このプラスチックバージョンを大量生産して輸出するという大胆な計画を立てていた。

ル、ポリスチレン、メラミンといった合成素材の実験を行っていた。だが第二次世界大戦中にプラスチックが真剣に開発されはじめ、一九四五年以降は種々の産業で製造の新たな機会を生みだしていた。残念ながら、ヨーロッパでは多くの機械類が戦争中に壊されるか使い古されるかしたため、大量生産を行うのは困難だった。また、デンマークでプラスチック製造を考えている会社は、設備や原材料を購入するのに役所による規則や規制のジャングルを切り開かねばならなかった。

それでも、一九四六年と一九四七年には、プラスチックから作ったレインコート、靴、ナイロンストッキングといった製品が戦後のデンマークの商店で見られるようになった。玩具業界では、プラスチックは一〇年間停滞していた市場を活性化すると広く信じられていた。親も子も戦争中、毎年クリスマスになると棚に並ぶ木のおもちゃには飽き飽きしていたし、専門家はプラスチックの時代がすぐそこまで来ていると確信していたのだ。一九四七年、デンマークのある新聞はこう書いている。「未来の玩具はカラフルなプラス

J. M. Jørgensen,
Bjørnsonsvej 21.

København, den 17. December 1946

Fabriken Lego A/S.
Billund.

Kære Ole!

Tak for Dit Brev af 13 ds.
Jeg har taget Din Meddelse til Efterretning, men ønsker dog gerne, som afsluttende Bemærkning Bakeliten vedrørende, at tilføje følgende:
Det er vanskelige Aar der forestaar, og vort Lands Købeevne vil ikke staa Maal med vore Ønsker og det Initiativ, der vil bygge op.
I den Virksomhed hvor jeg er beskæftiget, importerer vi alle Raamaterialerne, men Tildelingerne bliver stadig mindre og mindre. I Øjeblikket fremstiller vi kun 2,5 Tons pr. Døgn af Bakelitepulver, til Fordeling imellem ca. 1oo Kunder.
Den enestaaende Mulighed jeg har for at faa Andel heri, burde udnyttes, – af mange Grunde!
Leveringen af Maskine og Form vil blive udsat mange Gange og med Hensyn til Pulveret, vil I komme ud for uanede Vanskeligheder.
Pistolen fremstillet i Træ, er ikke tilstrækkelig driftssikker.
Pistolen fremstillet i Bakelite er forsvarlig, fordi Emnet s
orm er saa kompagt, ja maaske i Virkeligheden at foretrække.
Og saa er I med fra Starten og gør Jeres Erfaringer, baade med
ensyn til Støbeform, Salg osv.
Saafremt Lego selv vil købe Formen og samle Pistolerne, kan jeg
emskaffe disse for Kr. 1,5o. pr. Stk. (min Fortjeneste medregnet)
Formen koster Kr. 36oo. og udleveres Lego naar I maatte ønske det
ter en foreløbig Levering paa 25ooo. Stk. herfra.
Gør Jeres egne Beregninger som hidtil, men overvej ogsaa dette
Tilbud, som er umuligt at opnaa andre Steder i Dag.
Ønsker I at gaa ind for Bakeliten, send da Telegram senest Onsdag:
" Bestil Form"

este vil udgøre Kr. 6ooo. for at fremskaffe Pulveret,
r jeg at vi deler naar Pistolerne er leveret.
rmen gratis.

Med venlig Hilsen.
Martin.

FABRIKEN LEGO BILLUND A/s

Post- og Godsadresse: Billund St.
Telegramadresse: „Lego"
Bankkonto: Vejle Bank.
Telefon: Billund 10.
Postkonto: 41 910

Billund, d. 23 December 1946

Kære Martin.
Tak for dit Brev af 17/d.Jeg blev forhindret i at svare da
jeg,ja vi (Godtfred,Edith.Herzum-Larsen,Haugesen og jeg) var ude
for en større Biluheld.Vi havde været i Vejle og da vi saa skulde
hjem var Vejen bleven saa forfærdelig glat,da vi saa lige før vi
kom til Skibet skulde passere en stor Brunkulsbil satte Billisten
fuld Lys paa og det bevirkede at jeg uvilkaarlig berørte Bremserne
og saa begynte Bilen at køre lige gen for Lastbilen og man kunde
intet gøre.Vor Bil kom da med Forend
vi fik derved en sørdenlig singeldus
vi fik Næsen vendt hjemad igen. Ja d
røg ud af Døren men følt ikke jeg vi
kunde ikke komme ud for Stolene og
Godtfred kom ogsaa ud men Hertzum-La
var bleven helt forvildet.Vi forsøgt
var hele eller hvordan og kom til d
Vidunderlig undtagen Biller,denne f
Hertzum-Larsen maa Holde Seng
Hjernerystelse.Haugesen fik et blaa
Stederskulde holde sig i Ro de føre
Arm slaaet maatte holde Sengen nogl
med Skrækken men var jo noget fortu
paa naar Hertzum-Larsen,men hvor sle
vi os jo saadan ved at vi slet ikke
dens hele Forparti blev slaaet i St
Samme Dag fik vi Faktura p
fra England.Sendingen var ikke saa
hele med.Det var gennem Herstad.
Angaaende Bakkelitten,Ne
der ikke andre Ting du kunde tænke
Ideé saa tag den op det maa gerne
Symaskine eller Telefon eller lign
skal aldeles ikke tænke paa os i d
har absolut ikke eneret uden noget
du det ikke saa er der maaske en a
mene du har den og du har vor hjer
lykkes
Du skrev i dit brev af 27/
Mand der kan fremstille en saadan
det er nødvendig at have en saada
Nu vil jeg slutte denne
en rigtig velsignet Jul for jer al

ソフィの弟マーティン・ヨアンセンはコペンハーゲンに住んでいた。戦後、彼はオーレ・キアクがプラスチック製造を行うのに手を貸した。1945年から1946年まで、義兄弟2人は当時の起業家が直面していた課題やそれぞれの私生活の詳細について、長く真剣な手紙を交わした。(私蔵資料)

チックでできているだろう。この素材はその用途にぴったりである。さわり心地がよく、衛生的で無害、壊れにくく実用的。模型は成形加工されるので、プラスチック製玩具の改良は非常に容易でもある」

当時五五歳のオーレ・キアクが真の起業家精神を発揮したのは、このときだった。彼は独創的で慣例にとらわれない考え方をする人間で、自分のアイデアを実現するためなら大きなリスクを冒すのを恐れなかった。息子と違って彼は新素材、特にプラスチックを信頼していた。輸出のため平和ピストルを大量生産すると決めたなら、これが理想的な素材となるだろう。

オーレ・キアクは機械工で鍛冶屋の義弟マーティン・ヨアンセンとともに、一九四六年一月、特別に木以外の材料で玩具を作ることにした。コペンハーゲンのビョーンソンスヴァイという通りにあるマーティンの地下室で、ベークライトかプラスチックで一万一五〇〇挺の平和ピストルを成形する計画を立てた。このおもちゃの銃は最初国内で販売するが、計画がうまくいけばすぐ海外に目を向けるつもりだ。オーレ・キアクはマーティンへの手紙にこう書いた。「このくらいの量は国内でなら簡単に売れるだろう。しかし輸出となると、これではまだ足りない」

当時、二人にあるのは空っぽの地下室だけだった。そこに、成形機、金型、調整や研磨のための小型機械、種々の道具、それにベークライトかプラスチックの粉末五トンを置くことになる。一九四六年には、それらをすべて入手するのはとにかく大変だった。彼らはほどなく、プラスチックで製造するほうがいいということで合意した。プラスチック成形機はピストルの半身を一時間で一六〇個射出成形できるが、ベークライト成形機は一五個しか射出できず、そのあと硬化させる必要もあるからだ。一方、プラスチック成形機の価格はベークライト成形機の六倍もする。

しかし、投資する価値はあるのではないか？　マーティン・ヨアンセンがオーレ・キアクに宛てて書いたように、テクノという玩具メーカーがプラスチックの車を成形できる機械をイギリスに発注したとの噂が飛び交っていた。レゴがこの技術を使う一番手になるべきではないか？

マーティンがプラスチック粉末の発注、成形機と金型の仕入れ先探し、グリップに刻印する平和ピストルのロゴ作成に傾注する一方で、オーレ・キアクはレゴの利益の大部分を新しい機械や道具のために確保する決断を下し、コペンハーゲンの「ビジネスパートナー」に向けて手紙を書いた。「こうすることで、資産を道具の形で蓄えておくことになる。これは資本金に含めなくてもよく、厳しい時代を乗りきるのにおおいに役立つだろう」

当初、オーレ・キアクは成形機を買うと決めるとき息子に相談しなかった。会社の利用可能な資金の大部分を注ぎ込む提案をゴッドフレッドが認めないのはわかっていたからだ。リスクという話になると、父と息子はまったく正反対だった。

ケル：当時の父にとって、資金の管理はきわめて重要な問題だった。物事を統制するのは自分の役目だと思っていた。父はオフィスにいて、会計処理が正しく行われ、苦労して稼いだ金が浪費されないよう管理しなければならなかった。祖父が勢い込んで高価なプラスチック成形機を購入したとき——実を言うと、もう少しで二台買うところだった——父がまったく喜ばなかったのは間違いない。なにしろ、一九四二年に火事に遭い、その後株式会社を設立して、ようやく収支がとんとんになったばかりだったのだから。

マーティン・ヨアンセンが一九四六年五月に、ホフマン社という会社がコペンハーゲンの港にウィンザーSH三重射出成形機を置いていて実演したいと申しでたと知らせてくると、オーレ・キアクは急いで首都に向かった。彼はその場で契約を結び、七月末、マーティンは「射出成形機の購入は成立し、金型の注文も出した」ことを知らせた。

このイギリス製の機械の価格は三万クローネ、レゴの最新の営業利益の半分以上だ。それに金型、粉末、研磨機、ばね、ねじといったその他の費用を加えると、プラスチック製の平和ピストル生産を始めるまでに合計五万クローネを投資する必要がある。これは現在の貨幣価値では一〇〇万クローネ、あるいは一六万ドルに相当する。戦後の不安定で予測不能な時期、これほど多額の支出は破産につながりかねない。それでもオーレ・キアクはひるまなかった。これまでも、あまたの苦難を乗り越えてきた。彼は一九三〇年代初期の非常に困難な時代について、好んでこのように語るのだった。「ああ、破産はときどきしたよ。破産なんて、どうってことないさ」

夏季休暇のあと、さまざまな問題が起こりはじめた。成形機は一一月まで出荷できないとホフマン社が連絡してきたのに次いで、金型も納期が遅れることになった。マーティンのプラスチック粉末探しは、物資供給局からの規制によって中断した。運がよければデンマークの輸入業者から〇・五トンのプラスチック粉末を入手できるかもしれないが、それは業者が粉末輸入の認可を得ていて、しかも出荷可能な在庫がある場合に限られる、とマーティンは手紙で知らせた。彼ら自身が「輸入許可証」を得ることを試みることもできるが、そのためにはデンマークの中央銀行に外貨購入を認めてもらわねばならない。

役所の手続きは果てしなくあるように思われ、クリスマスまでに一万一五〇〇挺の平和ピストトルを生産するという二人の望みを実現するための時間は尽きようとしていた。それでも彼らはあきらめなかった。ピストルを輸出するという長期的な夢をつぶさないため、アメリカ製の射出成形機に目を向けはじめた。イギリス製よりさらに高価な機械だが、アメリカ製のほうが処理は速く、効率もよく、もっと複雑な成形にも対応できた。

一九四六年八月、オーレ・キアクとマーティン・ヨアンセンはアメリカ製成形機の実演を見るためストックホルムに赴き、宣伝どおりに素晴らしいことを確かめた。オーレ・キアクは二台目の成形機を注文した。今回は五万三〇〇〇クローネという途方もない値段だ。その直後にマーティンがレゴの名で出した一万一〇〇〇ドルの外貨取引認可申請書では、「当該成形機は大量かつ低価格で生産した当社の特許品の輸出に利用する予定である」と書かれていた。

輸出入に関する戦後の規制について数少ない利点の一つは、発注するとき頭金を支払う必要がほとんどないことだった。そのため一九四六年から一九四七年にかけての冬、オーレ・キアクは、どちらも直接見ることなく、そして一クローネも払うことなく、プラスチック成形機二台の将来の所有者になっていた。しかし代金を支払うべき品はほかにも多くあり、それらは皆コペンハーゲンのビョーンソンスヴァイという通りにあるマーティン・ヨアンセンの地下室に積まれていた。研磨機、偏心プレス機、段ボール梱包資材、道具類、ねじや釘、タブキーつきタイプライター。

こうした品々は埃をかぶり、二台の機械はいつまで待っても届かない。オーレ・キアクは、義弟の地下室に作った仮の組み立てラインに、もっと現実的な目を向けはじめた。本当にうまくいくのだろうか？　デンマーク労働環境局は、この場所をプラスチック成形の用途で使うことを許可してくれるのか？　さらに考慮を重ねたオーレ・キアクは、生産をコペンハーゲンからビルンに移すことにした。それについてビジネスパートナーと話し合う前に、彼はヴァンデルの農夫から古いドイツ兵舎を買い取った。兵舎は解体され、その後ビルンの工場近くに移築された。

一九四六年一一月、オーレ・キアクはマーティンに手紙を書いた。「ローマが一日にして成らないのはわかっている。これは少々時間がかかっているが、おそらくそのほうがいいのだろう。なぜなら、それによって物事が落ち着くべきところに落ち着くからだ」。オーレ・キアクの言う「落ち着くべきところに落ち着く」とは、プラスチック製品の生産のみならずマーティンと家族をもビルンに移すことだ。とはいえ、義弟が独立した状態を望んでいるのはわかっていた。一九四六年一一月一九日付の美しい文章が書かれた長い手紙で、マーティンは決心を伝えた。彼は誘いを断り、彼が予言的に述べた「ビルンにおもちゃの町――デンマークのニュルンベルク――を作るという壮大な計画を実現する」ことにおける義兄の幸運を祈った。

一九四七年春になっても、オーレ・キアクはまだイギリス製ウィンザーSHを待っていた。今ではゴッドフレッドもビルンでプラスチック製品の生産を行うという父の計画に関与しており、父がアメリカ製成形機の注文を取り消したことに安堵していた。だが心の底では、父がウィンザーもあきらめ、プラスチックで玩具を製造するという考え自体も放棄することを願っていた。この若き職工長は計画に深い懐疑心を抱いていたのだ。彼はコペンハーゲンのマーティン・ヨアンセンにこっそり手紙を送った。

ゴッドフレッドにはさまざまなアイデアがあったが、プラスチックよりも木のほうがいいと信じていた。1945年、彼は「折りたたみ式乳母車」の特許を取った。これはおもちゃの車、人形の乳母車、幼児用の椅子を組み合わせたものだ。自分の娘グンニルドをモデルに使って、このアイデアをスウェーデンのブリオに売り込もうとしたが、結局1947年にオズビーのイヴァルソン兄弟から断られた。アイデアは素晴らしかったものの、生産には至らなかった。

現在のところ、プラスチックの歴史は失望と高額な費用しか生んでいません。将来も特別有望だとは思えません。なぜなら、プラスチック製の玩具、小間物や装飾品、オフィス用品や家財道具の生産は現在禁じられているからです。しかも、多くの国が門戸を閉ざしているため、輸出も困難です。

一九四七年の初夏、レゴの歴史上きわめて決定的なことが起こった。ホフマン社の社長でオーレ・キアクにウィンザーSHを売ったプリンツ氏という人物が、ビルンを訪れたのだ。彼はイギリスから戻ったところで、ロンドンのイギリス産業見本市で見かけた、さまざまな色のレンガのような小さいプラスチックブロックがぎっしり詰まった箱を持ってきた。成形機がデンマークに届いてビルンに設置されたら、レゴもこれに似たものを作ったらどうか、と彼は提案した。

オーレ・キアクはイギリス製のブロックに魅せられた。ブロックは中空で、上部に突起がついている。こういうブロックがいくつかあれば、どんな子どもも本物の職人を真似て石工になることができる。彼はすぐさま、素材の優れた点を見て取った。プラスチックは木よりも衛生的であるのはもちろん、耐久性もあり、しかも短時間で簡単に商品を作れる。木と違って、プラスチックは乾燥させ、蒸気に当て、かまどで乾かし、製材し、磨き、塗装し、ニスを塗り、最後にねじや釘で組み立て、ラベルを貼らなくてもいい。木片は多くの人の手を通って多くの工程を経なければいけないのに対して、プラスチックは一人が操作する機械によって簡単に素早く大量生産するのに向いているように思える。

工場では数人の従業員が、社長が日課として作業場を歩き回るとき、上着のポケットの中で何かをカチャカチャさせていることに気がついた。経理のオーラ・ヨアンセンと木工作業所のバーンハード・ボンデは、オーレ・キアクが立ち止まり、小さくカラフルなプラスチックブロックを見せてくれたのを覚えている。これはデンマークの子どもにふさわしいだろうか？

当時ゴッドフレッドに尋ねたなら、答えはノーだっただろう。ただし八年後には、彼は記録的な速さでヨーロッパ市場を支配するレゴブロックのシステムを押し進める中心的存在となる。だが一九五一年当時、ゴッドフレッドはまだプラスチック玩具に疑いの目を向けており、あるデンマークの新聞のインタビューで「プラスチックが上質でしっかりした木製玩具に取って代わることは絶対にない」と語っていた。

ゴッドフレッドの猜疑心には、経理のヨアンセンと監査役のローランツェンも味方についた。二人ともプラスチックによる実験に金がかかることを懸念していた。一九四〇年代後期のある日に会社の財政状態を見たなら、何が問題かはおのずとわかるだろう。現金箱に一〇〇クローネ、振替口座に二四〇〇クローネ、ヴァイレ銀行の口座に三三六四クローネ。しかもレゴはこの銀行から一五万クローネを借り入れていた。のちにゴッドフレッドは、レゴの財務管理に関して父と頻繁に言い争ったことを振り返った――

父はよく言ったものだ、「おまえがある程度の製品を売ってある程度の金を儲けてくれたら、工場の建設や機械の購入は私がやる」と。金銭問題に関して、私たちはしょっちゅう激しく口論した。私はとにかく金が乏しい状態がいやだった。私は何度も足取り重くヴァイレ銀行支配人のグンナー・ホルムに会いに行き、さらに金を借りたり、貸付の返済をあと一、二カ月先延ばしてもらったりしなければならなかった。

ローランツェンによれば、こうした不和は、オーレ・キアクが革新的な気分になっているときによく起こった。「何度も何度も、彼はゴッドフレッドが手元に置いていた資金を使い果たした。それは負債を返済するのに必ず必要なときに備えて取っていたもので、当時非常に重要な金だった」

一九八〇年代のあるビデオクリップで、ゴッドフレッドの三人の兄弟は、ある日彼に説得されて一緒に父親のオフィスまで行ったことを振り返った。「父にこのばかげたプラスチック事業をやめさせようとしたんだ。その事業は我々を自滅させる危険があった」。カール・ゲオーグは、成形機が届いた直後、まだ機械を試している際にゴッドフレッドが大声で父親に怒鳴ったのも覚

１年半近く待ったあと、1947年12月にプラスチック成形機（ウィンザーSH）がビルンに届き、最初はゴッドフレッドとイディスの地下室で組み立てられた。その月の末、ケルが生まれた。

えている。「そんなプラスチックの機械なんて買わなけりゃよかったんだ、そいつのせいで、うちは破産だよ！」

一九四七年一一月にウィンザー機がビルンに届いたときには、オーレ・キアクはプラスチック部門を置く木造バラックの準備を整え、種々のプラスチック製玩具に用いる金型を待っているところだった。クリスマスと年明けの二カ月ほどは、機械を組み立てて使い方に慣れるのに費やされた。これはゴッドフレッドとイディスの地下室で行われたが、そのとき彼女は二人目の子どもを妊娠中だった。一九四七年一二月二七日、イディスはケルという男の子を出産した。

ケル：姉グンニルド、妹ヘネと同じく、私も自宅出産だった。毎回、父のいとこと結婚してイェリングに住んでいる助産

1948年夏。祖父の腕にしっかり抱かれた幼いケル。（私蔵資料）

師が呼ばれた。私が生まれたとき、新しい成形機は地下室にあり、日中は機械の大きな音が何度も家全体に響き渡ったそうだ。もちろん母は、私が生まれてから最初の数カ月、家で一日じゅう私と一緒にいるあいだ騒音に悩まされた。でも、どうしようもなかった。成形機が何より優先されており、最初は地下室に置かれていたからだ。地下室はのちに私の遊び場になり、大きなテーブル二つの上で、レゴのブロックを使って家や橋や船を作ったものだ。

一つの材料から別の材料に移行するには、普通はしばらく時間がかかる。ところがビルンで成形機のテストが充分に行われる前から、オーレ・キアクは交通をテーマにしたレゴの子ども向けボードゲーム「モニポリ」のピースなど、比較的小さなプラスチック製品を「自宅」で作りはじめていた。一九四八年夏、レゴの生産した最初のプラスチック製玩具が発売された。それは赤ん坊用の小さくカラフルなボールで、一個八三オーレで売られ、翌年には数種類のプラスチック製玩具がレゴの価格表に登場した。魚、船乗り、ミニチュアの動物、ガラガラ、ピストル（この頃にはもう平和ピストルという名前ではなくなっていた）。デンマークの玩具店で小さくカラフルなプラスチック製ブロックがいくつか売られるようになったのは、一九四九年秋だった。

　このブロックの呼び名はぎりぎりまで決まらなかった。いつものように、オーレ・キアクはほかの人々に助言を求めることをためらわず、一九四九年春、コペンハーゲンの営業担当者アクセル・バーフォは適切な名前がないかと友人や知人に尋ねるよう命じられた。

バーフォは答えた。「何人かがふさわしい名前を考えようとしてくれています。結果は一両日中にお知らせできると思います」。結局その必要はなかった。それより前に、プラスチック製ブロックを「自動結合《オートマチック・バインディング》ブロック」と名づけることが決まったのだ。

　レゴが新発売したプラスチック製ブロックの起源に疑いの余地はない。一九三〇年代にヒラリー・フィッシャー・ペイジが設立したイギリスのキディクラフト社の製品から着想したことを、ゴッドフレッドはさまざまな機会に説明している。ペイジは幼児向けのプラスチック製教育玩具の世界における先駆者で、そのおもちゃはイギリスで「知育玩具」という名前で販売された。しかし、第二次世界大戦が始まったのと、ペイジが離婚してアメリカに長期滞在したことで、革新的な玩具の生産は一時中断していた。

一九四二年、イギリスに帰国して各年齢層用のプラスチック製玩具の開発を再開したペイジは、年長の子ども向けのプラスチック製組み立てブロック、「自動ロック組み立てブロック」の特許をただちに申請した。特許は一九四七年、イギリスに加えてフランスとスイスでも認められ、プリンツがオーレ・キアクのために持ち帰った箱の前面には「イギリスおよび諸外国特許」と書かれていた。

平和ピストルなど自身によるいくつかの発明を通じてデンマークの特許法についてある程度知識を有していたゴッドフレッドも、このことに気づいていた。そこで一九四九年一月、レゴがブロックの生産を始める前、キディクラフトがデンマークでプラスチック製ブロックの特許を取っているかどうか北欧特許庁に問い合わせた。返事はノーだった。

オーレ・キアクは剽窃《ひょうせつ》や著作権法について息子ほどは詳しくなかった。彼は一九三〇年代に独学で知識を得て業界にいわば転がり込んだ玩具職人で、当時の人々は独創的なアイデアの保護にあまり関心を持っていなかった。戦後になってからも、多くの玩具メーカーは互いの製品の真似や模倣を続けていた。「玩具業界ではそれが普通だった」と彼は顧問弁護士フレミング・フリース＝イェスパーセンに言った。フリース＝イェスパーセンは何年ものちにゴッドフレッドへの手紙でそのときのことを述べている。一九四〇年代後半のある日、オーレ・キアクがイギリスから持ち帰った中空の小さなプラスチック製ブロックを見せ、助言を求めてきた。フリース＝イェスパーセンは、それは素晴らしいアイデアだが、イギリスの会社は特許を取っているかもしれない、と答えた。それは保護されているのではないか？　その質問に対するオーレ・キアクの返事はこうだった――

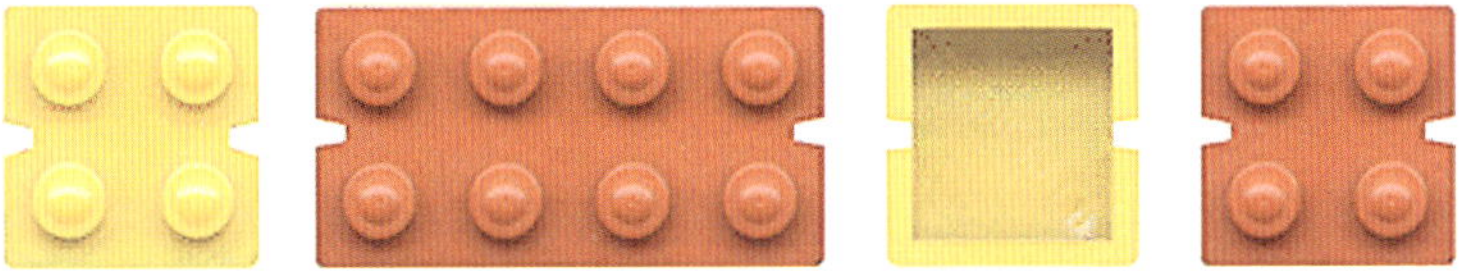

キディクラフト社が1947年に初めて売りだした自動ロック組み立てブロックの箱は、このブロックが特許を取っていることを明示していた。ブロックは下側が空洞で、側面にはドアや窓用に切り込みが入っており、突起の上が少しふくらんでいた。色は赤、黄、青、緑。(www.hilarypagetoys.com)

この業界では、そういうことはあまり重要視しない。我々がどちらも、その製品に将来性があると思っているなら、私は開発を進める。どうせデンマークは小さな国だし、うちがしていることにイギリスの会社が気づくとしても、それは何年も先になるだろう。おもちゃというのは、普通は短命なんだよ。

だが、レゴ製品の生産と販売に対してより大きな責任を与えられていたゴッドフレッドは、玩具業界が変化を遂げつつあること、それには著作権や特許法への対処も含まれていることを認識していた。父とは違い、特許を取得した玩具をどの程度ヒントにしていいか、どの程度の模倣が許されるかに関して、以前よりも明確な制限がかけられるようになると確信していた。

数十年後、一九八六年に香港で長期にわたって行われた裁判で、レゴに似たブロックを作ったアメリカの玩具メーカーのタイコは、アメリカ市場でのレゴの特許に異議を申し立てた。ゴッドフレッドは証人席に立たされた。タイコ側は、そもそもレゴはイギリスでの発明を模倣してブロックを作ったと主張した。当時六六歳のゴッドフレッドは、一九四九年にレゴが初めてブロックを作ったときのことを説明するよう求められた。

「我々はキディクラフト社の製品によく似た部品を作ることにしました。けれども生産を始める前に、それがデンマークでは特許で保護されておらず、生産は可能であることを確認しました」

ゴッドフレッドはまた、コペンハーゲンの工具メーカーのボドニアに、ポッチが四つと八つの小さなプラスチック製ブロック用の金型を作るよう依頼したと述べた。裁判記録によると、そのブロックは――

キディクラフト社のサンプルと似ていますが、違いが三点ありました。角が尖っていること、ポッチの先端が平らであること、基本単位が八ミリだということです。おわかりでしょうが、この違いは、イギリスを除くヨーロッパではメートル法が用いられるのに対して、イギリスではヤード・ポンド法が用いられることによるものです。

ケル：あの頃は、多くの人が種々のプラスチック製ブロックを作っていた。一九三〇年代、キディクラフトがブロックを作る前も、世界じゅうの人たちが上部にポッチのついたブロックを作って試していたし、材料として木、ゴム、粘土、それにプラスチックを使っていた。だから、ブロックを発明したのは私たちだと言うことはできないし、そう言ったことは一度もない。イギリス製のブロックを一目見て可能性を見いだしたのは祖父であり、一九五〇年に一つの大きな組み立てシステムに発展させ、一九五八年に内部のチューブを発明したのは父だ。このチューブのおかげで、以前とは違ってブロック同士ががっちり組み合わせられるようになった。一九四〇年代、製品の形状、外観、デザインは法的に保護されていなかった。それらは今で言う「オープンソース」、つまり誰でも自由に利用できた。長年のあいだ、父はブロックのアイデアの起源を説明しなければならないのを不満に思っていた。父は、かつて自分たちがしたことは今ほかの人間が自分たちにしているのと同じことだ、と思わずにはいられなかったのだろう。

一九四〇年代後半、キディクラフト社のブロックはイギリスでそれほど売れていなかった。一方デンマークでも、レゴのオートマチック・バインディング・ブロックはあまり関心を呼ばなかった。名前が悪かったのかもしれない。外箱が時代遅れだったからかもしれない。子ども二人をカラフルに描いた絵は、この製品を昔ながらの木製ブロックの箱に見せていたのだ。玩具店はこの小さなプラスチック製ブロックが売れるとはまったく思っておらず、売れ残りは返品できるという条件で商品を棚に置くことを承知した。

売れ行きがかんばしくないことにゴッドフレッドは苛立ちを覚え、プラスチック製玩具への嫌悪感をいっそう募らせた。彼は再び兄弟に相談を持ちかけた。自分たちが束になって説得すれば、父はレゴのよく知られた商品、よく売れる商品に専念してくれるかもしれない――木製のおもちゃに！

オーレ・キアクはオフィスで、ホーウェガーデンを見下ろす窓のそばの大きな黒いデスクについて、ゴッドフレッドの話に耳を傾けた。

ゴッドフレッドがようやく口を閉じると、父は四人の息子の目を見つめてゆっくりと言った。

「おまえたちには信じる心がないのか？　私は神に祈ってきたし、このブロックは売れると信じているぞ！」

何年ものち、ゲルハルトとカール・ゲオーグは、これがレゴの歴史にとって決定的瞬間だったと指摘する。このとき、プラスチック製ブロックの製造を続け、製品にもう一度チャンスを与えることが決定したのだ。

「私たちはこれを神の手に委ねるだけだ。そうしたら神が万事うまくいくようにしてくださる！」

父はそう言った。そのあと私たちは無言でぞろぞろとオフィスを出た。議論はそれで終わった」

レゴが作った初のプラスチック製ブロックは「オートマチック・バインディング・ブロック」の名で1949年に発売された。ドアや窓にできるよう側面に切れ込みがあり、下は空洞になっていた。1950年、レゴはもう少し大きく背の高いプラスチック製組み立てブロックを発売したが、これもキディクラフト社の製品にヒントを得たものだった。2歳のケルの写真が箱に印刷された。彼のモデルとしてのデビューである。（私蔵資料）

4

System

体系

1950年代

ブロック、1958年

見かけはまるでカラフルな小石で、ありとあらゆる色が揃っています。使う前に決まった湿度になるまで乾燥させ、そのあと機械の上部に取りつけた管から内部へと徐々に落としていきます。そこで二〇〇度に熱して液状にします。およそ一〇〇気圧の圧力で金型に射出すると、次の瞬間にはきれいなパステルカラーの成形された部品が機械から出てきます。こうして一時間に一〇〇個が生産でき……

レゴの常務取締役は、記者とカメラマンにビルンの工場を案内して回っている。時は一九五一年。かつて大人気を博し、今は透明なプラスチック製で販売されている平和ピストルの売上は、平和と欧州復興援助計画《マーシャル・プラン》を象徴する本物そっくりの小さなファーガソン・トラクターに追い抜かれていた。「トラクターはキットでも売っており、一時間に三〇以上のキットを生産できます」ゴッドフレッドは言い、余った材料はすべて再利用されると付け加えた。

記者は小さな空洞のあるおかしな名前のプラスチックブロックについて聞きたがったが、ゴッドフレッドがこのカラフルなブロックの由来を説明したとき、手帳に「イギリス」ではなく誤って「アメリカ」と書いてしまった。その記事でもう一つ触れられていたのは（これについては記者は間違わなかった）玩具業界におけるプラスチックの将来性に対して、この若き取締役が予想に反して否定的な態度を取っていることだった。記者の「プラスチック製玩具は木製玩具に取って代わるでしょうか？」との質問に答えて、ゴッドフレッドは――

ありえませんね！　プラスチック市場をよく見てみれば、子どもが一日も遊べばプラスチックはたいてい壊れることに誰もが気づくでしょう。プラスチック自体というより、その構造の問題です。だからプラスチックは魅力を失いつつあります。たとえば、アメリカでは急速に人気が衰えています。プラスチックからは便利で実用的なものが作れますが、木のほうがもっと丈夫なんですよ。

マスコミ対応をしているのがゴッドフレッドであって父親でないことには理由があった。ゴッドフレッドはプラスチックをめぐる勢力争いに負けたものの、一九五〇年夏の三〇歳の誕生日に、レゴ株式会社とキアク・クリスチャンセン株式会社の常務取締役に指名されたのだ。

彼が昇進を知らされたのは、オーレ・キアク、ヨハネス、カール・ゲオーグ、ゲルハルトの連名による喜びに満ちた誕生日の祝電でだった。そこには聖書『民数記』からのよく知られた言葉が書かれていた。「主があなたを祝福し、あなたを守られるように。／主が御顔をあなたに向けて、あなたを照らし、あなたに恵みを与えられるように。／主が御顔をあなたに向けてあなたに平安を賜るように」（聖書新共同訳より引用）。ゴッドフレッドはのちに、人生におけるその特別な瞬間を振り返った――

祝電でなぜ聖書のその一節を選んだのか、父に尋ねたことはない。父が父なりのやり方で私を祝福したかったのは間違いない。だが同時に、私が負うことになる責任を強調することも、父にとっては大切だったのだろう。

1951年に脳出血で倒れたあと退院して自宅に帰ったオーレ・キアクを出迎える息子ヨハネス（右）、娘ウーラ、嬉しそうな従業員たち。（私蔵資料）

一九五一年秋、オーレ・キアクは脳卒中で倒れた。命にかかわるものではなかったが、体は衰弱し、その後、何度か海外の保養地に長期滞在している。一九五〇年代前半、日々の業務についてはゴッドフレッドが責任を負うようになっていった。三人の兄弟も当時会社の経営にかかわってゴッドフレッドを助けていた。カール・ゲオーグとゲルハルトはそれぞれプラスチック部門と木製玩具部門の責任者を務め、ヨハネスは運転や雑用を任されて部長の肩書を与えられた。それでも、体力が許す限り、木材の購入はオーレ・キアクが責任を持って進めた。のちに経理のヨアンセンはこう語っている——

彼は木材のことならなんでも知っていて、自家用の豪華な青いオペル・スーパー6を運転してホアセンス近郊のボラーの森まで行って上質のブナ材を買い、車のトランクいっぱいに積んだ。ブナ材はその後ビルン製材所で細かく切断された。支払期日になると森林管理人が催促の電話をかけてきて、いつも少々辛辣な口調で社長本人を出せと言った。私は何度か、菜園へ行って彼を連れてこなければならなかった。

プラスチック製品の製造に関して和解したあとも、父と息子は経営や投資についてたびたび声高に言い争った。特に大きな口論になったのは、一九五一年春にオーレ・キアクの六〇歳の誕生日を祝ったあと間もなくだった。営業担当のバーフォとブレックリンが、夏季休暇の前に得意客すべてを訪問するのは無駄だと言ってきた。なにしろたいていの小売店は、八月にならないとクリスマス向けの最終的な注文を出してこないのだから。

その意見に基づき、社長はレゴが七月に二週間ほど生産を止めて工場を閉鎖することを決めたが、ゴッドフレッドは承諾できなかった。常に稼働しつづけるべきだと考えていたからだ。注文の流れを途絶えさせてはならない、山が予言者ムハンマドのもとへ来ないならムハンマドが山のほうへ行かねばならない、と彼は論じた。

ビルンを含むこの地域で、ゴッドフレッドにはすでに、意志が固く、精力的で、強情、時として少々利口ぶっているという評判が立っていた。彼は、いまだ乳製品販売所の経営者ホウゲセンと共有していた黒いシボレーに、レゴ製品の見本を積み込んだ。そしてイディスに、スーツケースに荷物を詰めてたっぷりの弁当を用意するよう頼んだ。自分たち二人で出張の旅に出るのだ。ユトランド地方の取引先をできる限り多く回る。そうして工場がサンタクロースの忙しい工房に変わる大事な秋の期間に入る前に少しでも予約注文を取り、おちおち休んではいられないことを経営陣にも知ってもらう。
イディスは編み物道具を持ってきたが、ほとんどの時間は字を書いて過ごすことになった。注文はどんどん入り、それはすぐさまビルンに送られた。ゴッドフレッドは夫婦での出張によって六万クローネ（一万ドル相当、今日の価値では一六万ドル）をもたらし、生産を継続させて一〇〇人近くの雇用を守った。
長距離を運転して得意客すべてに会ったのは、この常務取締役にとっていい経験となった。おかげで、卸売業者との直接的な接触の重要性を認識することができた。父と違って、彼はレゴの製品を自画自賛することにまったく抵抗を感じなかった。ゴッドフレッド――工場での呼び名はＧＫＣ――は生まれながらのセールスマンだった。

ライオン・ハウス裏の作業場から漂う材木、かんなくず、おかくずのにおいには、ビルンの五〇〇〇人の住民も長年のうちに慣れてきていたが、今はそれに熱したプラスチックの少し甘い香りがまざっている。昔からの聞き慣れた木工道具や機械のキーンという響きに、オーレ・キアクの菜園の向こうにあるバラックから聞こえる、プラスチック製玩具を成形する単調な振動音が加わった。この新素材は売上の半分を占めるようになり、レゴが年に一度発行する価格表には二五〇種以上の品目が記載されていた。

ケル：子どものときは木の香りが好きだった。一〇歳くらいの頃は、よく私たちが「工作場」と呼んでいたところにこっそり入っていったものだ。金属加工職人、塗装工、建具工、電気工

レゴにとって初めて成功したプラスチック製玩具はファーガソン・トラクターの模型で、1952年に75,000セットが売れた。ヨーロッパにおける近代的工業型農業の動くシンボルであるこのトラクターのレゴ版には、ゴムタイヤがついていた。前輪はハンドルと連結していて進行方向を変えられ、オーレ・キアクが示しているように種々の農耕器具を引っ張ることもできた。

などそれぞれの職種用に狭い作業場があり、そこで走り回って遊ぶのは本当に楽しかった。種々の道具について少しばかり学んだ。使い道、正しい持ち方。職人たちは私に工作もさせてくれた。

一九五一年夏の南ユトランド展示会に、レゴは多くの玩具を出品した。ガラガラ、ビーチボール、ホビーホース、引っ張る動物、昔ながらの木製自動車から、小さなプラスチック製組み立てブロック、それにビルン工場の最新ベストセラー――「オリジナルのプラスチック製器具つきファーガソン・トラクター模型」や、自転車の後輪の上に取りつけて男の子用自転車にエンジン付自転車《モペッド》のような音を出させる木製モーター「ディーゼラ」など――まで。展示会に来ていた業界誌『ライェトイ・ティデンテ』誌の記者は、ディーゼラにつ

玩具展示会で、レゴはガラガラから自転車にモペッドのような音を出させる「エンジン」まで、ありとあらゆる製品を展示した。

いて熱っぽく報じた――

レゴの自転車用モーターは、耳なじみのあるブルブルという音を勢いよく再生できるのみならず、「ガソリン」を注入することもできる。しかも、楽しんで運転する「モペッドドライバー」用の運転免許証もついているため、この独創的な玩具はすぐに大ヒットすると自信を持って断言できる。

レゴのブースには男の子向け、女の子向けの非常に楽しい玩具が多数展示されていた。製品は広範囲にわたり、多種多様だった。会社はスライド写真用のプラスチック製フレームの製造も始めており、イギリスから輸入した蒸気エンジンの販売まで検討していた。もちろん、すべては売上高を増やすためであり、一九五一年には初めて一〇〇万クローネを突破した。

ゴッドフレッドは、もっと少数精鋭化してレゴ製品の寿命を延ばし、ヨーヨー、平和ピストル、ファーガソン・トラクターのような短命のヒット商品に頼らないようにすべきであることに思い至った。一九五二年以降、「集中」はゴッドフレッドにとってのキーワード、会社全体にとっての製品・マーケティングの理念となった。つまり、一つのものに特化するのだ。何年ものち、ケルはあるマーケティング会議のプレゼンテーションでこの取り組みについて語った――

玩具業界というのは現れては消える一発屋の集まりであり、我々が足場にしようと追い求めている「集中という理念」は非常に珍しいものです。この根底に流れる考え方を育て、深めていきたいと思っています。これこそまさに会社の土台であり、成長の機会を豊富に与えてくれる考え方なのです。

ゴッドフレッドがそういう考えをいっそう強く持つようになったのは、一九五二年のオーレ・キアクの思いつきのためでもある。病気のせいで極端なことを考えるようになったのかどうかはわからないが、父は多額の費用（三五万クローネ）をかけて工場を拡大することを望んだ。しかしゴッドフレッドには、そんな必要も、そのための金もないことがわかっていた。彼はいまだに、会社の健全な財政的発展を犠牲にした投資は行われるべきではないと固く信じていたのだ。

一九五二年のある夏の日、会社を大きくしつづけたいというオーレ・キアクの願望をめぐって激しい口論が起こり、ゴッドフレッドは辞職した。道路を渡って自宅に戻り、そのままスウェーデンへと旅立った。それでもビルンを発つ前、彼はオーレ・キアクに妥協案を持ちかけた。「父さんの計画を三分の一に縮小して始めませんか」

オーレ・キアクは受け入れなかった。「ここに何を建てるかを決めるのは私だぞ。おまえの仕事は、そのための金を調達することだ！」

ゴッドフレッドは父の目に涙が浮かんでいるのを見たが、屈服したくはなかった。だからきびすを返し、失望と怒りにまみれてスウェーデンに向かった。

一週間じっくり考えたのち、ゴッドフレッドはビルンに戻った。まだ父の意見に賛成したわけではなかったけれど、それでも彼は言った。「父さんの考えを信じることにします」

この決断はレゴの発展にとってきわめて重要だった、とゴッドフレッドは振り返る。「一九五二年の工場拡張は我が社の歴史における決定的瞬間だった。これを契機に、私は国境を越えた展開を考えるようになった。最初は一九五三年のノルウェーだ。大きな契約を成立させてノルウェーから戻ったとき、ちょうど新工場が建設中だったことを覚えている」

翌年、ゴッドフレッドはドイツとイギリスに赴いて現地の玩具業界事情を調べ、卸売業者や同業者との契約をいくつかまとめた。一九五三年にニュルンベルクで開かれた見本市で、ある夜デンマークの業界専門家の集まりがあった。そこで何人かのバイヤーが、近々デンマークの輸入規制は撤廃され、デンマークの玩具メーカーは淘汰されるだろう、と話していた。これを耳にしたゴッドフレッドは苛立ちを覚えた。一〇年以上のあいだ、彼も父も、それにほかの玩具メーカーも、最高の玩具を開発するため金と労力を注ぎ込んできた。デンマークの玩具は最高級のドイツのブランドと肩を並べるとの評価も得ていたのだ。

憤慨したゴッドフレッドは、夢のようなことを思いついた。レゴのような会社が世界各地で長く売れつづける素晴らしいおもちゃを開発できたなら、反転攻勢に出てドイツ市場を支配し、それを端緒にヨーロッパのほかの国や市場に進出するのはどうか？　数年後、ノルウェーとスウェーデンへの輸出を始めたあと、ゴッドフレッドはレゴの経営陣に述べた——

この北欧諸国の一五〇〇万人とドイツの四五〇〇万人を合わせた規模の市場を支配する力が我々にあるなら、ドイツを完全に打ち負かすことができるだろう。販売機会を効率的に増やすことができれば、ドイツと同じくらいの輸出機会を得ることになるだろう。

一九五四年二月に北海を渡ってブライトンでのイギリス玩具・趣味見本市に赴いたときも、当時三三歳のゴッドフレッドはまだこうした拡大志向の大胆な考えを抱いていた。出張に同行したのはゴッドフレッドの個人秘書ベント・N・クヌセン。彼はイディスの弟で、ゴッドフレッドの通訳を務めた。

ゴッドフレッドは海辺の町ブライトンで忙しく刺激的な一週間を過ごし、そこでヒラリー・F・ペイジの自動ロック組み立てブロックはイギリスでもそれ以外の国でも大ヒットしていないことを知った。その後彼はハリッジから海運会社ＤＦＤＳのフェリーに乗り、バーでウィスキーを飲みながら葉巻をくゆらせてくつろいだ。

船には見本市に来ていた同業者のデンマーク人がほかにも乗っていて、ゴッドフレッドはデパート〈マガシン・ドゥ・ノルド〉のおもちゃ売り場で主任バイヤーを務める若者、トロールス・ピーターセンと話をした。ピーターセンは玩具業界の現状にまったく満足しておらず、業界が体系化されていないことへの苛立ちを露わにした。ゴッドフレッドは耳をそばだてた。ピーターセンが指摘した問題には、ゴッドフレッド自身もここ数年思いをめぐらせていたのだ。レゴは、より明確な目的を持って生産や販売を体系化すべきという話だった。

船上での会話によって、ゴッドフレッドの目からうろこが落ちた。この瞬間、やるべきことがはっきりとわかった。レゴは単一のアイデアに集中する必要がある。ユニークで息の長い一つの製品に資源を集中させねばならない——遊びやすく、生産しやすく、売りやすい、より広範囲のおもちゃに展開することが可能な製品に。

だが、どの製品がいい？　レゴの提供する製品群をもう一度じっくり見直した結果、二六五種類の木製やプラスチック製の製品の中で目的にかなうものはたった一つであることがわかった。かつてオーレ・キアクを魅了し、今もまだビルンで生産され、一九五二年から一九五三年に「レゴブロック」の名で再発売された、あのカラフルなプラスチック製ブロックである。

父と違ってゴッドフレッドは、中空の小さなブロックが売れるとはそれまであまり思っておらず、最初のうち売れ行きは予想どおりぱっとしなかった。一九五三年から一九五四年にかけては少し改善したが、それでもまだたいした業績ではなかった。問題は、レゴブロックがもっと人気のあるもの、もっと長持ちするものになりうる製品かどうか、ということだ。

もちろん、オーレ・キアクはそう信じて疑わなかった。ブロックで遊ぶ孫たちもそう思っていた。特に六歳のケルは、レゴブロックでありとあらゆる種類の建物を作る達人だった。

ケル：小さい頃、私は自分の周りにいくつも塔を作った。二つのポッチだけを上のブロックにはめ込んで、湾曲した壁を作ることができた。中に入って隠れられるほど大きな塔もたくさん作った。やがて、最初の成形機が置かれていた地下の遊び部屋で、レゴブロックを使って町全体を作るようになった。説明書など見ない。頼るのは、自分の創造力だけ。父は私と姉妹がブロックで遊ぶ様子から、システムを創造する可能性を見いだしたに違いない。父はよく私たちが何を作っているのかを知りたがったが、一緒になって遊ぶことはなかった。私たちがもう少し大きくなってからも。レゴのブロックをいじくり回すのを父が面白いと思わなかったのを、私はいつも不思議に思ったものだ。それでも、父は地下室に下りてきて私が今度は何を作ったのかを見るのは好きだったし、うちを訪ねてきた仕事仲間によく作品を見せびらかしていた。

ゴッドフレッドが思い描きはじめた「レゴシステム」は、単に五、六個のブロックを組み合わせて建物を作るというものではなかった。子どもがレゴのブロックを集め、毎年のクリスマスや誕生日にレゴのギフトセットや追加部品の箱をねだって、ブロックが作れるものを増やしていく、というものだ。ブロックが多くなればなるほど、子どもは多く遊ぶ。多く遊べば遊ぶほど、多くのセットや部品を欲しがる。セットや部品が多くなればなるほど、売上は伸びる。

イディスとゴッドフレッドの子どもたちが父の考案した「レゴの遊びのシステム」にどれくらい影響を与えたのか、はっきりとはわからない。ゴッドフレッドがそれについて話したことはな

イディスとゴッドフレッドの３人の子どもたちは一緒に楽しく遊んだ。自転車に乗り、ゲームをし、レゴで円筒形の塔を作り、ヴュービヤの別荘の芝生でバスごっこをした。ケルが運転手を務め、母親イディスもバスに乗りに来た。（私蔵資料）

いからだ。唯一確かな事実は、グンニルド、ケル、ヘネの遊びを自慢に思ったゴッドフレッドが、一九五三年、クリスマスに売りだす新たなレゴブロックのシリーズの宣伝に彼らを利用すると決めた、ということだ。

グランステの写真家ハンス・ルンドが撮った写真の原本では、六歳のグンニルド、五歳のケル、二歳のヘネが、リビングルームのタイルトップテーブルの上にブロックを積み上げている。一九五三年から一九五四年に販売されたレゴの箱の正面に印刷された最終的な写真にヘネの姿はないが、それはゴッドフレッドが主なターゲットをグンニルドやケルの年齢層の少年少女にすると決めたからだ。

ゴッドフレッドの「レゴの遊びの

2 歳のヘネもタイルのテーブルで遊んでいるが、レゴブロックの箱の写真にはグンニルドとケルしか登場しなかった。この 2 人がターゲットの年齢層だったからだ。

システム」のアイデアが生まれたのは、戦後、育児や幼児教育という話題がデンマーク内外で注目されるようになった時代だった。「健全な遊び」や良質なおもちゃの必要性に関して種々の議論があった。この分野の専門家は、親は子どもの世話を義務ではなく楽しみと考えるべきだ、と論じもした。

　レゴの仕事熱心な常務取締役ゴッドフレッドは、国内の大手日刊紙やラジオで繰り広げられる教育学の議論をできる限り多く追うようにした。イェンス・シースゴール、テア・バンク・イェンセン、ステン・ヘーゲラーといったデンマークの主導的な児童心理学者や教育専門家による記事やインタビューを切り抜き、レゴの大判スクラップブックに貼った。スクラップブックには、ビルンの小さな玩具工場とその壮大なアイデアが初めて取り上げられた記事も貼られている。

戦後も、デンマークの多くの大人はまだ、遊びを大きくなったら卒業すべきものと考えていた。キアク・クリスチャンセン家では違った。ゴッドフレッドたち兄弟が幼い頃、オーレ・キアクとクリスティーヌは——その後はソフィも——決して遊びを時間の浪費だと考えなかった。ゴッドフレッドたち兄弟は、父の作業場にいつも転がっている色や形や大きさがさまざまの木片に、おおいに興味を持っていた。木片を彫って動物や自動車を作ることもあれば、単に積み木のように積み上げることもあった。ウーラが幼かった一九三〇年代、オーレ・キアクは裏庭の木の上に、ウーラや友達が中に入って遊べる家を作った。

一九三〇年代に、オーレ・キアクから籠に入れて届けられた車輪やアヒルに色を塗る内職をしていた町の女性たちは、彼がよく日曜の午後に玄関扉をノックして、「家の中に閉じこもってないで、外に出て子どもたちと遊ぶんだ！」と言ったのを覚えている。ビルンの町全体が遊び場になっていた。

一八九〇年代のオーレ・キアク自身の貧しい子ども時代でも、彼と多くの兄弟姉妹はブロホイの家でよく遊んだり歌ったりした。後年あるインタビューで語ったところによると、農場で働いていた青年期、最も好きなおもちゃは「ウォロコウ」（「中身のない牛《ホロウ・カウ》」の意）だった。穴が開いた石で、子どもはその穴に紐を通して本物の牛のように引っ張ったり柱にくくりつけたりして遊ぶのだ。しかし時代は変わった、とオーレ・キアクは述べた。「私たちは紛れもなく子ども中心の時代に生きている。デンマークの熱心な親たちは自分の子どものおもちゃに、一年間でおよそ五〇〇〇万から一億クローネを使っている。私の頃は、男の子の遊び道具といえば錆びた釘や穴の開いた石しかなかったことを思うと、生まれるのが早すぎたと感じてため息をつきたくなる」

父やこの時代の児童専門家と同じく、ゴッドフレッドも遊びには良質な遊び道具が必要だという意見に賛同していた。そして玩具製造者として、「子どものレベルに合わせられること、そのおもちゃに多くの遊び方があること」が重要だと考えていた。ほかの同様の発言からも、ゴッドフレッドが当時の教育学的議論によく耳を傾けていたことがうかがえる。また彼は、「遊びのシステム」の売りだし文句についてインスピレーションを求めていた。一九五四年のレゴブロックの広告を見ると、彼がどれほど目標に近づいていたかがよくわかる。広告には「僕とレゴしたい？」というキャッチフレーズに続いて、次のような宣伝文句が書かれていた。

「よく遊ぶ」子どもたちは進取的で行動力のある大人になります。だからこそ、子どもの想像力と創造性を刺激できる知育玩具を与えることが重要なのです。レゴブロックはまさにそんな玩具。男の子にも女の子にも、もっと言うなら大人にも愛されるおもちゃ。数多くの保育園、娯楽施設、幼稚園から推薦をいただいています。

オーレ・キアクは健康状態が思わしくなく、そのせいであちこちのリゾート地や温泉で長期療

「僕とレゴしたい?」1953年のレゴブロックの広告。ここでは、ブロックを子どものおもちゃとしてだけでなく、建築家が模型を作るのに用いるものとしても紹介している。

養しているため、プラスチック製玩具の生産をレゴブロックに集約して一本化するというゴッドフレッドの大がかりな計画にはあまり関与していなかった。一九五五年の早春から、経営陣のオフィスやビルンの工場では「システム」という語が常に聞かれるようになった。ただし「レゴの遊びのシステム」という表現は、ぎりぎりまでゴッドフレッド一人の胸の内におさめられていた。

その年最初の経営会議にはオーレ・キアク、息子カール・ゲオーグとゲルハルト、三人の営業担当者、経理のオーラ・ヨアンセンが出席した。彼らを出迎えたゴッドフレッドは、この集まりに敬意を表して立ち上がり、厳粛な面持ちでスピーチを行って、新年を祝うとともに新たな始まりを称えた。

社長は神の祝福を受けて働いてこられました。会社が我々に、健全な精神を持つ者なら誰もが衝動に駆られること——すなわち責任を持って何かを創造すること——を行う機会のみならず良き人生を送る機会をも与えてくれることに対して、喜びの意を示したく思います。この新しい年、人生に対するこの基本的観点にのっとって仕事を続け、神の恵みが今後も与えられることを祈りましょう——すべてのことは、その恵みのおかげなのです。

一カ月後、ゴッドフレッドは会社が新たに行う大きな投資の詳細を明らかにした。それはテーブルや床に置けるプラスチック製マットに印刷した、都市計画図《タウンプラン》だった。スローガンは「レゴブロックでレゴの町を作ろう!」。子どもたちは、タウンプラン上の印のついたエリアにレゴブロックで家を建てたり高木や低木を植えたりし、白い標識や歩行者用横断歩道のある灰色の道路には、細部に至るまで本物そっくりの小さなレゴの車を走らせることができる。

この新しいレゴのシステムでは各自が好きなように造形して遊べるようになっている、とゴッドフレッドは説明した。これには教育的な意義がある。交通量が増える一方のデンマークでは、子どもは交通ルールや安全について知る必要があるのだ。ゴッドフレッドはこのシステムに道路安全向上評議会のゴム印を押してもらった。さらに、広告には本物の警察官を登場させ、子どもに交通安全上の注意を与えてもらうとともに、親に対して遊びと学びを融合させたこの新しいお

1955年の初のレゴタウンプランで、子どもは、家、車、標識、木を用いて自分だけの本物の町を作ることができた。子どもや親が創作するうえでのヒントになるよう、玩具店やデパートは町全体の模型を組み立てて展示した。

もちゃを推奨してもらった。忘れてならないのは、これはゴッドフレッドの息子が「遊びと学び」のコンセプトを導入してレゴグループの基本原理にするより二五年ないし三〇年も前だったということである。

六月の会議で、ゴッドフレッド（議事録ではＧＫＣと書かれている）は秋の営業攻勢に向けての方針を提示した。『レゴ・ニュース』という小冊子を卸売業者や小売店に配布し、そのあとで営業担当者の一人が訪問するのだ。彼らの任務は、新しい玩具システムの理念を示し、販売計画を説明し、そして何よりも、「レゴの遊びのシステム」の注文をできるだけ多く取ることだ。

おそらく、最も重要なのはこの最後の任務だった。オーレ・キアクが強く求めた大規模な拡張により、レゴでは資金が不足しつつある。ゴッドフレッドが三人の営業担当者との会合で何度も言ったように、「できるだけ早く現金を手に入れることが必要だ。我が社の存亡はそれにかかっていると言ってもいい。工場建設のため、今年は流動資本がいつもの年より少ない。だから、もっと多くの売上を獲得しなければならない」

デンマークの玩具小売店がレゴの新しい組み立てシステムについて初めて耳にしたのは、『レゴ・ニュース』を受け取ったのと同じ年の秋だった。冊子は、良質なおもちゃとはどういうものかに関する会社の理念を六項目にまとめていた。その六項目の中には、ゴッドフレッドが読んで保管していた新聞記事でデンマークの児童心理学者や教育学専門家が用いた文言と非常によく似ているものもあった。だが最も野心的な理念はゴッドフレッド本人が考えたものと思われ、「レゴの遊びのシステム」が追求する不朽性に言及していた。「それは、リニューアルを必要としない、玩具におけるクラシックとならねばならない」

新しいおもちゃのシステムは間もなくレゴブロックとして有名になるが、その最初の発表における画期的な点は、会社が真剣に小売店や店員を巻き込もうとしたことだった。彼らを、いわば「レゴの遊びのシステム」の大使にしようとしたのである。

我々は、玩具業界のプロフェッショナルであるあなた方が、これは単なる平凡なおもちゃではないということに同意してくださると信じています。ここには前例のない潜在的な可能性が秘められていることに気づいていただけるとも。我々は努力も金も惜しむことなく、まったく新しく非凡なものを創造しました。大成功への舞台は整いました。この計画に参加してみませんか？

このプロモーションは、新しいおもちゃのシステムの紹介だけでなく、子どもと遊びについてのメッセージでもあり、きわめて現実的で将来をも見据えたものだった。実際、現在でもレゴグループはこのメッセージを掲げつづけている。冊子の表紙の絵は、このメッセージを屋根の上から小売店や店員に向けて文字どおり叫んでいた。作業着姿で安全帽をかぶった背が低くずんぐりした「レゴマン」が口にメガホンを当て、人間的成長に対するレゴシステムの理念を全世界に向けて喧伝しているのだ。

「我々の理念は、子どもが人生に備えられるようなおもちゃを作ることだ――子どもの想像力を刺激し、あらゆる人間を動かす力である創造の意欲と喜びをもたらすようなおもちゃを」

ケル：「レゴの遊びのシステム」について最も素晴らしく新しい点は、組み立てられるものの幅が急に大きく広がったことだ。これこそ父の基本的なコンセプトだった。どんなふうにでも組み合わせられる部品から成る、全体として整合したシステムであること。別々のセットで買った別々のブロックも、必ず結合できる。父は晩年、私がレゴを経営するようになると、私たちが多くの部品を導入しすぎていると批判するようになった。我々はあまりに速く進めすぎている、自分が昔発明したものは範囲が広がりすぎ、多様になりすぎた、と父は考えていた。レゴの核として、ブロックに、ブロックだけにこだわることを父は求めていた。これは一九五五年以来一貫した考え方であり、父は、子どもはおもちゃでものを作ることを通じて創造性を伸ばしていくのだという根本的な教育信念を持っていた。

ゴッドフレッドの言葉——「我々の理念は、子どもが人生に備えられるようなおもちゃを作ることだ」。彼が小さなレゴの家の上に立ってバランスを取って実演したように、レゴの玩具は酷使されても壊れなかった。

レゴは、一九五〇年代ヨーロッパのほかの多くの企業が直面するのと同じ課題に直面していた。第二次世界大戦中と戦後、輸入禁止のおかげで海外との競争は制限されていて、会社はそれによって潤っていた。今度は輸出事業によって成功をおさめようと目論んでいる。しかしオーレ・キアクとゴッドフレッドは何度も、戦後の国際貿易が困難だという単純明白な事実にぶつかっていた。外国から機械を運んできて外貨で支払うという物流の問題だけでなく、どの国がデンマーク製品の販売を許可してくれるかを判断せねばならないという問題もあった。

ほかのデンマーク企業の多くと同様に、レゴも現金の注入を必要としていた。ゴッドフレッドは一九五二年から一九五三年に工場を拡張したとき、戦後のヨーロッパを復興させるためのアメリカによる援助計画マーシャル・プランの一環である融資を申請した。デンマークにはこうした融資に三三〇〇万ドルが割り当てられており、レゴの常務取締役は数週間かけて徹底的に検討した申請書をまとめたが、却下されてしまった。とはいえ、玩具メーカーの製品が「生活必需品」リストの上位に置かれなかったことは、それほど大きな驚きでも失望でもなかった。

援助は受けられなかったものの、レゴが——具体的には精力的な常務取締役が——工業に関する膨大な新しい知識や専門技術を提供した技術支援プログラムからインスピレーションを得たことを示す証拠はふんだんにある。この支援プログラムはヨーロッパ企業がアメリカのやり方を手本にし、アメリカのビジネスをひな型として利用できるようにする一種のマニュアルで、自動化、合理化、営業、宣伝、マーケティング、経営などに関する最新の理論が述べられていた。

簡単に言うと、この計画はアメリカ流のビジネスをモデルにして、中心的な三つの「S」に重点を置いていた。専門化（スペシャライゼーション）、標準化（スタンダーダイゼーション）、単純化（シンプリフィケーション）。最良の遊びの形態と最高に効率的なビジネスモデルに基づく多面的なおもちゃのシステムを開発するという野心を持つデンマークの起業家にとって、これは非常に魅力的なモデルだった。

その時代のデンマーク企業のほとんどと同じく、レゴもアメリカ式に近代化することを望んでおり、権力の中心地コペンハーゲンから遠く離れた玩具工場にもそれは可能だった。現代的な事業開発、営業、経営に関する最先端の情報を独力で得なければならなかったゴッドフレッドにとって、近代化は当然のことだった。デンマークのほかの経営者や上級幹部たちとは違い、彼はマーシャル・プランの資金援助によるアメリカ合衆国への研修旅行に行ったことはなく、デンマークの経営者たちにアメリカのビジネスモデルやリーダーシップのスタイルを教える集中講座には参加しなかった。

ゴッドフレッドは独学で知識を得た人間であり、得意技の一つはほかの専門家、特に自社の従業員との会話からアイデアを収集してインスピレーションを得ることだった。それまでレゴでは知られていなかった「再編成」といった言葉が、社内の会議でＧＫＣが行ったプレゼンテーションのいくつかで突然使われるようになり、「生産性」「自動化」「製品開発」「市場分析」などの用語もそれに続いた。

ケル：父がビジネス書を読みふけっているのを見た記憶はない。経営に関する雑誌や新聞記事が家に置かれていたこともない。父の知識の大半は他人との会話から得たものだと思う。父はどんなときも人の話に耳を傾けることを厭わなかった。特に、自分と違っていると思う人、何か新しいことを教えてくれそうな人だ。レゴの経営陣からインスピレーションを得るのが好きだった。彼らが途方もなく新しいアイデア、刺激を与えてくれるアイデアを出すのを期待していた。彼らは「外部」から来ていて、世界のビジネス界における新しくてなじみのない知識や経験をたくさん有している。一九五〇年代に、父に決定的な変化が訪れたのは間違いない。父は人間としても経営者としても成長し、リーダーシップのスタイルを変えたのだ。

デンマークでは戦後になるまで広報という概念は定着しておらず、ビルンの経営会議の議事録に初めてその単語が現れるのは一九五五年だった。広報や宣伝はそれまでレゴの貸借対照表《バランスシート》上で特に目立った項目ではなかったが、GKCが経営の手綱を握るようになり、「レゴの遊びのシステム」に事業を集中させていくにつれて、宣伝の予算はふくれ上がっていった。ここでも、父と息子は意見が合わなかった。ゴッドフレッドから見れば、マーケティングに金をかけるのは投資として非常に重要なことだった。一方、父は職人技への信頼に固執していた。「品質さえよければ、客は自然とついてくるものだ」

いよいよ「レゴの遊びのシステム」が発表され、初めて小売店や消費者に価値を判断してもらうというきわめて重要な一九五五年の秋を前に、ゴッドフレッドは「宣伝と展示」のために六万クローネを用意した。これは莫大な投資であり、数年前のゴッドフレッドなら決して賛成しなかっただろう。しかし今は、クリスマスシーズンに玩具店やデパートでレゴを目立つ場所に置いてもらうことを願っている。目的はもちろん、「レゴの遊びのシステム」の基本理念を伝え、鼓吹すること。営業会議でGKCは幾度となく繰り返した。「我々が知っているだけではだめなんだ──全世界が知らなければならない！」

　多くの若い家族が余暇を楽しみ自宅を手に入れることを夢見ていた一九五〇年代、レゴの広告戦略の一つは店で配る親向けのカラフルなチラシだった。最初はデンマーク国内だけで配布されたが、すぐにドイツでも広められ、このメッセージに海外でも通用する魅力があることを即座に実証した──新発売の「レゴの遊びのシステム」は、一家で楽しめる健全で創造的な遊びを提供するのみならず、自分の夢の家を設計して建てられるようになっている。

　チラシには、レゴのブロックを買ったある家族に起こったことが、二世代にわたる物語としてイラストとともに短く描かれている。始まりはエリックの三歳の誕生日。「彼はレゴブロックの箱をもらい、初めて塔を建てました」。そのあと、家庭生活の場面がいくつか続く。やがてエリックの妹リーヌもレゴで遊びたがり、「もちろん、彼女はお人形の家を作りました」。六歳になると、エリックは大きく立派な家を作るようになり、それは道路、模型の車、標識、街路樹のある町に発展する。リーヌも一緒に遊ばせてもらい、「エリックとリーヌは交通についてたくさんのことを学びました」。一二歳のエリックはブロックの扱いに長けていて「二四階建ての巨大な高層ビル」も建てることができ、一六歳のときレゴはいちばんの趣味になっていた。数年が経ち、エリックは婚約し、彼と婚約者は「三歳の誕生日にエリックがもらったブロックを使って」自分たちが夢に見る家をレゴで作った。さらに何年かすると、若い夫婦は「何度もレゴで作ってきたのとそっくりな」モダンな家に引っ越した。親になった彼らは、この広告の楽しく短い物語を完結させる。「男の子はまだ三歳ですが、もうレゴで遊んでいます──ちょうどお父さんがしていたように。レゴは何度でも、何世代でも、いついつまでも、使うことができるからです」

この物語は、今まであまり売れなかったプラスチック製ブロックを、もっと素晴らしいものとして売りだそうというゴッドフレッドの壮大な構想を表している。レゴのシステムは単なる一つのおもちゃではなく、発展し、家庭生活の一部となり、次世代に伝えることのできる、遊びという大きな世界なのだ。彼は新聞のインタビューでこう語っている。「ビジネスの視点から見ると、一生長持ちする玩具を作るのはばかげていると言われるかもしれない。しかし、私たちの考えは間違っていないと信じている。私たちが生みだしたのは、一時的な娯楽ではなく、子どもの発達にとって有意義な要素となりうる玩具なのだ」

一九五五年のクリスマスに向けて、レゴは全力で取り組んだ。一月には、「レゴの遊びのシステム」の持つ広範な概念を理解しておらず不満を抱いたり困惑したりした小売店があったことを、営業担当者たちは報告した。クリスマスシーズンのあいだ、多くの店員はレゴタウンプランが遊ぶための玩具か交通安全についての知育教材か判断に迷った。また、ある小売商は、玩具を「システム」と呼ぶことは少し矛盾していないだろうか、と疑問を呈した。遊びは体系化できるのか？　GKCが話を聞いていた児童心理学者や教育学者は否定した。遊びとは自由で無秩序で非体系的なものでなければならない、と彼らは答えるのだった。

レゴの新たな宣伝部長ヘニング・グルトは、初期の販促資料は少々冗

長だったかもしれないと考えた。だがGKCは平然としていた。彼はただちに営業担当者たちを現場に送りだし、レゴのシステムの理念を明確に述べて店員たちにやる気を起こさせるよう指示した。「最大の課題は、小売店にレゴというビタミンを大量に注入することだ！」

とはいえさらなる混乱を招かないため、新しいレゴシステムでタウンプランを生き生きと活気あるものにする部品は、サイクリスト数人、オートバイ一台、スクーター一台、モペッド一台、数本の旗に限定され、都市計画図は大幅に改良されて折りたたみ可能な硬い板になった。板の裏の半分にはレゴのシステムの全体像が描かれている。三八個の部品、それに自動車、旗、木など。もう半分には、金髪の少女と、癖毛でチェックのシャツを着たそばかすだらけの八歳のケルとのカラー写真が印刷された。のちに祖父と父の跡を継いで会社を経営することになるケルは、このとき全国的によく知られた顔となり、一九六〇年まで「レゴの遊びのシステム」全サイズの箱に登場していた。

ケル：私は非常に幼い頃から広告モデルにされてきた。写真を写したのは地元の写真屋だったが、一九五〇年代後半になると父はもっとプロフェッショナルな写真にすると決め、私は撮影のためオーフスまで行かねばならなかった。宣伝部長ヘニング・グルトのおしゃれなスポーツカー、カルマンギア（フォルクスワーゲン）でオーフスに向かった。当時、グルトは父の腹心の部下で、国内外の広告キャンペーンすべてを担当していた。あの頃、宣伝予算はとにかくふくらむ一方だった。公の場で「レゴの遊びのシステム」を紹介するとき、父の雄弁なスピーチはたいていグルトが書いていた。もちろん私は、スポーツカーでオーフスへ行くのをカッコいいと思っていた。実のところ、同年代の女の子と一緒に写真を撮ってもらうよりはるかにカッコいいことだった。初めてコカ・コーラを飲んだのも、そんなふうにオーフスに通っていたときだった。

発表のあと製品構成は改訂され、調整されていたが、ゴッドフレッドは同時に、これまでにないほど強くリスクを負う覚悟を決め、デンマークの玩具をおもちゃの国の中心地ドイツで販売するという自らと父の夢を実現すべく努めていた。GKCが輸出コンサルタントなど外国貿易の知識を持つ人々に相談すると、計画は批判された。ドイツ人相手におもちゃを売るのは、サハラ砂漠で砂を売るようなものだという。

キアク・クリスチャンセン一家に共通する性質は、強情さと屈強さと勤勉さだ。ユトランド山稜の荒野や痩せた土地で苦労した男女の物語を書いたステーン・ステーンセン・ブリッカー、イェッペ・オーケア、ヨハン・スキョルボー、ヨハネス・V・イェンセンといったユトランド地方の作家による、過去の文学作品の登場人物を彷彿とさせる性質である。

オーレ・キアク自身の生まれつきの大胆さが受け継がれていたのか、彼の息子がドイツの玩具市場を征服するという向こう見ずな計画を放棄することはなかった。彼が充分な財務分析やリスク評価を行ったとは考えられない。確かにレゴは一九五五年にある程度の利益を上げたが、売上高は二一〇〇万クローネにすぎず、まだその三〇パーセント以上は木製玩具がもたらしたものだった。レゴのプラスチック製ブロックが国際的な飛躍を遂げるであろうことを暗示するものは何もなかった――ゴッドフレッドの直感と、山をも動かせるという自信を除いては。

一九五六年一月、「レゴ玩具有限会社《シュピールヴァーレン・ゲーエムベーハー》」が設立された。それが誕生したいきさつは、伝説として語られるようになっている。その二カ月前、ゴッドフレッドはハンブルクのデンマーク総領事館を訪ねたあとドイツ北部を車で走っていた。ドイツ市場でレゴが地位を確立する可能性を探っていた彼は、興味深い情報を得ていた。レゴの子会社をドイツに置くのではなく独立したドイツの会社を設立したなら、関税は低くなり、優遇税制措置を受け、よりよい条件で融資が受けられることになる、というのものだ。

ハンブルクからの帰り道、ゴッドフレッドはシュレースヴィヒ＝ホルシュタインでレゴがドイツ進出のために借りるのにふさわしい土地を探した。そこでホーエンヴェシュテットに立ち寄り、彼とイディス夫妻の友人でスウェーデン人の、アクセルとグレーテのトムセン夫妻に会いに行った。夫妻はこの町に居を定めてドールハウスの家具の生産を始めていた。以前はスウェーデンのヨーテボリ郊外にあるルンビ玩具製作所《リエクサクスファブリーク》で製品を作っていた。

トムセン夫妻は在宅していた。ゴッドフレッドはコーヒーを飲みながらハンブルクでの用事について説明し、輸出事業の目論見を話した。そして車から、レゴタウンプランの箱を数個取ってきた。アクセル・トムセンはそれに夢中になり、レゴのシステムというアイデアに可能性を見いだした。

「このおもちゃは素晴らしいね。ドイツで販売するのに協力させてもらえないか?」

ゴッドフレッドは躊躇した。「レゴがドイツで求めているのは、すでに別のおもちゃを作って売っている人ではなく、一〇〇パーセントこの仕事に打ち込んでくれる人物なんだ」。そうして彼はビルンに戻っていき、残されたアクセル・トムセンは考え込んだ。

数日後、トムセンはゴッドフレッドに電話をかけた。「息子にドールハウス工場を譲って、僕とグレーテは君の会社に、レゴのシステムの仕事に専念する、というのはどうだろう。だったら僕を使ってくれるかい?」

ゴッドフレッドは即座に承知した。ホーエンヴェシュテットから戻る道すがら、アクセル・トムセンこそドイツ展開を率いるのに最適だと考えていたからだ。彼にはエネルギーと熱意があり、しかも必要な見識を持ち、市場を知り尽くしている。

それから間もなく、レゴはトムセン夫妻が所有する、バーンホフシュトラーセ一九番地の旧駅舎ホテルの二階をワンフロア借りきった。ドールハウスの家具はどけられ、代わりにプラスチック製ブロックが置かれた。のちにGKCは述懐する。「トムセンは一二〇パーセント、レゴに尽くしてくれた。彼は途方もなく有能で、まるでブルドーザーだった。彼が一から基礎を築いてくれたおかげで、ドイツ市場はその後レゴにとって最高の海外市場になった」

会社は初めてトラックを買った。ベッドフォードのトラックで、運転台の後ろの白い車体には赤い字で大きくLEGOと書かれている。半完成品のレゴの箱がそのトラックでホーエンヴェシュテットまで運ばれ、そこで製品が仕上げられて販売用に包装される。この方法を用いれば、完成品に対する三〇パーセントの輸入関税を国境で払わなくてすむ。ハンドルを握るのはオー

レゴが初めてドイツ国内に作った本部は、ホーエンヴェシュテットの古い駅舎ホテルの上階に置かれた。アクセル・トムセンは本部内のオフィスから、ドイツ市場征服の指揮を執った。(私蔵資料)

レ・キアクの長男ヨハネス。彼は弟たちのような専門技術を持ち合わせておらず、弁が立つわけでもないが、運転は得意だった。そのため輸出担当運転手に昇格し、専用の制服とつばにLEGOのロゴが入った帽子を与えられていた。

ケル：ホーエンヴェシュテットに製品を届けるときは、ヨハネスがドイツまでトラックを運転した。おじはその仕事と責任を気に入っていて、いつも国境の税関職員にコーヒーに招かれておしゃべりをしていた。ホーエンヴェシュテットに着くと、トラックから荷物が降ろされるあいだドイツの従業員たちと楽しく過ごし、そうしてビルンに戻った。長年その仕事を担当していた。

最初、ヨハネスが配達に行くのは週に一度だったが、やがて二度に増えた。ビルンからシュレースビィヒ＝ホルシュタインへの最初の配送には、税関の手続きのため、そして万事支障なく進むことを確認するため、アクセル・トムセンが同乗した。ホーエンヴェシュテットでは彼の妻グレーテが日常業務を手伝い、旧駅舎のホテルを拠点にして夫婦で販売と管理のすべてを監督した。

最初のうち、商売はあまりはかどらなかった。毎年ニュルンベルクの見本市に集まっていたデパートや小売店のバイヤーたちは、数年前にゴッドフレッドが「レゴバウシュタイネ」（レゴブロック）を売り込もうとしたとき、デンマークの組み立て玩具など相手にしなかった。一九五六年春も、彼らはやはりまだ懐疑的だった。

1956年の新しいトラックの初走行に同乗するのは、運転手のヨハネスと、ドイツ国境での手続きに対処するため来ていたアクセル・トムセン。

ケル：当初、これが本当に広く売れる製品だとドイツのバイヤーに納得してもらうには、少々時間がかかった。これが、子どもたちが自分の遊びたいものを作れる画期的な組み立てシステムであることを彼らが即座に理解しなかったのは、実のところ不思議だった。アクセル・トムセンがドイツのあるデパートのチェーンにレゴの理念を認めさせ、問屋を通さない直接販売にすることを承知させたのは、大手柄だった。ドイツでは、問屋が大幅な値引きを要求するのが慣例になっていた

のだ。父とトムセンはこの件に関して断固たる姿勢で臨んでいた。二人は賢明でしかも勇敢であり、そのおかげでドイツにおける成功の舞台が整った。

決定的な飛躍を生んだのは、ゴッドフレッドとアクセル・トムセンがじっくり考え抜いた一九五六年秋の広告戦略だった。一つの都市に全力を注ぐことにしたのだ。ハンブルクを選んだのは当然の結論だった。人口一〇〇万人を超えるハンブルクは商業の中心地で、しかもレゴのドイツの拠点があるホーエンヴェシュテットからは南へほんの八〇キロほどの距離だ。後年、GKCは全従業員の前で語っている――

> 宣伝と販売をドイツ全土に広げるのは無謀だと悟ったので、ハンブルクだけに注力した。先駆的な優れた取り組み――専門店での展示、店の経営者や店員の感化――によって基盤を整えたあと、火に燃料を注いだ。映画館で上映するフィルムを作ったのだ。

広告の力を全面的に信じるGKCとグルトは、二分間のカラーコマーシャル『私たちは都市を建設する《ヴィア・バウエン・アイネ・シュタット》』を制作し、ハンブルクの大手映画館四館で上映した。心地よいジャズのサウンドトラックが流れるコマーシャルは、家族全員、男の子も女の子も母親も父親も「レゴの遊びのシステム《レゴ・ジュスティーム・イム・シュピール》」で一緒に遊べると説明して、おおいに興味を引いた。

広告を映画館で流すのと同時に、アクセル・トムセンは男女のチームを雇ってハンブルクの玩具店やデパート、大手小売店を回らせ、棚にレゴの箱が置かれているかどうか確かめさせた。置いていない場合、彼らは噂になっている面白そうな新しい組み立て玩具「レゴバウシュタイネ」を猛烈に売り込むのだ。

ケル：父はよく、ヘニング・グルトとアクセル・トムセンと一緒に作った最初の広告のことを話した。コマーシャルのあるシーンでは、トムセンがタウンプランの中央にあるレゴの家の上に立ち、建物が容易に彼の体重に耐えうることを実証した。それは父が彼に頼んだものだが、彼自身も記者やカメラマンの前でそんな芸当をするのを楽しんだ。父は常々、レゴのシステムの機能性や品質を実証して注目してもらうことが大切だと従業員に力説していた。とはいえ当初は、ブロックをあまりしっかりと組み合わせることができなかったのだが。

一九五七年一月には、ＧＫＣの大胆な輸出促進キャンペーンにより、レゴは有望な顧客基盤を一年間で一億人まで拡大していた。昔は父が資金を大量に投入するのをＧＫＣが思いとどまらせようとするのが常だったのに、今回はその彼自身が同じリスクを冒している。だがそのリスクは実を結んでいるようだった。ドイツから金が入りはじめた。ドイツの小売商は仕入れに対する支払いを迅速に行う傾向があったからであり、やり手の実業家であるＧＫＣが、増えつづけるプラスチック粉末の調達に超長期の与信期間を設定していたからでもある。

この年の最初の数カ月、「レゴ・ジュスティーム・イム・シュピール」キャンペーンはドイツのほかの都市にも広がり、ほかにもさまざまなマーケティング戦略が打ちだされた。広告やパンフレットに加えて、デパートのショーウィンドウではレゴの巨大な模型が展示され、ドイツの子どもに向けたカラフルなレゴの雑誌が発刊された。そのあいだもアクセル・トムセンと部下たちはドイツじゅうの小売店を訪れ、レゴのシステムは何ができるのか、なぜこれが未来の玩具であるのかを理解してもらい、実地に経験してもらった。戦略家のトムセンは小売店や顧客の名簿を作った。おかげで、今後何年にもわたって任意の都市や地域における「レゴバウシュタイネ」売上の増加や減少を素早く察知し、顧客の反応を分析できるようになった。
トムセンのデータから明らかになった面白い事実の一つは、ドイツの親たちがレゴをドイツ製品だと思い込んでいたことである。GKCは憤慨するどころかこれを強みだと考えた。一方、新たに輸出部長に任命されたトロールス・ピーターセンはそのことを意外に思った。「どうして、『レゴの遊びのシステム』はデンマーク生まれのデンマーク製品であることを広く知らせないのですか?」彼は上司に尋ねた。GKCは毅然と答えた。

そういう方針でやりたいのなら、トロールス、君は輸出部長になる会社を間違えているぞ。私の戦略は君が求めているものとは正反対だ。レゴ製品は国際的に通用するものだ。実際、最も望ましいのは、ドイツ人はレゴをドイツの会社だと思い、フランス人は製品がフランスで作られていると思う、ということなのだ。

ケル:父は早くから、会社が成長するにはデンマークという国は小さすぎる、だから我々は国際的な視点で考える必要がある、と見抜いていた。これは、グローバリゼーションや単一市場はおろか国際化について語られるようになるよりもはるか昔の時代だった。輸出を行うデンマーク企業と、ビルンにルーツを持つ世界的企業とには、大きな違いがある。こういう考え方を私たちは現在でも有しているが、それが生まれたのは一九五〇年代だった。

驚くほど短期間で、「レゴ・ジュスティーム・イム・シュピール」はドイツで人気のおもちゃとなり、一九五八年には人口一人について売れたレゴブロックの数はデンマークを上回った。ドイツの卸売業者や小売店がニュルンベルクの見本市でゴッドフレッドの製品に軽蔑とも思えるほどの猜疑心を示してから五年も経たないうちに、ドイツのレゴ社は年間一〇〇〇万クローネ以上の利益をもたらした。それは莫大な金額だ。なにしろ、三年前はビルンのレゴ社全体での総収益が二一〇万クローネだったのだから。

レゴのシステムの人気がドイツでなぜこれほど急激に広がったのか、疑問に思う人もいるだろう。レゴの積極的な販売宣伝戦略に加えて製品の有する質や明らかな可能性が重要な役割を果たしたのは言うまでもないが、この大成功にはもう一つ要因がある。社会のある要求をブロックが満たしたと考えられるのだ。

第二次世界大戦後、ドイツが国家を挙げて、家や地域や都市のみならず家族集団や人間関係をも再構築することに注力していたことから生じた要求である。一九五〇年代のドイツでは、老人と若者、親と子のあいだの絆を築きたいという思いが広がっていたのだ。人々は家族としてまとまることを切望していた。「レゴ・ジュスティーム・イム・シュピール」のような皆が参加できる平和な活動によって、絆を深めようではないか？

戦前の子どもは大人に監督されることなく遊んでいたが、今や子どもとそのおもちゃは家庭の中心であるリビングルームに持ち込まれていた。一九五〇年代のほとんどの西欧諸国で明瞭に見られたこの傾向に、レゴの宣伝部は目をつけた。最初のコマーシャルで、そのパターンはすでに確立されていた。身だしなみの整った笑顔の核家族がリビングルームに入ってきて、「レゴ・ジュスティーム・イム・シュピール」が置かれたテーブルを囲んで座る。「皆で一緒に組み立て《アレ・バウエン・ミット》ます。」

ニュルンベルクで年に一度開かれる玩具見本市での「レゴ・ジュスティーム・イム・シュピール」の広告。

心地よいジャズの音が徐々に小さくなり、ナレーションが聞こえる。「大きいものも、小さいものも《グロス・ウント・クライン》、レゴのブロックで組み立てるのです《バウエン・ミット・ディム・レゴ・シュタイン》」

「レゴの遊びのシステム」は時流に乗り、戦後の繁栄と家族の幸せの重要視のおかげで利益を得た。ドイツでは、この現象は「経済の奇跡《ヴィルシャフツヴンダー》（瓦礫だらけの廃墟から工業化した国家への奇跡的な経済的変身）と呼ばれた。

ケル：戦後期のヨーロッパ全土で家や道具はぼろぼろになっており、すべてを作り直さねばならなかった。そのことも、多くの家族がレゴのブロックを買った要因になったと思う。ブロックは現実的なものを作るのに用いることができた——ある意味、再建の手助けになった。私はよく、そういう関連性について考えたものだ。

ヨーロッパにおけるレゴの最重要戦略は、家族というまとまりをレゴで遊ぶ基本単位にすることだった。写真は1959年のオランダ版の広告。

レゴの進歩と成功は会社の機械類にも反映され、一九五〇年代末にはプラスチック部門に五〇台以上の成形機が置かれていた。しかしレゴには一つだけ欠陥があった。ブロックの「結合力」である。組み立てたブロック同士がしっかりと連結しないのだ。

一九四九年に初のオートマチック・バインディング・ブロックができて以来、レゴの小さなブロックは中が空洞だった。一九五八年一月にアクセル・トムセンがドイツでのクリスマスセールにおける素晴らしい売上をビルンで報告するため北に向かったときも、それは変わっていなかった。

　ドイツ市場拡大における唯一の欠点は、何人かの顧客が子どもの作ったものがばらばらに壊れたと苦情を言ったことだった。レゴは長年この問題を意識していたにもかかわらず、社内の営業会議で議題として取り上げられることはほとんどなかった。一九五五年から一九五七年まで、「レゴの遊びのシステム」に対するその他の苦情が議論されていたが、ここまで深刻で根本的な欠陥はなかった。一九五七年一月にようやく、GKCは経営会議で新たな構想を提案した。それはPUK（製品開発委員会《プロデュット・ウーヴィクリンス・コミティ》）、「我が社の製品を完璧にする」ことを目的とする委員会だったが、誰一人ブロックの不充分な結合力には言及しなかった。出席者は皆、この明らかな品質の問題は、成形工房の責任者オーヴ・ニールセン率いる最も熟練した技術者たちが長年解決に向けて取り組んでいるものであることを知っていた。それなのに、レゴの驚異的な成功と増えつづける需要に気を取られて、改善の努力は少々おろそかにされていた。

　一九五八年一月のドイツ顧客からの苦情が警鐘になった。ゴッドフレッドは即座に反応し、アクセル・トムセンとプラスチック部門の責任者カール・ゲオーグも交えた話し合いが持たれた。ゴッドフレッドはその日のうちに、八つのポッチがついたブロックの内部に連結部を加える案を数種類考案して図に描いた。そのうちのいくつかは以前にも議論されたものだった。

　図はオーヴ・ニールセンに渡され、検討された中で最も新しい案のサンプルを作ることになった。ブロック内部の空洞に、円筒形の連結チューブを二つつけるというものだ。それから二四時間、彼らは熱心にこの案に取り組んだが、ある時点でゴッドフレッドがもう一つチューブをつけることを提案した。

これは名案だった。三つのチューブがあることで、ブロック二つを組み合わせたときチューブとポッチがしっかり噛み合った。あたかもブロック同士が接着剤でくっつけたようになるが、それでいて外そうと思えば簡単に外せる。ブロックの各ポッチが三点で上のブロックと接するおかげで、安定性と結合力が強化された。同時に、見た目も美しかった。チューブの丸い形は、ブロック上の丸いポッチと調和が取れていたからだ。

前回の特許申請時にGKCが知り合っていた技術者が、今後模倣されることを防ぐため、レゴが試した連結部のパターンすべてについて特許を取っておくよう助言した。この時期、レゴは玩具市場でレゴブロックを模倣するほかのプラスチックメーカーとの厳しい競争にさらされていた。デンマークの会社プーウィのように、自社のブロックが「レゴの遊びのシステム」と互換性があると広告で謳うところすらあった。

彼らはさらに何日か成形工房にこもり、試験用部品すべてを使って内部チューブと同様の働きをする別の形をさらにいくつか考案した。一月二七日に実験は終わり、ゴッドフレッドは急いでコペンハーゲンに向かった。資料一式が特許事務所に提出され、申請書に公的な承認印が押される。一九五八年一月二八日午後一時五八分、今我々が知る現在のレゴが誕生した。

この優れた技術によって、「レゴの遊びのシステム」は完成した。以来、ブロックは世界じゅうのどのプラスチック製ブロックともさまざまな形で結合し、ブロックの組み合わせに関してまったく新たな可能性が開けたのである。

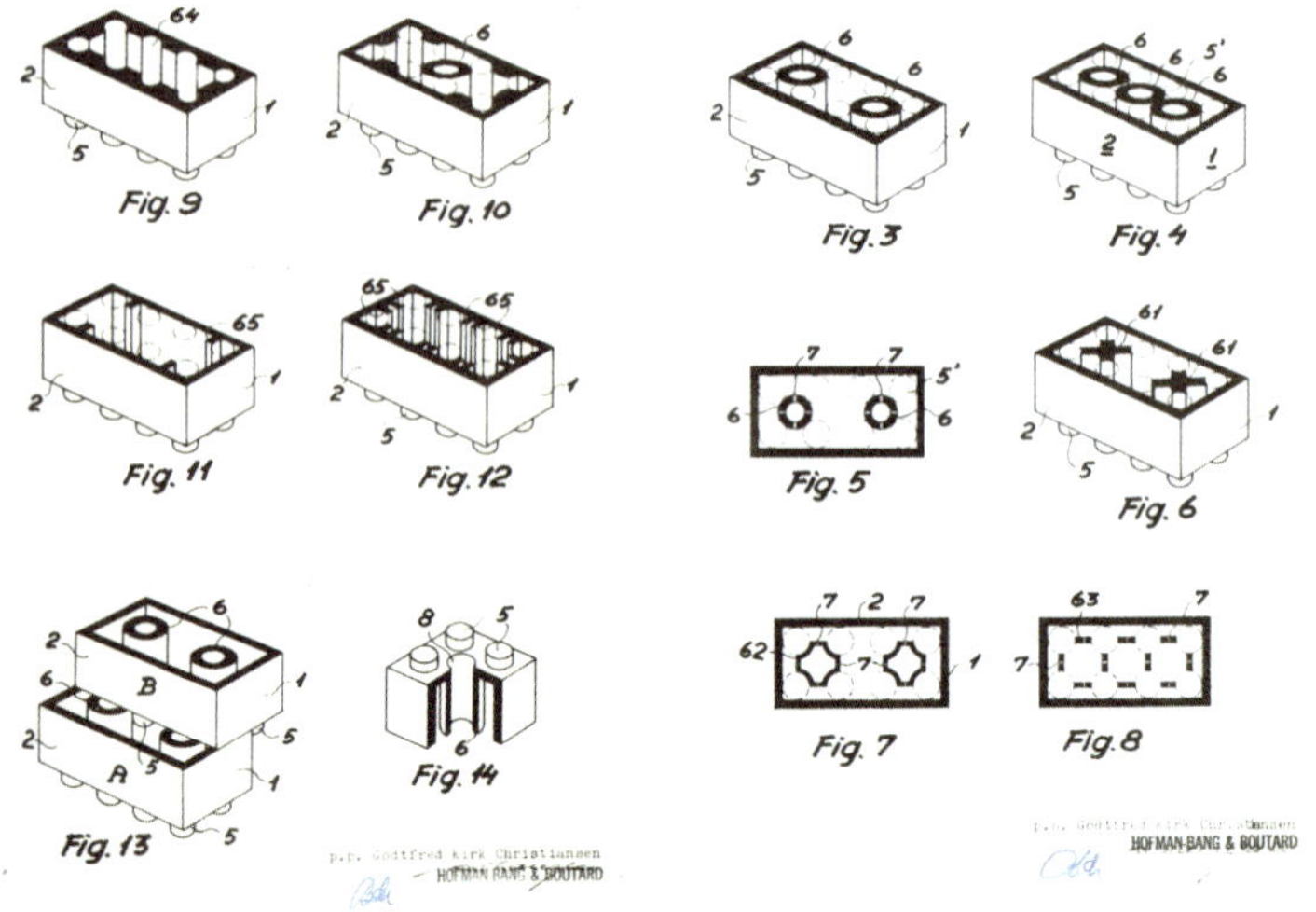

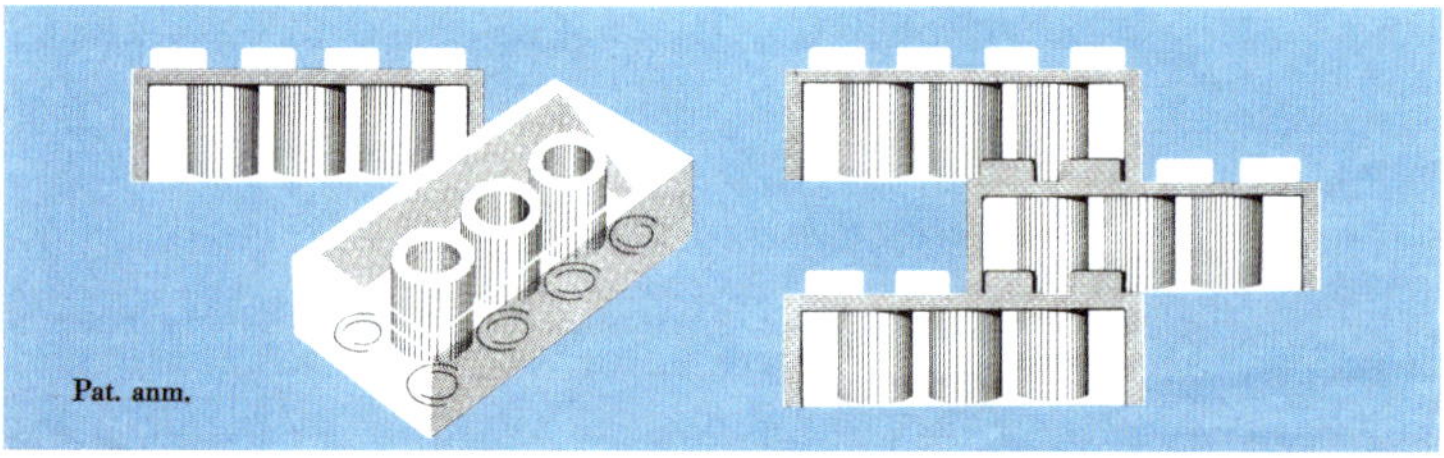

1958年、チューブとポッチを特徴とする現在のレゴブロックが特許を取った。これでブロック同士は完璧に連結するようになり、組み立ての可能性が広がった。上の図にあるように、ブロックの結合力を改善する方法はほかにもいくつか考案され、こうした別の案も同時に世界各国で特許を取った。

ケル：父は一九五五年に「レゴの遊びのシステム」を発売したときから、この問題を充分に認識していたと思う。でもまだ適切な解決策は見つかっていなかった。創意工夫を凝らした提案はいろいろ出されていた。十字形の連結部、留め釘状のもの、内部にうねをつける、など。実現可能性を持つこれらの案も、すべて最終的な特許申請に含められた。その気になればいくつか異なる方法で結合力を得ることができると示すためであり、他人が我々の考案した選択肢の一つを思いついて採用することを防ぐためでもあった。私のような一〇歳のレゴ・ビルダーにとって、ブロックがしっかり組み合わせられるようになったのは本当に素晴らしいことだった。斜め上や斜め下など、好きな方向に伸ばしていける。しかも、大きな宇宙ロケットをテーブルから持ち上げるとき、下のブロックがポロリと落ちることもない。

一九五〇年代を通じて、オーレ・キアクの健康はゆっくりと、だが確実に衰えていった。それは、会社の書類やビルンのミッション・ハウスで開かれた取締役会の議事録に手書きされた署名にも表れていた。創業者は徐々に力尽きていた。それでも晩年、彼とソフィはまだ北海へ泳ぎに行ったりノルウェーへスキーをしに行ったりした。会社の経営からは少しずつ手を引いていった。一九五七年八月のレゴ創業二五周年に、彼はある記者に語った。「私はもうついていけないよ。会社はあまりにも大きくなり、私はあまりにも弱っている」

創業二五周年を祝う年が終わり、集まった従業員を前にGKCが行った新年のスピーチの大部分は、八月の記念行事以来工場に姿を見せていなかった父に捧げられた。オーレ・キアクは静かに座り、スピーチを聞きながらときどき息子のほうに顔を上げた。スピーチは心のこもった感謝――そして別れの言葉だった。

父さんはもう日々の経営にかかわることができませんが、父さんの人生そのものであるこの会社が成長しつづけているのを見て満足してくださることを、私たちは心から願っています。

会社が生まれたのは大変な苦難と逆境の時代だったこと、会社のモットーが常に「祈り、そして働け」であったことを、私たちは皆知っています。

一九三二年、父さんの最大の望みは、この会社が家族の生活を支えられるようになることでした。今や会社が数百の家庭や家族を直接的・間接的に支えていることを、父さんと母さんが喜んでくださることを願います。父さん、あなたは本当に社会の役に立つものを作ったんです！　父さんと母さんが会社を始めたときの前向きな精神で経営を続けていくのが、私たちの責務です。

会社が大きくなればなるほど、あらゆるものが個人レベルで対処できなくなればなるほど、これは困難になっていくでしょう。それでも私はあえて言います。ここに集まった者は皆最善を尽くすべく努力を続ける、そして私たちのモットーはいつまでも「祈り、そして働け」でありつづける、ということを。

一九五八年三月一一日、現在のレゴブロックが発明された一カ月半後、オーレ・キアクは息を引き取った。これは町の歴史における大きな節目として記憶すべき出来事であり、葬儀の日、ビルンの住民は皆家から出てきた。老いも若きも、この愛され尊敬された人物、地元コミュニティに対して責任を負っていた人物が町を旅立つに当たり、追悼に現れた。

家族のアルバムにある古い白黒写真には、オーレ・キアクの息子たちの手によって棺がライオン・ハウスの正面玄関から慎重に運びだされるところが写っている。棺の後ろからはソフィ、

1958年3月15日。オーレ・キアクの棺はライオン・ハウスから運びだされ、グレーネ教区教会までずっとビルンの住民たちに付き添われた。（私蔵資料）

ウーラ、義理の娘たち、孫たちが付き従った。ビルンと周辺地域じゅうに半旗が掲げられ、町から出る道路にはトウヒの小枝が撒き散らされた。念のためグレーネ教区教会の外に拡声器が置かれたが、袖廊部分に椅子やベンチを追加で置いたおかげで、全員が中に入ることができた。

故人とは三〇年来の親交があった教区牧師ヨハネス・ブルウスは、『コリント人への第一の手紙』を引きながら誠実で心のこもった説教を行った。「最後の敵として、死が滅ぼされます」(聖書新共同訳より引用)。棺のそばに立った彼は、オーレ・キアクの生涯をこの言葉で締めくくった。「彼は若い頃に思い描いた将来像を忠実に持ちつづけ、それが彼の非常に優れた努力、人生、仕事のすべてを形作ったことに疑いの余地はありません」

死に先立つ数カ月間、オーレ・キアクは親友の一人、コペンハーゲンのランベウ玩具創業者ヨハネス・ランベウと頻繁に書簡を交わしていた。オーレ・キアクの人生最後の数カ月にわたって、ランベウは週に一度、聖書からの引用や共通の思い出に満ちた長い手紙を送った。

ところで、君がビジネスキャリアで作りだした中で最も偉大で素晴らしいものは何か知っているかい? それはなんだと思う、そして何人がそれをわかっていると思う(悲しいけれど、あまりにも少ないかな)? それはあのクリスマスに君が顧客に送った、あの輝く十字架だよ。いや、新年だったたか? それは生みだすことができるんだ、世界じゅうの「遊びのシステム」を、世界じゅうの玩具を、あらゆる富を……。あの小さなプラスチック製の十字架、作るのにおそらく一クローネしかかからないものの中に、当時のレゴの歴史すべてが詰まっているんだ。

オーレ・キアク・クリスチャンセンの死で失われたのは、ひたすら誠実で仕事熱心で純粋な職人だけではなく、緊密な人間関係、連帯心、信仰心を持つ農村出身の、彼にしかできない方法で会社を経営した男性だった。事業主としてのオーレ・キアクは家長的な人物で、その小さな工場が繁栄したのは、一つには町や地域のおかげ、ひいては彼らに恩恵をもたらしたおかげだった。彼は父親のごとく、従業員が安楽に暮らせるよう面倒を見た。レゴの最初の経理係ヘニング・ヨハンセンは、戦争中、常に何より大切なのはレゴの従業員だとオーレ・キアクが言うのを耳にしていた。「人間としての幸福がいちばん、物質的な利益は二の次だ」

この信念がよくわかるエピソードは、オーレ・キアクは決して従業員を「労働者」と呼ばず、いつも「人々」と呼んでいたことだ。そういう態度の影響は、労働環境や工場の雰囲気に現れていた。一九七〇年代に退職に際してエルナ・イェンセンは社内報で、工場での古き良き時代を振り返った。「一九五〇年代の労働条件が今より良好だったと言うつもりはありません。当時はシフト制で夜勤もありましたしね。だけど、いい時代でしたよ。本当に。今は団結心などありません。人とおしゃべりはできないし、誰にも打ち明け話なんてできませんから」

ケル：祖父は従業員に対して強い責任感を抱いていた。彼らをまるで家族のように思っていた。現在のレゴグループでも、そういう意識は残っている。私たちは、経営者一族と従業員のあいだに信頼を築き、互いに自由にものが言えるようにしようと努めているからだ。レゴは昔から「私たち」による組織だった。皆が互いに打ち解けている。従業員は一人残らず、外部の人間にレゴについて話すときごく自然に「私たち」という言葉を使う。もちろん、適切なレベルの

1954年、およそ35名の女性とそれより数人少ない男性から成る従業員全員が、工場のそばにあるオーレ・キアクの菜園に集まった。夏には、彼らは日中この菜園で休憩を取った。特に暑い日には水をかけ合って遊び、家族もそれに参加した。

規律は必要だ。序列は必要だし、人々はルールに従わねばならない。それでも日々の仕事の場では、祖父と同じく、親しさを決して忘れてはならない。人間対人間という関係でなければならない。

一九五八年のオーレ・キアクの死まで、そしてその後数年間も、レゴの経営において宗教は重要な役割を演じていた。ただし、決して会社が従業員に信仰を押しつけようとしたわけではない。一九五〇年代半ばには従業員の採用過程にキリスト教信仰が関与しており、オーレ・キアクかゴッドフレッドが従業員候補の信仰について尋ねたり調べたりしていた。そんな多くの例の一つが経理のオーラ・ヨアンセンの場合である。

一九四八年に採用された彼は創業四〇周年まで在籍し、その間ずっとゴッドフレッドの右腕でありつづけた。

オーラ・ヨアンセンは『クリステリット・ダウブラ』紙の「敬虔な経理担当者求む」という求人広告に応募した。彼は当時、コペンハーゲンの北の町ヘルスホルムの食料品店で経理の仕事をしていた。たまたまその地にはキアク・クリスチャンセン家の親戚がいた。彼らはある日、オーレ・キアクとゴッドフレッドから、ヨアンセンについて、特に彼の信仰について尋ねる手紙を受け取った。「ヨアンセンは神の意図に従って生活し、信仰心の強い人間として知られているか？」。答えはイエスで、ヨアンセンは採用された。

一九四〇年代と一九五〇年代、レゴの工場では集団生活の一環として夏の旅行、クリスマスパーティ、懺悔節の娯楽などが行われており、そうした活動の一つに毎朝の礼拝があった。これは、一九五二年にレゴの新しい講堂ができたときオーレ・キアクが始めたものである。参加したい従業員は七時三〇分、短いサイレンのあと講堂に集まり、神の言葉を聞いたり讃美歌を一、二曲歌ったりした。オーレ・キアクは費用を負担してインナー・ミッションの歌集『故郷の調べ《イェムランストーナ》』を大量に作らせた。それは豪華な青い革で装丁され、表紙には金文字で「レゴ、ビルン」と印刷されていた。朝の讃美歌をもっと響かせてリズムをつけるため、彼はピアノも手に入れた。オーレ・キアクとソフィ、四人の息子とその妻たちも、たびたび礼拝に参加した。

ケル：朝の礼拝は私が一三、四歳の頃まで続いた。一九五〇年代の平均的な朝には、優に七、八〇人の従業員が歌い、手を合わせて主の祈りを唱えた。礼拝は二〇分ほどで、それが終わると皆それぞれの持ち場へ行って仕事をした。一九六〇年代初めに、朝の礼拝はレゴ初の人事部長によって廃止させられた。ちなみに、その人事部長は元牧師だった。彼は、現代の工場で宗教的礼拝を行う時代は終わったとの結論を出したのだ。出席する人数はどんどん減っていたし、おそらくその多くも、これがあまり自発的な集まりではないと感じていただろう。

オーレ・キアク・クリスチャンセンは、人にレゴ製品でどんなふうに遊んでほしいかという目標を書き留めた息子や孫とは違い、あまり言葉に関心はなかった。だが子どもの要求を尊重する気持ちは、社名の由来（「leg godt」すなわち「よく遊べ」）や、オーレ・キアクが子どもたちを見て自然と感じる喜びや彼らに玩具を与えたいという絶え間ない衝動に関する多くの物語に、いつまでも消えることなく残っている。

そうした物語の一つは一九五二年夏に生まれた。ソフィとオーレ・キアクは車でシェラン地方へ旅に出た。ある日、コアセーからスケルスクアに向かう途中、ボースルンデ村の近くで車を止めた。幼い少年二人を連れた女性が、そばのチューリップ畑で雑草を抜いている。彼女はオットミーヌ・アナセンといい、近くのリュという農場に住んでいた。彼女はいつも息子たちを連れて畑に行っていた。母親として、子どもが幼いうちは親と一緒にいるべきだと考えていたからだ。

その夏の日、立派な大型車が畑のそばで止まったとき、彼女はチューリップ畑の中で遊ぶジョンとニールスに歌を歌ってやっていた。一人の老人が車から出て周りを見渡し、突然畑に入って、オットミーヌと少年たちのほうへと歩いてきた。彼は足を止めて言った。「お母さんがこんな暑さの中で働きながら歌っているとは、素敵なことですね！」

自動車でデンマーク国内旅行に出たオーレ・キアクとソフィ。（私蔵資料）

オットミーヌは、そうしていたら息子たちにとって時間はもっと速く過ぎるし、自分にとって仕事はもっと速く進むのだと答えた。男性はうなずいてにっこり笑い、車に戻り、トランクを開け、両手にそれぞれ小さな丸い箱を持ってまたやってきた。箱の中には、指で回すコマが何個か入っていた。

「君たち、退屈かい？　ほら、これをあげよう、このコマで遊びたまえ！　もし誰かに、どこでもらったのかと訊かれたら、私にもらったと言いなさい。私はユトランド地方のビルンという小さな町に住んでいて、プラスチックでおもちゃを作りはじめた。レゴというおもちゃだよ」

何年もが経った。一九七五年、大人になったニールスは自らの子どもを連れてレゴランドへ行った。彼は昔親切な人にもらったコマを持参していた。今やその男性の息子がレゴの社長になっていたが、残念ながらレゴランドにはいなかったので、ニールスは彼に会えないままシェランの自宅に帰った。年老いた母親オットミーヌ・アナセンはゴッドフレッドに宛てて長い手紙を送った。当時の思い出を綴った手紙は、こんな言葉で締めくくられていた。「あの方がもうこの世におられないのは存じています。私たちはあの方を、とても有名なおもちゃを作った偉大な人物としてではなく、子どもたちに親切な素朴で心の優しい人、昔ある暑い夏の日に知り合った人として記憶しています。あの方の思い出は大切に胸にしまっています」

取締役や主要営業担当者によるレゴ初の国際会議は、創業者の死から四カ月後にビルンで開催された。会議はオーレ・キアクを偲ぶ頌徳の辞で始まり、GKCは、父のキリスト教信仰は決して他者を排除する狭量なものではなく、人生に喜びと幸せを見いだすものだったと述べた。「その土台の上に、レゴは設立されたのです」

今や名実ともにレゴのリーダーとなった男性が冒頭スピーチで触れないよう注意深く避けていたことが一つあった。それは創業者の死以来、当然ながらすべての社員の頭に浮かんでいたであろう疑問である。GKCは方針を変更して、この一〇年間のレゴを特徴づけていた木製玩具とプラスチック製玩具の二本立てに終止符を打つつもりだろうか？

ゴッドフレッドはこの問題をじっくり考慮し、木製玩具部門は遠からず縮小すべきという自らの意見を、非公開の株を有する人々、すなわち家族に相談していた。とはいえ、彼の意見がいかに合理的であり、いかに如才なくそれを表明したとしても、これがきわめて心の痛む話であることに変わりはない。会社の歴史はオーレ・キアクという木工職人の功績のうえに築かれており、木製玩具がなければレゴがプラスチック製ブロックや「レゴの遊びのシステム」を生みだすこともなかっただろう。

ゴッドフレッドの弟ゲルハルトがビロフィクス（ＢＩＬＯｆｉｘ）という新たな玩具を考案して市場に出す準備を整えていたことが、この問題をいっそう複雑にしていた。ゲルハルトはイギリスのメカノ社によるクラシックな玩具にヒントを得て、木とプラスチックを組み合わせ、独創的で工夫を凝らした玩具のシステムを作り上げた。穴の開いた木製ブロックや、同じく穴の開いたさまざまな長さの木片を、プラスチックのねじと赤いプラスチックのナットで結合させるものだ。ゲルハルトが数年かけて開発し、つい最近特許を取ったこの新製品は、今ＧＫＣによってつぶされようとしている。何よりもこのことが、ゲルハルトと兄カール・ゲオーグが長いあいだ抱いていた感情を決定的なものにした。

ケル：ゲルハルトは木製玩具製造とデンマーク国内の営業責任者、カール・ゲオーグはプラスチック部門の長だった。それでも二人は、私の父が年々自分たちに頼らなくなっているのに気づいていた。父親の死後、二人はゴッドフレッドが行う業務への支配権を少しでも取り戻すこと、せめて会社における発言権をもう少し強くすることについて話し合ったに違いない。きっと何度か対話が持たれ、そこでゴッドフレッドは「君たちか私か、二つに一つだ！」と言って話を終わらせたことだろう。

当時父は仕事を一人で抱え込んでおり、あまり兄弟の立場に立って考えることをしていなかった。父はとにかく「遊びのシステム」に取り憑かれていたんだ！　一九五七年から

1959年に同僚たちとともにテーブルを囲んでビロフィクスの種々の模型に取り組むゲルハルト・キアク・クリスチャンセン（左から２人目）。翌年、ビロフィクスは国内外で大ヒットした。
（私蔵資料）

一九六〇年にかけて、経営陣は会社を成長させようと必死になり、何度も会議を開いたが、その会議にゲルハルトとカール・ゲオーグが招かれないこともあった。

オーレ・キアクの死後、兄弟間の対立は強まる一方だった。おそらく父親自身はそんなことを望んでいなかっただろう。相続財産は株式の形で五等分され、四人の息子と一人の娘で分けられた。一見すると公平で配慮ある決定だが、結局は兄弟間、特にゲルハルトとゴッドフレッドのあいだの、もともと緊張していた関係をさらに悪化させてしまった。カール・ゲオーグも、父親が株式をこのように配分したのは兄弟が皆もっと会社の経営にかかわって重要な決定に関与すべきだという意味だと感じていた。しかし実際のところ、過去五年間はゴッドフレッドが一人で仕切っていたのである。

ケル：祖父の生前、父は祖父に言った。「私たち兄弟で平等に相続したいと思っていますが、私は会社のトップでいたいんです！」。父は平等に相続と言ったのを後悔していた。なぜなら、そのせいで兄弟は、レゴが父のものであるのと同じくらい自分たちのものでもあると感じてしまったからだ。何年ものあいだ経営の舵を取り、会社を一九五〇年代末の姿に形作ったのは、父だったというのに。

父は祖父にこう言えばよかったのだ。「父さん、私は少年時代からずっと会社にかかわってきました。今後会社を率いていくのも私です。もちろん兄弟や妹も相続すべきですが、彼らに分け与える株式は私より少なくして、何か別のもので補うべきです」

財産の分配は、オーレ・キアクの目には公平だと映ったに違いない。また、一九五〇年に自らの下した決断が三人の息子のあいだに軋轢を生んだとは思っていなかったようだ――ゴッドフレッドが三〇歳の誕生日に兄弟を差し置いて常務取締役に指名されたことである。先述したとおり、この選ばれた息子は電報を通じて父親の祝福を受け、兄弟たちもその電報に署名することを求められた。「貴方がこれまで会社のために尽力したことに、感謝の意を表する。今後もレゴの利益のために最善を尽くしつづけると確信して、本日一九五〇年八月七日土曜日、貴方はレゴ株式会社ならびにO・キアク・クリスチャンセン株式会社の常務取締役に選定された。（このあと

1951年の創業者60歳の誕生日、レゴの父系継承の連鎖が確立された。オーレ・キアク、息子ゴッドフレッド、そして孫ケル。

に記された『民数記』第六章第二四～二六節の引用は１１３ページ参照）」

この明らかなえこひいきは、翌年、オーレ・キアクの六〇歳の誕生日にも行われた。一九五一年四月七日の祝宴の最中にライオン・ハウスのリビングルームで写真が撮影された。そのあと引き伸ばされ、額縁に入れて壁にかけられた写真は、この同族会社における継承順位をあからさまに示していた。写真のいちばん上でプレゼントや花に囲まれているのはレゴの創業者。その下にはゴッドフレッド、そしていちばん下には三歳の孫ケルが立っている。

とはいえ、ゴッドフレッドの昇進がただちに兄弟関係に緊張をもたらしたわけではないらしい。逆に一九五〇年代前半、四人の息子たちは特に職場において非常にうまく互いに補い合っていたようだった。ゲルハルトもカール・ゲオーグも営業・管理・

財務面を喜んでゴッドフレッドに任せ、自分たちは技術者として腕を振るった。四人は協力して日々の仕事を円滑に進めたのに加えて、私生活でも親しくしており、日曜日や祝日はよく一緒に過ごし、夏季休暇にはヴァイレ湾近くのヴュービヤに行った。そこにあるオーレ・キアクとソフィの別荘の近くに、兄弟それぞれが自分の別荘を建てていた。

ところが一九五〇年代後半になると兄弟間の関係は悪化した。父の遺産分配とそれが意味することに関してのみならず、同族経営による小さな工場が突然大きな野望を持つ国際的輸出企業になったというレゴの突然の変化に関しても、彼らの意見は対立した。また、ゴッドフレッドがつなぎの服を着た職工長からおしゃれなスーツに身を包んだビジネスマンに変身したことも、反感をあおった。のちに彼自身が説明したように――

兄弟は、私に過度に大きな権威が与えられている、私たちは経営に関してもう少し平等主義的であるべきだ、と感じていた。私たちが一緒に働くうえでこうした問題点が明らかになっていたのと時を同じくして、事業ではさまざまなことが進められていた――外国での販売会社の設立、ビルンの工場拡張。輸出は増えていたが、当然ながら兄弟がそれになんらかの影響を与えたわけではなかった。こうした事実を変えることはできないし、船に船頭は三人もいらない。

「レゴの遊びのシステム」の製品開発と販売は猛スピードで進められ、システムは今やスイス、オランダ、オーストリア、ポルトガル、ベルギー、イタリアでも売られるようになった。物事は急速に進展しており、ゲルハルトは何度か、成長の速度は制御不能な状態になっていると兄に警

4人兄弟を写したこの2枚の写真は、ほんの1年のあいだを置いて撮られている。1957年の創業記念日、4人は楽しそうにホビーホースにまたがっている。だが1958年春、父親の死後に状況は一変し、雰囲気は悪化した。下：左からゲルハルト、ヨハネス、ゴッドフレッド、カール・ゲオーグ。

告した。一九五九年、彼はゴッドフレッドに宛てて、「レゴの遊びのシステム」は不健全な方向に向かっている、経営陣はあまりに多くの新製品を計画している、それよりもこうした素晴らしいアイデアすべてに関してもう少し無駄を抑えるべきだ、という手紙を書いた。「小売店に製品を供給しすぎないようにする必要があります。ホテル・オーストラリアでの昼食会に出される食べ物が多すぎたら、体によくありません。人々にレゴのシステムをたくさん与えすぎるのも同じことです」

ゴッドフレッドがどう答えたかは不明だが、おそらくはレゴの営業担当者の一人への返答と同じようなものだっただろう。その従業員もゲルハルト同様、レゴの急激な発展に懸念を示していた。「なるほど、しかし、拡張しながら同時に足元を固められたら、もっと素晴らしいじゃないか?」

ゲルハルトの手紙には、父親が設立した会社で自分たちの意見がまともに取り上げられないことへの苛立ちが感じられる。とりわけ、一九四〇年代にはオーレ・キアクのみならずゴッドフレッド自身も、ヨハネスとゲルハルトとカール・ゲオーグが積極的な役割を演じるのを望んでいたことを考えると。今や、事業がどこへ向かっているのか、ゲルハルトが生みだして業界で熱い期待を寄せられているビロフィクスがどうなるのか、それを知るのはゴッドフレッドしかいない。それゆえに、ゲルハルトの苛立ちはいっそう募った。

一九五八年一一月、レゴ・システム株式会社が新しく設立され、GKCとゲルハルトとカール・ゲオーグが取締役に選ばれた。三カ月後の一九五九年二月九日、新会社の第一回取締役会で、GKCはレゴの将来に関して自分が書いた六ページの報告書への意見を求めた。

報告書は全面的な再編計画を述べた明快かつ綿密な文書だった。それによると、ゲルハルトは一つの会社の社長となるとともに、ゲルハルトとカール・ゲオーグは今後、木製玩具部門とプラスチック部門の技術責任者としての能力を活かして「自らの責任にのっとり、満足できるまで最大限の力を発揮して自由に開発を行う」こととなった。

報告書は、「ゲルハルトは、過去最大の需要という大きな責任を負っていることを自覚せねばならない」ことを強調した。GKCの兄弟を少々見下したような語調は、おそらくは形式主義的な堅苦しい言い回しを用いたことによるのだろう。カール・ゲオーグは当面技術責任者の地位にとどまることを受け入れねばならないと説明する文章で、その傾向はさらに露骨に表れていた。「現在のところカール・ゲオーグを会社の経営者に任命することは適切ではないが、彼が長期的にその目標に向けて努力することが望まれる」

では、ゴッドフレッド自身はどうなるのか？　報告書によると、彼は現在持つ多くの責務の一部を手放すものの、新しい親会社の社長に任命された。親会社は従来の二つの会社の上に置かれるもので、そのためゲルハルトとカール・ゲオーグは、レゴの将来に関して指揮権や影響力をほとんど持てなくなった。これからは、木製玩具部門とプラスチック部門の生産や資金に関する事柄はすべて親会社を通してゴッドフレッドの承認を得ることになる。「経営に関する総括指揮権」を持つのはゴッドフレッドである。報告書はこのような言葉で締めくくられた――

我々の父がこの会社を興したのは事実だが、会社の将来を形作るのが我々であることもまた事実であり、それは我々が各自の役割で努力することにかかっている。役割分担により自由に戦略を練ることができるようになれば、事業はより強固になり、個人としての満足も得られるだろう。取締役会が本報告書の提案に賛同して承認すれば、それは実現される。

実際、取締役会は賛同した。それについてヨアンセンはのちに説明した。「ゲルハルトもカール・ゲオーグも、兄弟の中で輸出や海外市場に通じているのは誰かを知っていた。実のところ、彼らはそれを是認していた。ただし、自分たちも少しは決定にかかわることを望んでいた」

しかし、望みはかなえられなかった。GKCが定めたこの新しい構造の真価が試されたのは一九五九年だった。レゴは輸出や総売上高を伸ばしていただけでなく、外国での新しい販売会社、ライセンス契約、成形機、従業員の数も増やし、あらゆる方面で進展を続けていた。たった二年で、従業員数は一四〇から四五〇にまでふくらんだ。一方、ビロフィクスはデンマークで売りだされて大人気を博した。国内外の教育者や玩具専門家に絶賛されたこの新しい玩具のシステムが輸出に最適だとゲルハルトが思ったのも当然だろう。

GKCはそう思わなかった。彼は、これが「レゴの遊びのシステム」への関心が薄れることを懸念した。同じ会社から二つの異なるシステムが販売されれば、海外の小売店や顧客に不要な混乱を生じさせる。兄弟は合意できなかったものの、妥協策を見いだした。今後、「レゴの遊びのシステム」と関係のない木製・プラスチック製玩具はすべてビロフィクスと呼ぶことにする、というものだ。

GKCはこの諸刃の剣にどう対処するつもりだったのか？　それはわからない。新年の初め頃、運命が再びレゴのドアをノックしたのである。

5

Expansion

拡大

1960年代

列車、1966年

一九六〇年二月四日深夜、レゴのボイラー技士は夜間勤務のための集中暖房装置《セントラル・ヒーティング》を点検しようと工場に向かった。そこで目にしたのは煙だった。二階の、プラスチック部門と反対側の端にある窓から立ちのぼっている。彼はすぐさまグランステ、ヴァーデ、ヴァイレの各消防署に通報し、ボイラー技士と夜間勤務者たちは町の人々の助けを借りて大量の可燃性液体を安全なところまで運びだした。ビルン近辺は雪が積もって道路が滑りやすくなっていたものの、何台もの消防車が到着し、夜明けまでには鎮火した。

翌日、火事の原因を説明できる者はいなかった。レゴ経営陣の数名は情けない思いでいっぱいだった。つい最近、火災保険会社の調査官が年に一度の点検に来たばかりだったからだ。報告書は木製玩具部門とプラスチック部門における問題点をいくつか指摘しており、中には以前の点検ですでに触れられていたものもあった。一二月の点検直後に書かれたレゴの社内メモによると――

> 技術者のステファンセンは、プラスチック部門で火事が起こった場合、防火壁のような仕切りがないため火を抑制するのは困難もしくは不可能という意見だった。そのため彼は、レゴ自身のためにも、適切な消防設備を置いて整備しておくことを強く勧めている。

幸い、燃えたのは木製玩具部門と屋根の一部だけですんだ。だが、塗装作業場と、多数の木製玩具や数台の機械など種々の物品を置いていた貯蔵室は焼け落ちた。損害は全部で二五万クローネと見積もられた。ＧＫＣはレゴが自前の消防車を持つことを即断し、翌年ヴァントルップ消防署から中古の消防車を一台入手した。

火事は 1924 年、1925 年、1942 年のときほど大きく破壊的ではなかった。それでも、レゴの今後の生産と経営権に決定的な影響をもたらした。

火事の一〇日後、レゴ株式会社は緊急総会を開き、四人兄弟とソフィ、それに新しく雇った部長のセーアン・オルセンが出席した。GKCは前もって声明を準備しており、木製玩具部門を閉鎖して今後は「レゴの遊びのシステム」のみに専念することを発表した。そして取締役会の支持を求めた。

火事のあとすべてが見直されて「結論に達した」とゴッドフレッドは書いた――レゴの総力を「遊びのシステム」に集中させることで最大の利益が得られるだろう。木製玩具部門を閉鎖すれば、より多くの生産力をプラスチックに回せる。しかも、部門長のゲルハルトはレゴのシステムに全力を注げるようになる。よく売れていた新製品のビロフィクスは「その製品」とのみ呼ばれ、過去のものとして語られた。

部長ゲルハルト・キアク・クリスチャ

ンセンは木製玩具のみに注力することによって木製玩具部門から最大限の結果を得る任務を課せられた。そのあと彼は輸出を見込めそうな製品を開発し、業務改革を行ったことによって、木製玩具部門が発展する道を開いた。しかしながら、これは必然的に傘下の会社間に多少の競争をもたらすことになる。したがって、外部顧客の利益のためには、その製品を作る工場と名前を我が社から切り離さねばならない。

予想されたことだが、兄弟間の対立は、一九六一年春にゲルハルトが辞職したことで終止符が打たれた。ゴッドフレッドはゲルハルトとカール・ゲオーグに、同族会社における彼自身の株式を分けると申しでた。しかし彼らは拒否した、とのちにゴッドフレッドは語っている。「実のところ、彼らが欲しがらなかった理由はわかっている。あの時点で、彼らはすでに会社のトップで行われる経営判断に関与しなくなっていたからだ。最終的には、私が彼らの株をすべて買い取ることで決着がついた。当時としてはかなり高い価格でね」

ケル：火事のあとも、レゴは木製玩具を作りつづけるべきだとゲルハルトは考えていた。ビロフィクスは、レゴにとってもゲルハルト自身にとっても新たな成功に思えた。ところが父は「もうこれ以上、そんなものにかかずらうつもりはない！」と言った。ゲルハルトだけでなくカール・ゲオーグも会社を辞めたのは、たぶんそれが主な理由だったのだろう。ヨハネスは争いに加わらず、ビルンの父のもとにとどまり、大型トラックでビルンとホーエンヴェシュテット間を運転する仕事を続けた。株を父に売ってコリングに移ったとき、ゲルハルトとカール・ゲオーグがいくら受け取ったのかは知らないが、それぞれが新たな会社を興せるだけの金額だったのは間違いない。ゲルハルトはビロフィクスで長年利益を出しつづけ、玩具のチェーンストアも設立した。カール・ゲオーグのほうはプラスチック工場を経営した。関係者全員にとって、この決裂は胸の痛むものだった。四人兄弟が一応の和解を果たしたのは二〇年以上経ってからだ。といっても、心から仲直りしたわけではない。二度と、祖父が生きていた頃のようには戻らなかった。

戦後の一〇年間、オーレ・キアクと四人の息子はオーラ・ヨアンセンと数人の営業担当者（正社員）だけとともに事業を経営していた。一九五〇年代後半から一九六〇年代初頭にかけて、大量の新顔が、ホーウェガーデンとシステムヴァイという二つの通りがぶつかる角にモジュール方式で建てられた現代的な新本社ビル、システム・ハウスのドアをくぐった。

それは、ヘルイェ・トープ（営業）、オーレ・ニールセン（法務）、ヘニング・グルト（宣伝）、アーネ・ブットカ（販売）、セーアン・オルセン（管理・人事）といった人々である。オーレ・キアクや息子たちとは違い、これら新たな社員は皆、デンマーク実業界のさまざまな分野から引き抜かれた経験豊かなプロフェッショナルの管理職だった。

言い換えれば、経営にパラダイムシフトが起こったのだ。特にゴッドフレッドは、この新顔たちに期待をしていた。彼らは皆、近代的な企業に特有のビジネス文化の規則や新たな形態をよく知っている。オーナー社長として、ゴッドフレッドは日常的に彼らに相談し、助言を求め、彼らからインスピレーションを得ることができる。一方、最も忠実なベテラン社員オーラ・ヨアンセ

er paa 10.865.000 kr. Her skal der i Ejstrup kommune foretages en udbygning af landevejen Horsens-Ej-

Fortsættes side 2

De berømte Lego-brødre arbejder nu hver for sig

Godtfred Kirk Christiansen har faaet aktiemajoriteten i Billund, mens to af hans brødre er flyttet til Kolding – den ene for at opbygge fabrik til plastic-produktion

Medens der før var tre brødre med i ledelsen for Lego-fabrikken i Billund, har de to skilt sig ud og afhændet deres aktier til direktør Godtfred Kirk Christiansen.

De to andre brødre, Karl Georg Kirk Christiansen og Gerhard Kirk Christiansen, begynder for

Godtfred Kirk Christiansen

sig selv. De flytter begge til Kolding, og her har foreløbig Karl Georg Kirk Christiansen bestemt sig for igangsætning af en fabrik, hvor man vil fremstille snit- og standseværktøj samt plastic-værktøj. Fabrikken faar paa ingen maade forbindelse med Lego. Senere er det Karl Georg Kirk Christiansens mening at udvide til selv at producerer plastic-varer.

Valgte Kolding fremfor Vinding

— Jeg synes, det ville være morsomt at prøve noget nyt — og prøve selv, siger Karl Georg Kirk Christiansen. Oprindeligt var jeg interesseret i at placere min virksomhed i Vinding, men det viste sig, at betingelserne var bedre i Kolding. Her har jeg købt August Andersens Strømpefabrik, ialt ca. 1500 kvadratmeter. Lokalerne egner sig udmærket, og jeg regner med at kunne starte allerede omkring maj. I begyndelsen vil jeg beskæftige en halv snes mand, men forhaabentligt vil der hurtigt blive tale om flere.

I disse dage venter jeg paa en del specialmaskiner fra Vesttyskland, Svejts og USA. Disse er beregnet til fremstilling af værktøj, men paa længere sigt stiler jeg som nævnt ogsaa efter en produktion af plastic-varer. Jeg tror, at dette materiale stadig har store muligheder herhjemme.

Det kan yderligere oplyses, at Gerhard Kirk Christiansen har købt overlæge Johs. Kjølbyes villa paa Strandvejen i Kolding. Han forhandler for tiden om overtagelse af en virksomhed i Kolding.

Lego-succes

Ændringerne i ledelsen paa Lego-fabrikken i Billund er sket i bedste forstaaelse mellem brødrene. Og de har medført, at Godtfred Kirk Christiansen nu har aktiemajoriteten paa fabrikken i Billund.

Apropos Lego kan nævnes, at der i fjor solgtes ca. 700 mill. dele til det populære Lego byggesystem, heraf 95 pct. i 14 lande i Europa. Hele Lego-organisationen beskæftiger 13—1400, heraf 600 i Billund. Lego har salg til 20.000 forretninger, og i f. eks. Vesttyskland sælger man til 99 pct. af legetøjsforhandlerne . . . **ALF**

兄弟は対立の末、ついにたもとを分かった。1961年4月、『ヴァイレ・アムト・フォルケブラ』紙は、ゲルハルトとカール・ゲオーグがそれぞれ独自で会社を興すことになったと伝えた。2人ともコリングに居を移し、一方ヨハネスはビルンのゴッドフレッドのもとにとどまった。（ユスク・フィンスケ・メディア社刊行の『ヴァイレ・アムト・フォルケブラ』紙）

ンは一〇年間経理係を務めたあと昇進して、今は経営幹部になっていた。

ケル：一九五〇年代と一九六〇年代に父が事業を発展させたとき、決定的に重要な役目を果たした一人は、オーラ・ヨアンセンだ。彼が雇われたのは私が生まれた直後だった。私の堅信礼のとき、彼がスピーチで、私がコウノトリに運ばれてきた日に自分は「豚《ピッグ》」でやってきた、と言ったのを覚えている。「ピッグ」とは、ヴァイレとグランステ間を走るローカル列車の愛称だ。レゴの財政状態に関する彼の毎日の報告書のおかげで、父は事業の最新の状況を知り、それを明確な根拠として諸々の決断を下すことができた。新しい幹部の中には傲慢な者もいて、しばしば口論が起きた。父は綱渡りのようにバランスを取って進めねばならなかった。たとえば、デンマークの取締役が言ったことと比べて、ドイツの取締役が言ったことにどれほど重きを置くべきか、というように。それが事業を精力的に押し進めることに伴う代償なのは、父にもわかっていた。そういうことも含めたすべてが、開拓者精神にあふれた雰囲気を作り上げていた。

GKCは上級幹部に多くを要求した。彼らは断固たる態度で行動し、主導権を取って動き、失敗を恐れないことを期待された。これは常に進化を続けるレゴの人事管理方針の根本原則であり、ゴッドフレッドが身近な人物から学んだ基本ルールだ、とのちに彼はインタビューで語っている。「父は素晴らしい教師で、常に活動的だった。少年時代の私は慎重な人間だったが、父はいつも『とにかくやれ！』と言ったものだ。私はそれを教訓にした。自ら動こうとする人間が好きだ。従業員がミスを犯したら、私はたいてい、よかったなと言う。そこから学ぶことができるからだ」

ＧＫＣは「レゴの遊びのシステム」を支える原理をよく知り、それに全力で取り組むことも求めた。また、部下を鼓舞してやる気を起こさせることのできる幹部を求めた。一九六〇年頃の経営会議で行ったお得意の激励スピーチの一つでは――

我々が求める幹部とは、部下を適切に鼓舞することのできる者、常に問題を提起する者だ。こういう精神を全従業員に広めるのは君たちの仕事だ。これが最優先事項であることを心から理解し、それをさらに発展させられる幹部を持つことが、会社の将来にとってきわめて重要なのだ。

ＧＫＣと親しく忠実で献身的な幹部の一人は、リーダーとしての彼に非常に感銘を受けた。その人物がのちに著したビジネス書の中に、レゴの経営陣に加わっていたとき学んだことが書かれている。ヘルイェ・トープがビルンに来たのは一九五八年で、販売やマーケティングといった営業活動に携わるために雇用された。トープが知る社長は単純明快で論理的な考え方をする人間、対話を尊び、断固たる行動を重視する人間だった。実のところ、レゴのオーナー社長は、ヘルイェ・トープがデンマークで会ったどんな経営トップとも異なっていた――

一九六〇年代の拡張期にゴッドフレッドが会社を率いた方法は、実は日本の経営スタイルと非常によく似ていた。彼は、全員が従うべき明確で具体的なガイドラインを打ちだす権威主義的なリーダーではなかった。むしろ、絶えず提案を出した。質問をした。答えを求めた。

ケル：父は、自分が雇ってともに過ごす人々と歩調を合わせるため、リーダーシップのスタイルや手法を変えた。それにはビルンだけでなく海外に置いた会社の人々も含まれている。ドイツのアクセル・トムセンやスイスのジョン・シャイデガーとは本当に親しくなった。いくつかの点では、父は決して優秀なリーダーになれなかった。たとえば、そのとき自分にとって最も重要なことに夢中になり、時にはすっかり心を奪われてしまい、そのせいでほかの人たちが自らの考えを伝えるのが難しくなる、ということがあった。また、ときどき人をひいきし、特定の従業員を優遇してその他の人々を軽視した。多くの人がそれに気づいていたと思う。しかし、父には非常に得意なことがあった。その一つは、抜きんでて優秀で有能な人材をレゴに連れてくることだ。彼らは皆、会社の発展におおいに貢献してくれた。

一九六〇年二月の火事の直前に部長として雇われ、すぐに生産の大規模な改革にかかわるようになった五三歳のセーアン・オルセンは、一九六〇年代と一九七〇年代初頭のレゴにおける共同体精神にとって、とてつもなく重要な存在だった。彼はそれまでビヤインブロ製材・家具製作所の経営幹部を務めており、合理化、生産管理、人事政策から心理学、哲学、芸術に至る広範な領域の能力と知識を有する急進派として知られていた。セーアン・オルセンはのちに「人的資源管理」と呼ばれるようになる分野の専門家だった。ただし、一九六〇年当時、その概念はまだ生まれたばかりだった。

当時レゴは成長期の苦しみを抱えていた。GKCはそれを解決するためオルセンを雇い、その専門知識に頼ろうとした。過去三年間で総利益は九倍に増加していた。ビルンには続々と新しい社員が入ってきていて、工場も経営陣も異質な人々の大きな集まりになっていた。そのせいで、多くの人が情報や指導を少ししか得られず、役割や責務に関して絶えず軋轢が起こっていた。

雄弁かつ器用なセーアン・オルセンは、レゴに数多くの新しい概念や用語を導入した。中でもきわめて重要なのは「人事政策」である。その後一〇年かけて、彼はそれが意味することを詳細に記した文書をまとめた。インナー・ミッションでの経験とキアク・クリスチャンセン家との長年の友情を基に、レゴがよって立つ価値観と文化を新旧の従業員に認識させるという困難な任務にも着手した。多才なオルセンは工場労働者に、非常に淡々と、「合理化」という語を恐れる必要はないと言い聞かせた。なぜなら、正しく行われた場合、この語は単に「良識」を意味するからだ、と彼は言った。

セーアン・オルセンが玩具業界に入ったのはこれが初めてだったが、それはまさに幹部を雇う際GKCが重視する条件の一つだった。のちにGKCはインタビューで語っている。「可能な限り、この業界の人間を雇わないようにした。そういう人間はたいてい伝統に縛られており、それは我が社の発展を阻むからだ」

オルセンの採用は、いかにもGKCらしいやり方で進められた。まず顔を突き合わせて長時間の面接を行い、そのあと何度か電話で話し合うとともに、一九五九年の夏の一カ月間手紙をやり取りした。GKCはボルボ・アマゾンの新車を餌にした。社用車としては夢のような車で、車愛好家のゴッドフレッドは自ら試乗し、オルセンのためにベージュの車を選んだ。

セーアン・オルセンはレゴにとって初めての人的資源管理政策を打ち立て、ビルンで過ごした十数年でレゴの企業文化に大きな影響を与えた。社内報に名言の数々を残した彼はレゴの精神の擁護者だった。1982年に亡くなる直前、彼はイディスとゴッドフレッドに向けてこう書いた。「才能にあふれた者は、吝嗇家のごとくそれを出し惜しむと同時に、王のごとくそれを気前よく使わねばならない」

一九七〇年代に引退したとき、オルセンは一〇年以上前に入社した会社について語った。

会社にちゃんとした組織はなかった。人事部はなし、連絡会議はなし。労働安全部門はなし。生産は生産スケジュールも在庫管理もなく行われている。月曜日、私たちは金曜日までにすべきことについて話し合い、そしてそのとおり実行した。すべてが非常に柔軟に、そして目的に向かってまっすぐ進んだ。システムは明らかに欠如していたのに、そのことで混乱は起こらなかったと思う。私たちはさまざまなことを話し合い、心を一つにして進め、任務は円滑に成し遂げられた。形式的な手続きはほとんどなかった。組織も、お役所仕事も、書類もほとんどなく、私たちは気持ちを伝え合ったんだ！

採用され、火事が起こり、木製玩具部門が閉鎖された数カ月後、セーアン・オルセンはレゴの新しい二階のカフェテリアで行われた就任式でリーダーとしての気概を示した。工場の従業員にとっては未知の、愛想のいい笑顔の男性が、細長い社員用テーブルのいちばん端で立ち上がった。会社の経営者ＧＫＣに、「労働者たちにこのような素敵な環境を進んで与えてくださった」ことへの感謝を述べる。続いて職人たち、改築事業の責任者、カフェテリアの管理人にも感謝した。そして、ＧＫＣが自分以外の人間にも求めていたような、活気に満ちたスピーチを行った。それは耳に心地よく誠意にあふれるアピールで、全従業員がカフェテリアに入るとき渡された二個のプラスチック製ブロックに象徴される誇りと絆に言及していた。

おそらく皆さんは、今お手元にあるポッチが八つのブロックのことなど知っていると思っておられるでしょう。でも、もう一度よく見てください。この背後に何があるのか、本当にご存じでしょうか。これは世界一優れたおもちゃなのです。これほどの高品質を生みだすために、どれだけの思考、調査、経験、成形、実験が注ぎ込まれたか、ちょっと考えてみてください。この小さなものの上に、レゴの事業全体が築かれています。これが、我々の日々の糧を稼いでくれているのです。

けれども、我々は前進しつづけねばなりません。ビルンのレゴは、今後世界じゅうに作られるすべてのレゴ工場の見本となる工場に変身しなければならないのです。それが成功するかどうかは、皆さん一人一人の肩にかかっています。皆さんにはぜひ、この取り組みに参加し、力を合わせて励んでいただきたいのです。

創業者、亡きオーレ・キアク・クリスチャンセンは、会社のモットーを打ち立てました。「ふさわしいのは、最高のものだけ」。これは現在でも真実であり、未来永劫こだわっていかねばなりません。ゴッドフレッドは一九六〇年に向けて、このモットーを次のように言い換えました。「前進を続け、少しでもさらによいものに」

一九五八年秋には、GKCは英語圏に目を向けはじめていた。レゴ株式会社総会に提出された年次報告書によれば、「ヨーロッパにおける成功は確保した。次はアメリカ市場の開拓である」。しかし、この提案にはいくつか未解決の大きな問題があった。その一つは、アメリカの提携先を探すべきか、将来のアメリカへの輸出はイギリスを経由すべきか、というものだ。

レゴは種々の調査や市場分析を行うコンサルタントを雇っていた。コンサルタントは、アメリカ合衆国の新生児から一四歳までの子ども六〇〇〇万人による玩具の消費額はきわめて高いと見込まれると報告した。一方レゴはアメリカ市場を明確に理解しようと努め、イギリスでライセンス供与によるパートナーとなりうる相手を探そうともしていた。イギリスはヨーロッパで二番目に大きな玩具市場で、高品質な製品でよく知られていた。一八九三年からおもちゃの兵隊を作りつづけているウィリアム・ブリテンはもちろんのこと、エアフィックス、コーギー、メカノといったメーカーもある。

イギリスのキディクラフト社によるブロックは、オーレ・キアクがその小さなプラスチック製ブロックを手にしたとき以来、ビルンを悩ませつづけている。GKCはいつの日か「レゴの遊びのシステム」をイギリスで売りだすことを夢に見ていたが、デンマーク特許庁で調べて、ヒラリー・F・ペイジの最初の特許がまだ有効なためイギリスではレゴのブロックが販売できないこともわかっていた。

一九五八年一二月、交渉の席でその特許が議題になった。従業員六万人と、プラスチックメーカーのブリティッシュ・セラネース社など数多くの子会社を抱える多国籍繊維会社コートールズ社が、レゴとの提携に大きな関心を示した。コートールズはレクサムでのブリティッシュ・セラネースの生産をプラスチック製玩具製造に転換することを検討していて、それにふさわしい投資対象としてデンマークの「レゴの遊びのシステム」を選んだのだ。

交渉は一九五九年春まで長引いた。主な理由は、レゴが態度を決められなかったことだ。ライセンス契約を選ぶべきか、それとも自ら輸出を試みるべきか？　GKCと側近たちが逡巡しているあいだに、コートールズ社はヒラリー・ペイジとキディクラフト社に関する特許の問題をイギリスの弁護士に調べさせた。彼らは最終的にレゴに軍配を上げた。決め手となったのは、レゴが一九五八年にブロック内部に三つのチューブを追加して「結合力」を高め、ブロックを独創的に進化させたことである。

それでもゴッドフレッドはまだためらっていた。今は、これほど大きな市場に打って出るのに適切な時期なのか？　レゴの歴史上最も急速に拡大した時期を経て、いったん立ち止まり、地歩を固め、すでにある市場に集中すべきではないか？　しかしゴッドフレッドの助言者たちの態度ははっきりしていた。それは一枚のメモに表れている。「コートールズ社ほど大きく、明るい展望を持つ会社は、どこにでもあるわけではない」

確かに、コートールズ社は多額の資本を持つ大きな会社、経験豊かな多国籍企業だ。レゴにとって非常に貴重な提携相手になるだろう――イギリスのみならず、オーストラリア、アイルランド、香港といった国や地域においても。そして、この提携を足がかりにすれば、アメリカに参入する絶好の機会が得られるかもしれない。

ここでも、ゴッドフレッドは行動的な人間であることを実証した。鉄は熱いうちに打てとばかりに、七月に販売会社のブリティッシュ・レゴ株式会社を設立したのだ。レクサムの工場での生産にライセンスを供与することでコートールズ社との契約はまとまった。レゴは一九六〇年一月、ブライトンで年に一度開かれる玩具見本市でイギリスにお目見えした。

発売当初から売上は好調で、コートールズ社との提携は申し分なく進んだ。すぐ一年後の一九六一年、北米での販売に関する問題への解決策が見つかった。レゴは、硬いプラスチック製の当世風スーツケース、化粧ケース、ブリーフケースで世界的に知られるサムソナイト株式会社と契約を結んだのだ。

この提携は、最初こそ順調だったものの、結局うまくいかなかった。のちにゴッドフレッドが言ったように、「別の分野に最も大きな関心を持つ会社と手を組むのは、あまり名案ではなかった。彼らの得意分野はスーツケースだった」。サムソナイトは、非常に有利な契約を結ぶのも得意だった。レゴと結んだ契約では、サムソナイトはレゴに特許権使用料を支払うのと引き換えに、九九年間レゴを生産してアメリカ市場で販売する独占権を持つとされた。一〇年後、レゴはこの拘束力のある契約を破棄してスーツケースメーカーとの不満足な提携を終わらせることを希望し、大変な金銭的損害を被った。

ケル：実は、あのスーツケースメーカーにレゴブロックを生産してアメリカ市場で販売するライセンスを供与するよう父を説得したのはスイスの幹部、ジョン・シャイデガーだった。彼は以前サムソナイトで働いていた。その契約は高くついたうえに、我が社が解除するのも難しかった。一九六〇年代を通じて、契約は私たちの希望とかけ離れた結果しかもたらさなかった。契約期間はまだかなり残っており、交渉によって終わらせるのはほぼ不可能だった。あんな不利な契約にサインしたのは父らしくなかった。だがあのとき、レゴの輸出は急速にヨーロッパじゅうに広がっていて、北米のような大陸に独立した会社を設立するのは困難だと父は考えたに違いない。当時、北米ははるか彼方の地だったのだ。「あそこでは誰かに力を貸してもらわなくてはならない、どんなに費用がかかっても！」

とはいえ一九六二年には、サムソナイトとの提携によるレゴのアメリカ進出の未来は、まだ明るく思えていた。三月、「レゴの遊びのシステム」が売りだされるときニューヨークで開かれた大規模なレゴ展示会の開会式を写した写真が、それを物語っている。満面の笑みを浮かべた背の低いデンマーク人男性が、レゴブロックで作った超高層ビル二棟のあいだにある小さな家の上にバランスを取って立ち、このおもちゃがどんな重さにも耐えられることを示している。彼の後ろ

1961年、マンハッタンに現れたレゴとゴッドフレッド。

の壁には、大きく太い字で「レゴ、ついにアメリカ合衆国へ」と書かれた横断幕がかかっていた。バイキングがやってきたのだ。アメリカのマスコミは彼らを見に押し寄せた。新聞やテレビの三、四〇人の記者がこのイベントに集まり、レゴは翌日の『ニューヨーク・タイムズ』紙の最終面を飾った、とゴッドフレッドはデンマークにおけるレゴの命綱、ヴァイレ銀行の支配人に宛てた手紙に書いた。

その一年前、サムソナイトとの契約書に署名する前、GKCは法律顧問オーレ・ニールセンとともに、深刻な障壁を取り除くためシカゴに赴いていた。その障壁とはアメリカの玩具ブランド「エルゴ（ELGO）」である。エルゴは一九四七年以来、見かけも品質もキディクラフト社のブロックや初期のレゴブロックと非常によく似た「アメリカン・プラスチックブロック」で知られていた。一九五〇年代、アメリカン・プラスチックブロックはまだ箱やブリキ缶に入ってアメリカ市場で販売されており、エルゴは五〇年代半ばまで大規模なキャンペーン、「自分だけの町を計画して建てよう」を行っていた。その道路や町のカラフルな絵は、一九五五年発売のレゴのタウンプランを思い起こさせるものだった。

エルゴという名前はレゴのもじりではない。経営者ハロルド・エリオット（Harold Elliot）とサミュエル・ゴス（Samuel Goss）の姓の最初の二文字を合わせたものだ。彼らがその名前で商売を始めたのは一九四一年、デンマーク以外では誰もレゴのことなど知らなかった時代である。しかしゴッドフレッドは、両者は簡単に混同されてしまうと懸念を抱いた。それゆえ、彼らは運悪く、アメリカ市場における競争相手になっていた。

エルゴの名前に権利を持つ玩具メーカーのハルサム社の代表との会談は、シカゴ市内のホテルで行われた。のちにGKCが説明したところによると、先方は当初、商標を売るのに二五万ドルを要求したという。現在の貨幣価値では三〇〇万ドル以上になる。交渉はすんなりとは進まなかったが、夜のあいだにレゴは金額を二万五〇〇〇ドルまで引き下げることに成功した。しかし、ハルサム社は実際に金を手にするまで署名しようとしなかった。一九六一年には、それは難しい注文だった。海外にいるデンマーク人が、ふらりと最寄りの銀行に行って多額の現金を引きだすことはできないし、デンマークの外貨両替制限のため本国から送金してもらうこともできない。状況は絶望的だった。GKCはまずヴァイレ銀行支配人のホルムに電話をしたが、彼はデンマークの通貨規制がまったく融通の利かないものであることを誰よりもよく知っていた。次に電話をかけた相手はスイスでのレゴの幹部、ジョン・シャイデガーである。シャイデガーはより融通の利くスイスの銀行業界における個人的な人脈を通じて二万五〇〇〇ドルをゴッドフレッドに送金するよう手配し、こうしてレゴがアメリカ市場に進出するうえでの大きなハードルが取り除かれた。

国際化は猛スピードで進み、レゴファミリーはアメリカ、カナダ、オーストラリア、シンガポール、香港だけでなく、やがて日本やモロッコにも進出した。ビルンの住民は、システム・ハウスで集会や会議がどんどん頻繁に行われるようになっていることに気がついた。システム・ハウスの屋上には諸外国の旗が掲げられ、グレーネ教区では聞いたことのない多くの言語が一日じゅう話されていた。

レゴの経営者は、これを挑戦だと考えた。「学校ではデンマーク語もほとんど習わなかった」とあるインタビューで話し、自分はいつも多国語を話す従業員に囲まれているが、言葉の壁は時として自分に有利に働いた、と述べた。海外での重要な会議の場で、コミュニケーションがゆっくり行われることにより、決断を下すための時間が少々長めに得られるからだ。

ゴッドフレッドはイギリスでのコートールズ社との実り多い提携関係のおかげでブリティッシュ・レゴの幹部数人と親しくなり、学び直しの機会を得た。一九六二年、スティムソンという人物が、レクサムで長時間の言語集中講座を手配すると申しでたのだ。レゴの連絡係の一人は、社長は「英語の能力を磨き直すためウェールズ地方で二、三週間過ごす」ことに非常に興味を持っているが、残念ながらアメリカ出張で忙しく、この件は春のあいだに改めて検討する、と答えた。しかし、この話がそれ以上進むことはなかった。

ケル：父は学校でどんな言語も習わなかったし、英語はわからなかったけれど、ドイツ語は少々覚えていた。といっても会話を進められるほどではなく、父はそれをちょっとした笑い話にしていた。スピーチをする際には、最初に英語やドイツ語で挨拶してからデンマーク語に切り替えていた。だからビルンでの国際会議でスピーチや講演をするのには、かなり時間がかかった。外国の幹部の中にも、英語やドイツ語を話せない者がいた。会議の参加者の後ろには、いつも三人か四人のプロの同時通訳者が控えていた。

国際化が進むにつれて、レゴには通信や契約管理などを行う従業員が必要になった。一九五八年にそうした人間が初めて採用され、ゴッドフレッドとイディスの菜園の奥に社宅が建てられた。やがて、ここは「ヨンフルブーア」と呼ばれるようになった。文字どおりには「乙女の檻」を意味するが実際には若い未婚女性の部屋を指す、デンマークの古い言葉だ。この建物は英語やドイツ語やフランス語を話す若い女性の宿舎で、一区画につき一カ月九〇クローネで賃貸された。

ケル：当然父は、彼女たちは町や地元地域のどの部屋にでも住めるわけではないと考えた。だからシステム・ハウスのそばに住めるちゃんとした場所が必要だった。昼間、彼女たちは世界じゅうとの通信のためにシステム・ハウスで忙しく過ごした。オーフスのビジネススクールか

ゴッドフレッドの野心は空のように高い。ヨーロッパでのレゴの限りないとも思える成功には伝染性があった。

らビルンに来た最初の秘書は、アイビとイーラスだった。あの時代でも私たちの会社では互いにくだけた話し方をしていたが、それでも人を呼ぶときは姓を用いた。だから二人の秘書はファーストネームのインゲでなくアイビ、リスベトでなくイーラスと呼ばれた。

ゴッドフレッドは輸出を始めた当初から、海外営業部門を一箇所に集約させ、ビルンに根差した家族的なコミュニティを作ろうとしていた。そうすれば、皆がデンマークの親会社と同じ方針で仕事を進めることになる。とはいえ、それぞれの国の事情はまったく違うし、各自がその国の事情に適応しなければならない。デンマークチームの人間は、海外幹部のやる気や熱意を削ぐようなことをしない。これは基本的かつ世界共通の経営原則となった。ゴッドフレッドの言葉によれば、それは「さまざまな国の上級幹部から責任を取り上げることなく導いていけるよう、常に人の扱いに気を配って仕事を進める」ということである。

組織の核には「レゴの遊びのシステム」がある。ゴッドフレッドはこの考え方についてこう語った。「我々は一つの大きなレゴファミリーだ。長く使うことができて遊びのための最良の機会を提供するおもちゃを作るのが、我々のライフワークだと考えている」

このグローバルな事業の物理的な中心地はシステム・ハウスだった。レゴの本社、そしてビルンの公会堂として長く激動の期間を過ごしたのち、現在では博物館の形でレゴ社の歴史を残す場になっている。システム・ハウスは一九五八年と一九六一年の二期に分けて建てられた。もともとは地元の理髪店が長年にわたって所有した家のあった場所で、理髪師は「お高くとまった」レゴ社に土地を売るのを拒んでいた。一九五七年、まだオーレ・キアクが生きていた頃、地元紙は

レゴでの会議中、システム・ハウスの屋根の上では各国の国旗がなびいていた。世界が本当にビルンにやってきたのだ！

長きにわたる対立を大仰に書き立てた。

　理髪師の家と裏庭は工場の敷地に食い込んでいた。オーレ・キアクはレゴの用地として隣接するほかの不動産をすでに購入しており、古い店と交換に集中暖房装置《セントラル・ヒーティング》と現代的な理髪店を備えた新しい邸宅を提供すると申しでた。だが理髪師はどうしても売ろうとしない。

「金で買えないものがあるということを教えてやるぞ、ちびのオーレ！」理髪師は折れない。今やオーレ・キアクは、工場の敷地と理髪師の家のあいだに壁を築くべきだろうかと考えている。

「よし、じゃあこうしよう」オーレ・キアクの頭にいたずらっぽくささやく声が響いた。「家を壁で囲んで、理髪師が表の道路から裏庭まで燃料を運ぶのにも家の外を回れないようにするんだ。そうしたらわざわざ家の中の部屋やキッチンを通って裏庭まで行かないといけなくなるぞ……」

結局一九五八年にレゴはその角の土地を買う許可を得、そこは長年、町からシステムヴァイの通りに面した工場へ行くときの入口になった。ビルンにおけるレゴの中枢の役割を果たす新しいシステム・ハウスに関して、GKCは述べた。「ここは母なる家、幹部やその部下たちがなんらかのインスピレーションや導きを得るために来る場所、さまざまなアイデアを集めて調和させることのできる場所だ」

システム・ハウスは経営陣や事務職員のオフィスや会議室のある場所でもあった。ここにはシステム・ホールという現代的で凝ったデザインの会議室があり、壁いっぱいに世界地図が貼られて、レゴの世界進出の野心を象徴していた。一九七〇年代初頭まで毎年、各国のレゴファミリーがここに集い、数日間にわたって建設的な話し合いを行った。

ケル：そこは素敵な場所だった。私たちは当時も大きなことを考えていて、目標は明確に定められた。世界に出ていくんだ！　あらゆる場所に私たちの組織を置くが、それを運営するのは地元の人材、購買者層の近くにいて、彼らについてすべてを知る人々だ。ビルンから送り込まれたデンマーク人ではなく、それぞれの国の住人とともに仕事をしたいと思っていた。父は最初、システム・ハウスの立派な角部屋にオフィスを置いた。端にはソファがいくつか並べられ、ホーウェガーデンと工場を見下ろす窓のそばには大きな机。その後、父は階上に移って、さらに大きなオフィスに入った。そこには会議用テーブルがあり、屋上に通じる階段がついていた。父を訪ねるとき、私は屋上へ行くのが好きだった。海外からの客を迎えるときは、屋上に国旗を掲げた。さまざまな国の幹部が、初めてビルンに来たとき屋上に上がって自国の旗を掲げるのが慣例になった。旗が風になびく様子は素晴らしい光景だった。全世界がビルンに来たんだ！

会議室では、プレゼンテーション、総会、グループワークなどが行われ、熱心な出席者たちは話し、耳を傾け、煙突のようにタバコの煙を吐きだした。オーラ・ヨアンセンは、特に新しいアイデアが提案されたときの彼らの熱狂ぶりを覚えている。「互いに異なる国の人々の心に、純粋な開拓者精神と強い団結心があった」

一九六〇年代のレゴの会議における重要な要素の一つは、こうした連帯意識の強化だった。異なる国籍の人々が互いをよく知れば、大家族の一員になって遠い親戚に初めて会うような感じがする。外国人の社長の配偶者もデンマークへの旅に招待され、男たち（当時の幹部は全員男性だった）がレゴで天下国家を論じて「会社の潜在能力を発揮する方法」（ゴッドフレッドお気に入りの表現）を話し合っているあいだ、妻たちはイディスに連れられてオーフスまで足を伸ばし、ショッピングセンターで買い物をしたり湾でヨットに乗ったりした。会議の最終日の夜、建築家が設計した社長一家の一階建ての屋敷でのカクテルパーティに全員が夫妻揃って招かれた。屋敷には多数の寝室があり、広いリビングルーム四室が中央広間を囲むように配置されていた。

奥の壁に世界地図を貼った広い会議室、「システム・ホール」。ここで最初の国際会議が開かれ、室内では、レゴの重役たちが話すさまざまな言語が飛び交い、種々の葉巻やタバコの煙が充満していた。

11歳のケルは見知らぬ人々を見つめている。左から、マリオ・ミトラーニと妻（イタリア）、ハンス・クローエ（オーストリア）、レネ・フランクフォルト（ベルギー）、ラグナル・リングラ（ノルウェー）、K・ラメリス（オランダ）、ジョン・シャイデガー（スイス）、ブロール・オースベリ（スウェーデン）、販売部長オーゲ・ヨルゲンスン（ノルウェー）、輸出部長トロールス・ピーターセン（レゴ）。何年ものち、50歳の息子に向けたスピーチでイディスは言った。「この写真を見ると、ケル、私はいつも12歳のイエスが神殿に来たときの聖書の物語を思いだします。イエスは賢者の話に耳を傾けたそうです。あなたがここでしているのも、まさにそういうことみたいね！」（私蔵資料）

ケル：古い家の裏から長い私道を進んだ先にある新しい家は、一九六〇年一月に完成した。年じゅう海外から多くの人が訪れるのに、当時のビルンには泊まれる場所が多くなかった――多くないどころか、宿屋は一軒だけ、それもあまり立派なところではなかった。だから父は、いつでも客が泊まれるように広い家を建てた。来るのは、ドイツのアクセル・トムセンのことも、スイスのジョン・シャイデガー、スウェーデンのブロール・オースベリ、あるいはそのほかの海外の責任者や代理店業者のこともあった。彼らは一日か二日、私たちとともに過ごした。だからそういう意味で、彼らはレゴの一員だっただけでなく、私たち家族の一員でもあった。そういうことがすべて、私という人間を形作った。私は一二歳か一三歳の単なる傍観者だったけれど、目は見えたし耳は聞こえていた。そういう意味で、私は会社とともに育ち、この素晴らしい発展を進めるすべての人々を知っていたわけだ。

一九六〇年代初頭、レゴにとって大きな課題は、社内の諸問題を把握することだった。作業場やオフィスから革新的なアイデアがどんどん出された。そこには強い開拓者精神があった。レゴ本社のあらゆるところで成長が感じられた。工場やオフィスにさらに多くの従業員を受け入れるため、本社は絶えず拡張しなければならなかった。要するに、すべてのものが一気にふくらんだ。ほどなく、会社がとんでもない方向に進むのを止めるため何か手を打つ必要があることが明らかになった。言葉の魔術師である部長セーアン・オルセンは言った。「我々はこのまま独自の道を進みつづけられるのだろうか？」

ＧＫＣが用いた経営の工夫の一つは、幹部全員に配るカラフルなＡ４フォルダーを用いた情報伝達システムだった。彼はプレゼンテーションで、このフォルダーの目的は「内部情報を通じて社内の忠誠心を高める」ことだと説明した。この伝達システムは「レゴ・インターナル」と名づけられ、フォルダーには経営トップからの重要な情報や決定事項、それにプレゼンテーションや議論の要約が挟まれていた。

同時に、GKCは「知る価値あり《ワース・ノウイング》」という特別な討論会を始めた。これは仕事、会社、「レゴの遊びのシステム」に関連した問題を議論する夜のイベントで、月一回の講座や上映会といった研修に参加を求められる一定の階級以上の社員を対象としていた。

こうした活動の狙いは、結束力を高めるとともに、増えつづけるレゴの中間管理職が部下に意欲を持たせられるようにすることだった。質の高いものを生みだしたいなら、自分に何が求められているかを理解している意欲的な従業員が必要なのだ、とGKCは言った。「現代の組織においては、命令を発するだけでは不充分だ。命令を受けた者は、なぜその命令が出されたのか、なぜ自分が特定の方法でそれを実行すべきなのかを、理解しなければならない」

ワース・ノウイングが真に目指したのは大学レベルの学習のような一般教養教育であり、セーアン・オルセンがこうした集会の責任を引き受けると、いっそう熱心に行われるようになった。彼は多種多彩な講師陣を選定した。家族経営によるデンマークのサーモスタットメーカー、ダンフォスの社長は組織構造に関して話し、地元の警察官クヴィスト・セーアンセンはビルンにおける都市計画（またはその欠如）について論じた。また、コペンハーゲンから招かれた心理学者ステン・ヘーゲラーはレゴの幹部に、子どもにとっての遊びの重要性を教えた。フレゼリシアの牧師フィリップセンは「神はこの世で起こることすべてに関与しておられるのか？」との疑問を論じた。ヴァイレ銀行幹部ストーヤ・セーアンセンは、一九六三年シーズンのワース・ノウイングの最後を飾る栄誉を得て、「金は世界を回しているのか？」という講演を行った。

それはいい質問だ。とりわけ八年連続で売上高を更新している会社のオーナー社長にとっては。一九六三年、総売上高は三五〇〇万クローネという莫大な額に達し、レゴブロックは、製品群に車輪が加わってからは特に飛ぶように売れた。

二×二のポッチがあるゴムタイヤつきの車輪は、もともと一九五八年にモデル製作者クヌー・モラーが思いついており、そのアイデアがのちに引っ張りだされて製品化された。製品はたちまちヒットした。一九七〇年に歯車がつけられるようになると、エンジニアになったり建設の仕事をしたりすることを夢見る子どもたちにとって、新しくさらに技術的に複雑なものを作れる可能性が広がった。

ケル：私は幼い頃から車が大好きで、少年時代は数えきれないほど多くの模型を作った。車輪が考案されると——レゴの車輪だよ！——私は自分の大規模なコレクションを「レカ（LECA）」と呼んだ。もちろん、「レゴカー（LEGO CAR）」の略だ。車すべてを格納するレカ・ガレージまで作った。アメリカの大型車、イギリスの小型スポーツカー、そのほか考えられるありとあらゆる車があった。レゴの車輪の商業的成功を受け、一九六三年、レゴは会社の歴史上初めてセットを売るようになった。説明書つきの、レゴの組み立てセットだ。最初はかなり小さなセットだった。たとえば、車体の屋根のつまみを回して車輪を動かすことのできるトラック。白いオフロード車もあったが、それは私が設計したものだ。しかし、あの頃に私が

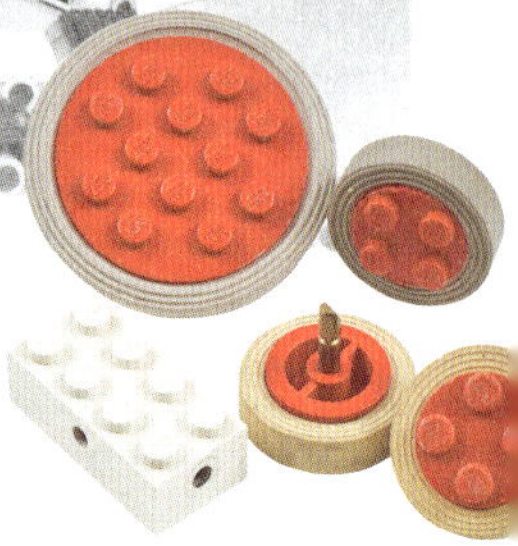

新しく車輪が生産されるようになると、13、4歳のケルはようやく、ちゃんとした車の模型を作れるようになった。「車1台1台について短い説明を書いた。エンジンの大きさ、出せるスピードなどだ。また、人が買いたいと思ってくれるような値段をつけた」

作っていたのはたいてい大型車だった。歯車を使って完全なギヤボックスを作ることができたし、ギアをシフトさせたりシリンダーを動かしたりできた。

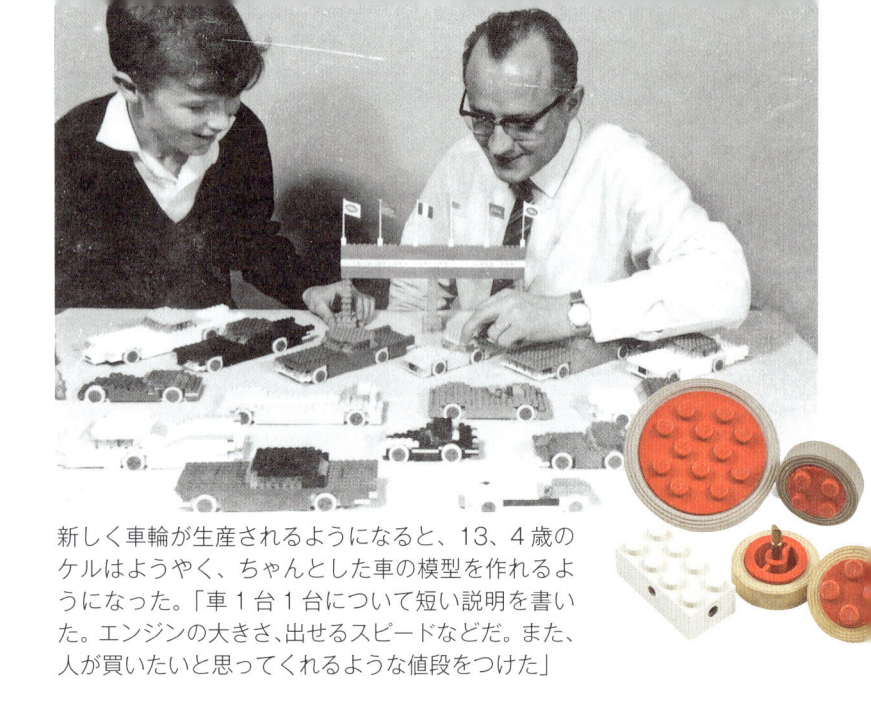

一九六〇年代初頭には、ほかに二つの画期的なレゴ製品が世に出された。一つはスケールモデルのシリーズ。これは従来のものより平らな新しいレゴ部品を含んでおり、より詳細な模型や家を設計して作ることが可能になる。この新しい白、灰色、黒のレゴブロックが大人向けだというのも、非常に画期的な点だった。

もう一つはモジュレックスで、モジュラーコーディネーションという標準化システムに準拠した小さなブロックを用いたものだ。ポッチが一つあるブロックの辺の長さは五ミリメートル。この製品はプロの建設業界向けで、これらの小さな部品を使えば各種プロジェクトにおいて非常に詳細な模型を作れる、という発想だった。

この時期、ほかの多くのことと同じく、新しい提案は疲れを知らないGKCから発せられた。彼が目指したのは、より多くの大人の趣味人をレゴのシステムでの遊びに引き込むと同時に、建築家や技師やデザイナーや不動産開発業者に、この小さな新しいレゴ部品を建設業界で立体デザインやプランニングのツールとして使ってもらうことだった。当時の建設業界は大きな変身を遂げていた。一九五〇年代、昔からの建築や建設の手法は、単純で標準化された構成部品やモジュールの誕生によって変革されつつあった。こうした規格部品は工場で大量生産し、その後、現場で組み込むことができた。

この技術が用いられた実例は、ゴッドフレッドとイディスの超モダンな白い一階建ての家だ。彼らは一九五八年、システムヴァイの通りに面した古い家の裏にある広い敷地に新しい家を建てることにした。建築家オー・ブンゴルが提案してくれた種々のアイデアについて考えているとき、ゴッドフレッドは一つのことを思いついた。

ケル：建設工事が始まったとき、父は従来のレゴブロックで家の模型を作れないことに不満を抱いた。それをきっかけに、実現可能性のあるプロジェクトの詳細な模型を作れるようにする、小さなブロックによるまったく新しいシステムを思いついた。父の頭の中で、このアイデアはどんどん大きくなっていった。このアイデアは玩具ビジネスだけにとどまらないかもしれない。建築家や技師だけでなく、自らが設計にかかわった一戸建てを持つことを夢見る一九六〇年代初頭のすべての大人に、新しい二つのシステムを使ってもらえたらどうなる？　レゴにとって、

10 VIGTIGE KENDETEGN FOR LEGO

LEGO System

1 LEGO = ubegrænsede muligheder i leg
2 LEGO = for piger, for drenge
3 LEGO = begejstring til alle aldre
4 LEGO = leg hele året
5 LEGO = sund og rolig leg
6 LEGO = de fleste legetimer
7 LEGO = udvikling, fantasi, skaberevner
8 LEGO = mere LEGO, mangedoblet værdi
9 LEGO = let supplering
10 LEGO = gennemført kvalitet

ゴッドフレッドが1963年国内外に発表した「レゴの10大特徴」は、その後何十年にわたるレゴ製品開発の基礎となった。

1. 無限の遊びの可能性
2. 女の子にも、男の子にも
3. あらゆる年齢層が熱中
4. 1年じゅう遊べる
5. 刺激的かつ平和的な遊び
6. 何時間でも遊べる
7. 想像力、独創性、進化
8. より多くのレゴ、
   より大きな遊びの価値
9. 簡単に追加できる
10. 長持ちする品質

巨大な新市場の誕生だ！

ゴッドフレッドは生まれてこの方、ここまで思いきった変革を考えたことも、ここまで完全に焦点を「レゴの遊びのシステム」からほかに移したこともなかった。常々「遊びのシステム」の重要性を従業員に対して強調していたのだから。彼は自らのビジョンの土台と将来性を「レゴ・コラム」と呼んだ。その四段階の展開プロセスをシステム・ハウスで初めて従業員に披露したのは、一九五九年だった。

第一段階は、おなじみの子ども向けのレゴシステム。第二段階は「大人の趣味として、洗練され、別の尺度で作り直された製品」。第三段階は技師、建築士など建設業界のプロフェッショナル向け。そして第四段階は、世界に目を向けた、ほとんど哲学的な上部構造だ。GKCの説明によると、これは、レゴで遊ぶことが建築や構築の方法のみならず人間としての考え方や行動様式における世界的変化をもたらす段階である。進化的変革、と言ってもいい。

彼のビジョンは、小さなプラスチック製ブロックを使った子どもの抽象的な遊びから、系統立ったブロックやモジュールを用いて大人が行う現実的な建設工事へと向かうものだった。あらゆるビジョンは現実と想像の混合だ。GKCはこれを自分の頭の中で構想し、その考え方の大筋を従業員に説明した。「将来、より多くの家が、私たちのモジュラーシステムに従った標準的な部品だけを使って、現場で重労働を行うことなく建てられるようになる。これまでの経験と系統的なリサーチを活用することで、私たちは誰一人夢にも見たことのない素晴らしいものを人類にもたらすことができる」

テーブルを囲んだ従業員すべてが、GKCの高邁な思想のたどる道筋を追って、レゴが建築のツールとなるところまでを想像できたわけではない。だが、GKCのプレゼンテーションが提示した行動計画はたやすく理解できた。要は、レゴのターゲット層を子どもから青年や大人の趣味人にだけでなく、世界じゅうの建設業界にいる何百万人ものプロフェッショナルにまで広げるということだ。

将来、レゴを趣味や仕事で使った大人が自分の子どもにレゴブロックを与えるようになれば、売上はおのずと大きく増える、とGKCは説明した。子どもの頃に熱中した人間なら、大人になって、想像力を働かせる楽しい遊びが現実の建設に発展しうることを本能的に理解できるだろう。このアイデアは利益の面で非常に有望に思われ、ドイツのレゴ社のアクセル・トムセンは思わず会議中に叫んだ。「我々は玩具分野の支配者になれるぞ！」

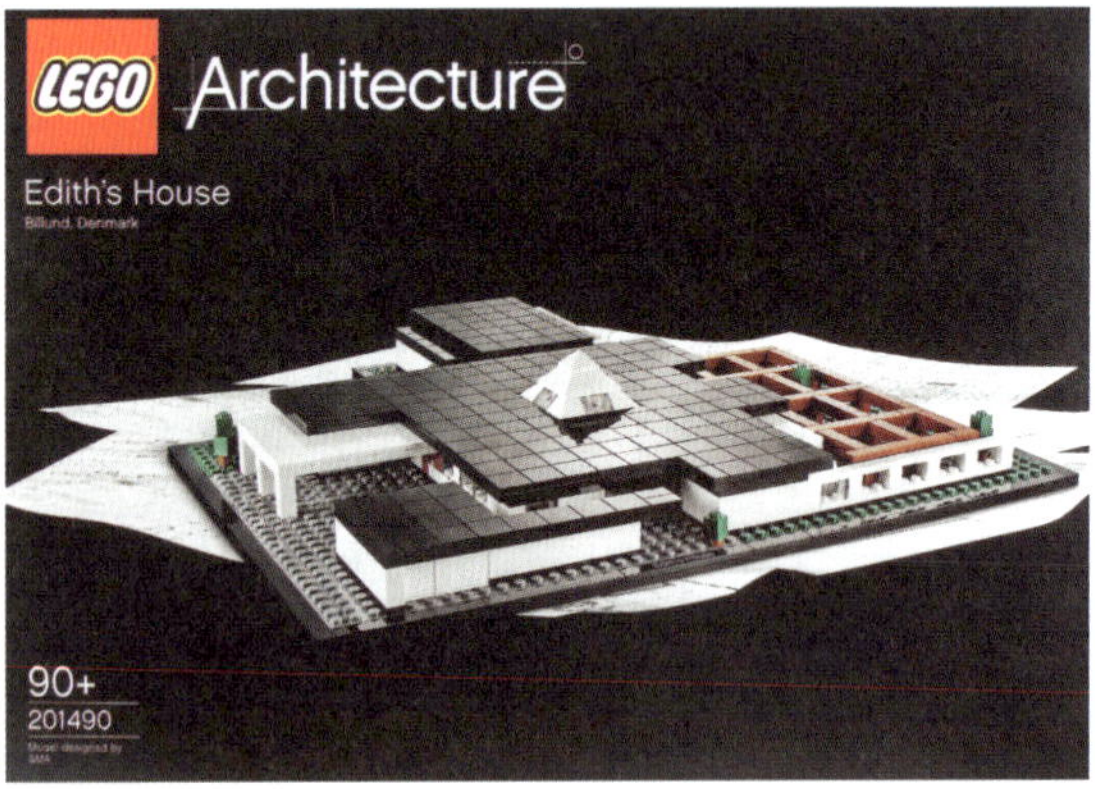

スケールモデルのシリーズは、レゴブロックを大人の世界に持ち込もうとする野心的な試みで、趣味人や模型ビルダーのみならず建築家や技師が、1959年にゴッドフレッドとイディスが建てたようなモダンな家を設計するのを可能にした。2014年のイディスの90歳の誕生日に、レゴアーキテクチャー・シリーズで「イディスの家」という特別な組み立てセットが作られ、家族に贈られた。箱に書かれた対象年齢に注目――「90歳以上」

しばらくのあいだ、疲れを知らぬ起業家としてのゴッドフレッドは、「レゴの遊びのシステム」を「大人」に発展させるこのプロジェクトの人道的・社会的側面について考えることに没頭した。上級社員への内部資料で、彼はこれを進化過程であるかのように表現した。

レゴの思想には、単純で、適切で、合理的で、よく考え抜かれた建設手法を人々に教えるという教育的使命がある。レゴのシステムで育った子どもたちの世代を通じて、こういう考え方が必然的に何百万もの人々の潜在意識に植えつけられる――「どうしてわざわざ難しいものを作るのか、レゴのシステムを使えばとても簡単なのに」

GKCはこの「進化」の概念を強く信じていたため、一九六三年春の幹部会議で、子ども向けのよく知られたレゴ製品と大人の趣味人やプロフェッショナル向けの別の二つのシリーズが混同される可能性について話し合っているとき、こう述べた。「我々は玩具工場ではなく、特別な目的を持ったレゴシステムの会社なのだ」

ケル：スケールモデルとして一九六二年から一九六三年に発売された大人向けのセットはあまり売れなかった。しかし、より小さいブロックを使えばよりリアルなものを作れるという父の基本的な考え方のおかげで、子ども向けのレゴのシステムにとってきわめて価値のあるものが生産されるようになった。平らで薄い、新しいタイプのブロックだ。高さは普通のブロックの三分の一で、現在の組み立てシステムの非常に重要な部品になっている。レゴの色すべてで提供されたこの平らなブロックによって、今までと異なる無数の新しい可能性が開けた。もっとリアルな飛行機や車や宇宙ロケットが突如として作れるようになったことに、私自身も気がついた。スプートニクでも、サターンでも、なんでもできるのだ。

二年後にはモジュレックスも販売を停止し、一九六五年、建設業界に革命を起こすというゴッドフレッドのアイデアは頓挫した。とはいえ、基本的な考え方が破棄されたわけではない。モジュレックス株式会社という新会社が設立され、建築家の仕事道具にはならなかったものの、小さなブロックはモジュールによる標識や矢印を作るのに用いられた。

「レゴの遊びのシステム」から決して焦点をそらしてはならないという自らの規律をゴッドフレッドが破ったのはこれが初めてだったが、最後というわけではなかった。彼のアイデアや計画は、時には猛スピードで、発展しつづけた。GKCは一日じゅう、しばしば深夜まで精力的に働いた。しかし、大きな窓、八つの寝室、四つのリビングルーム、趣味の部屋、中央広間、サウナ、近代的で豪華なキッチンを備えた、ユトランド地方でも有数の現代的な一階建ての自宅にいる家族にとっては、彼はいつも不在だった。

ケル：ある意味、父は祖父よりさらに野心的だった。祖父以上に「仕事、仕事、仕事」だった。家に帰るとき、よく同僚などを連れてきた。彼らはとにかくなんらかの問題に取り組みつづけねばならなかった。そんなとき客は食事をしたが、母は前もって知らされないことが多かった。それが父という人だった。直情径行で、思いのままに行動する。思い返してみると、私はあま

10代のケルは、レゴを組み込んだ大きくより複雑なシステムを作るようになっていった。スケーレックストリックのレーシングトラックにレゴのピットやスタンドが用いられ、巨大なレゴの橋は完全な工学作品に進化した。（私蔵資料）

り父親としての彼と一緒に過ごしたことがない。父はいつも忙しかった。物理的に家にいないこともあれば、一人で思いにふけることもあった。私が本当の意味で父に接することができたのは、レゴで作ったものを見せるときだった。そういうとき、父の顔はぱっと明るくなり、私たちは会話をし、父は私の意見を求めた。たとえば、スケーレックストリック社のレーシングトラックの周りに、私がレゴのブロックでスタンドやピットを作ったときなどだ。

一九六三年、ビルンのミッション・ハウスは設立五〇周年を祝った。インナー・ミッションのデンマーク代表ステファン・オッテセンは、新しい聖書という贈り物と評議会からの祝いの言葉を持って、はるばるコペンハーゲンからやってきた。神の恵みを受けることの大切さについてのスピーチで、彼は言った。「霊的な成長の状況はさまざまですが、神が特別な方法でこの町を祝福してくださったことは認めなければなりません」

それは無難な言い方だった。デンマーク社会のほかの場所と同じく、一九六〇年代のビルンは変動期で、歴史的な繁栄の最中にあった。そしてレゴもこれまでになく裕福になり、そのためかつては揺るぎなかった宗教的基盤から遊離するようになっていた。ビジネスの世俗化は、その時代の風潮を表しているとともに、多くの新しい従業員が全国各地からやってきて会社がより国際的になっていることを反映してもいた。

この宗教上の変化の前触れは一九六〇年に起こっていた。労働組合運動が、オーレ・キアクが昔デンマーク・キリスト教連合（現在のクリファァ）と結んだ協定を破棄するようレゴに求め、労働者にはデンマーク労働組合総連合傘下に入る組合を結成するよう促したのだ。一九三〇年代以来、その古い協定は、新入社員はすでにデンマーク・キリスト教連合のメンバーでない場合は新たに加入する義務がある、と取り決めていた。

組合との交渉では、最初レゴの経営陣は会社の歴史を盾に取り、頑として首を縦に振らなかった。レゴ側は、デンマーク・キリスト教連合とのつながりはレゴの創業者にとって非常に大きな象徴的意味があるのだと訴えた。しかし、それは無駄な抵抗だった。オーレ・キアクの誠実な信仰心を基盤とする、昔ながらのレゴの精神は崩壊しつつあった。一九六〇年秋、従業員がどちらの「連合」に入りたいかを自由に選べるようになると、大多数がキリスト教連合から脱退した。

それはレゴにとっての新時代だった。出席者がインナー・ミッションのレゴの讃美歌を一、二曲歌うのが常だったワース・ノウイング集会が開かれることは少なくなり、毎朝の礼拝はついに廃止が決まった。皮肉なことに、その決定を下したのは牧師のグスタフ・A・ホイルンだった。彼は一九六二年にレゴ初の人事部長に任命されるとすぐに、オーレ・キアクの朝の礼拝がその役目を終えたことを認識したのである。

二〇年以上教会に仕えてきた五一歳のホイルンを雇うと決めたのは、ゴッドフレッドとセーアン・オルセンだった。二人はキリスト教徒の集まりで彼と知り合い、病院従業員、農場労働者、鉱員、左官、ハンブルクの船上牧師、ストックホルムの大使館付牧師など多様な職歴を持つホイルンは、内部メモ曰く「社会キリスト教的観点」から多様な従業員に対処して人事に関する諸問題に取り組むことができると直感した。

とはいえ、ゴッドフレッドには多少の不安があった。ビジネスで長年の経験を持つほかの幹部たちは、神学者がいきなり取締役会に加わることをどう思うだろう？　ゴッドフレッドはホイルンに宛てて、数人の幹部が驚きを示したことを率直に書いた。その驚きから、人事部の長として誰を任命すべきかという問題に実は決着がついていないのではないか、とゴッドフレッドは思うようになったのだ。

親愛なるホイルン

私は昨夜ロータリークラブで、人材を適切に配置する重要性に関する講演を聴きました。それで、どうしても言っておかねばならないことがあります。貴殿が牧師という仕事に満足しておられ、今後も充足感を覚えることができるのならば、その仕事をお続けになるべきです。その場合、我々が貴殿を引き抜こうとするのは間違いということになります。人事の仕事を引き受けることでさらに満足し、より大きな充足感を得られるという場合にのみ、牧師の仕事をお辞めください。兼職が正しくないのは明らかです。人事部長として活躍することによって、キリスト教徒としての天職を追求していただきたく存じます。

一九六二年夏、ホイルン牧師は「法衣を脱いで実業界へ」「牧師、玩具工場に就職」といった見出しでデンマークの新聞数紙の一面を飾った。ゴッドフレッドはすでに、マスコミとの接触は最小限にとどめるよう彼に伝えていた。この論議を呼ぶ採用については、自分が公の場で説明すると決めていたからだ。七月二六日、彼は『オーフス・スティフツティデンデ』紙のインタビューで、レゴは一般に思われているのとは違って人間の問題に関心を持っていると語った。「大きな産業では、多額の金が機械に投資されるのに対して、機械の管理をする人間にはほとんど投資されないのが普通だ。我々にとって、これは非常に重大な問題である。今の機械化時代に人類が生き延びるためには、人の扱い方を根本的に変える必要がある」
「人事部門」「人事考課」「満足度調査」「適性検査」といった用語がデンマークの労働において一般的になるより二、三〇年前に、レゴは戦後のオフィスで注目されるようになっていた課題に取り組む試みに着手していた。職場における従業員の福利である。

ホイルンは与えられた課題に熱心に取り組み、おおいなる献身とあふれる情熱を持って新たな職場での仕事に挑戦した。だが、立派な志にもかかわらず、この試みはうまくいかなかった。ホイルンにとってもレゴにとっても文化の溝はあまりに大きく、一九六四年、ホイルンはレゴで二年を過ごしたあと聖職に戻った。彼とレゴに関する新たな記事がまたしても国じゅうの一面を飾り、宗教とは無縁のコペンハーゲンのタブロイド紙すら、ホイルン牧師はビルンでの二年間で何を学んだかを知りたがった。それに対してホイルンは、自らの経験がどんなものだったかについて示唆に富む答えをしている。
「労働者はともに働く仲間に助けられ、お返しに仲間を助けます。彼らは、与えられた業務を遂行する能力があることを自覚しています。彼らには安心感と調和があります。でも、もっと上層の人目につく役割の人々には、そういうものがまったく見られません」

一九六〇年代にはインナー・ミッションの影響力が非常に弱まり、人事方針の草稿の第一文（「レゴはキリスト教の観点で導かれる」）は削除された。それでもゴッドフレッドは自らの信仰を決して隠さなかった。彼の信仰心は父親ほど強くも熱狂的でもなかったものの、生涯を通じて彼に欠かせないものだった。一九五八年にオーレ・キアクが亡くなったあと、ゴッドフレッドは町の教会の鐘の音が懐かしいと言うことが多かった。彼の父も生前よく言っていたことだ。

アメリカに滞在したとき、ゴッドフレッドは小さな町の中央センターに刺激を受けた。教会、図書館、劇場、カフェテリア、幼稚園、そのほかの文化施設が一つ屋根の下に集まっている。ゴッドフレッドはある日リーベ主教区の監督ヘンリック・ドンス・クリステンセンと話をして、彼が偶然にもアメリカ旅行中に同じところを視察していたことを知った。次の疑問が生じたのは必然だと思えた――クリステンセンは、教会のないビルンのような急速に発展中の町に同様の宗教的・文化的センターができるところを想像できるだろうか？　ゴッドフレッドは確かに想像することができ、ビルンやレゴに関するすべてのプロジェクトに注ぐのと同じ熱意や頑固さや天性の分析力でそのアイデアの実現に向けて動きだした。

この時期、増える一方の新入社員の住まいが足りないという深刻な問題が生じていた。工場の人々に、単に寝泊まりするだけの場所でなく自分専用の家や庭を持つ機会も与えるという父の考えに基づき、GKCは一九五八年から一九六二年までのあいだにビルンのファサンヴァイ、ボフィンケヴァイ、ソルソーテヴァイという三つの通り沿いに多くの一戸建て住居を建てた。農業用地を購入して分割し、レゴの従業員用に二〇戸分の区画を確保した。一人の助手がすべての事務手続きを行った結果、一戸当たりの価格は頭金五〇〇〇クローネを含む五万六〇〇〇クローネとなり、GKCは個人として保証人になった。

レゴの驚異的な成長は小さな町に多大な影響を与え、人口は一〇年間で八〇〇人から二〇〇〇人にふくらみ、ほぼすべての行政区で次々と大きな問題が起こっていた。警官のクヴィスト・

セーアンセンがレゴのカフェテリアで行ったワース・ノウイングの講演で指摘したように、町議会はレゴの途方もない拡大に対処できていなかった。ある意味、これは当然のことだった。なにしろ、一九五四年まで、ビルンには議員個々人の居室以外に地方自治体としての事務所もなかったのだから。議長が連絡係を務め、収入役が徴税と会計事務を行っていた。

昔ながらのユトランド地方の考え方により、町議会はレゴの成功に関してあまりに長いあいだ気後れと懐疑心を抱いていた。新しい家、下水道、上水道、より優れたインフラ、もっと多くの公共の建物に、予算を注ぎ込む価値はあるのか？　ゴッドフレッドをはじめとするオーレ・キアクの息子たちが町議会に直接訴えかけるまで、地下に町議会初の事務所を備えた高齢者向け自立支援施設の新設と、ビルン住宅局によるレアケヴァイの通り沿いの居住区画整備以外には、大規模な公共事業は行われていなかった。

一家は長い手紙でビルンを発展させる計画を詳述し、消極的な議会メンバーの鼻先にニンジンをぶら下げた。ビルンが切に必要としている公園かレクリエーションセンターの用地として、レゴがおよそ七万三〇〇〇平方メートルの土地を提供すると申しでたのだ。そしてこの餌をたまらなく魅力的にするため、五万クローネほどと見積もられる建設費用もレゴが出すと約束した。

この手紙で言及された寄付は、レゴがこの町で構想していた将来の居住用エリアという観点から考えねばならない。こうした開発が行われたなら、特に生まれついての農夫でないレゴの従業員にとって、ビルンはオアシスとなることができるだろう。

当社はいずれ、比較的安い費用で、荒野と新しい建築物とが非常に美しい対照を成す素晴ら

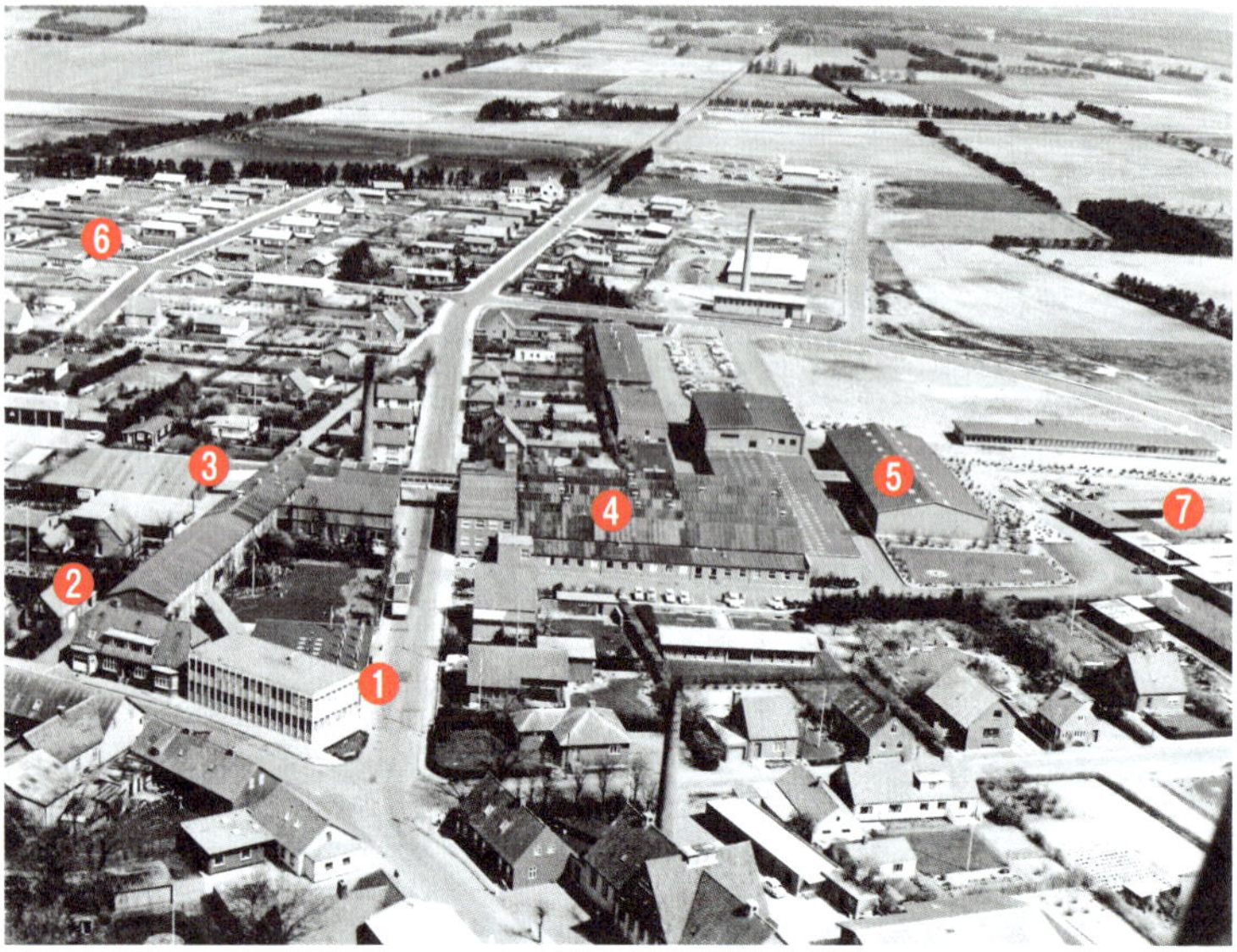

ゴッドフレッドはレゴとビルンについて壮大な計画を持っていた。1960年頃、彼は新しい住居、より多くの子ども向けの施設、よりよいインフラがどれほどの恩恵をもたらすかを町議会に理解してもらおうと奮闘した。写真は議長のハンス・イェンセンと話しているところ。上：1960年代初頭のビルンの航空写真。システム・ハウス（1）、ライオン・ハウス（2）、1942年に建築された工場（3）、成形部門（4）、輸出用倉庫（5）、レゴ社員用戸建て住宅（6）、右端はゴッドフレッドとイディスの新居（7）。

しく卓越した場所を作りだすことができます。最終的には水泳プール、テニスコート、遊び場など多くの施設を作ります。そうした施設は、ビルンを、才能豊かな人々、指導力を発揮して未来を築く、社会にとって価値あるメンバーを魅了する町にするという目標達成に寄与するでしょう。ビルンを、人々が「素晴らしい田舎の町だ」「荒野のオアシスだ」「非常に斬新な取り組みをしている町だ」と噂する町にしませんか？　レゴは喜んで、この展望を可能にする課題に協力します。

彼らは最後に、将来の都市計画には教会も含まれるべきだと述べた。「新たなレクリエーション施設の土地が用意できた暁には、古い施設を教会のための絶好の立地として推薦します」。議会は教会の建設についてもレゴの支援を当てにしていい。

ゴッドフレッドに言わせれば、議会の意思決定はあまりにものろかった。一九六二年、しびれを切らしたゴッドフレッドはまたしても手紙を送った。今回はもっと強い口調で。レゴは工場をさらに拡張させようとしているところだったが、町の開発はちっとも進んでいない。今すぐ行動に出る必要がある、とゴッドフレッドは威嚇した。「当社と町が手を携えてこの開発を進めることができないのであれば、レゴは現在の活動を停止して別の場所で新たに生産を行う計画を立てるほうがいい、と言わざるをえません」

町議会の最も保守的な勢力でも、彼の脅しの意味は理解できた。一九六三年二月、町議会議長ハンス・イェンセンは、コペンハーゲンの都市計画専門家を雇ったと新聞各社に発表した。専門家はビルンの将来に向けた「開発計画」を考え、その計画には家、町公会堂、ショッピングセンター、ホテル、公共の建物群が含まれる。議長は、今や七〇〇人の従業員を抱えるレゴがこの新計画の中心的支援者であることを認めた。しかし、世界じゅうにレゴで遊ぶ子どもが増えれば増えるほどビルンの住民が払うべき税金が安くなる、と議会の面々を説得するのに、議長はかなりてこずったようだった。「我々は地に足をつけておきたいと思っている。ここ、ユトランド地方の昔からの荒野では、我々は普通、身の丈を超えるようなことは考えない。だが、可能な限り将来を見通すのは議会の責務である。我々は、自らの利益のためにも堅実な発展に道を開かねばならず、それは無計画に進めてはならないのだ」

農場に住む、ミッション・ハウスや町におけるオーレ・キアクの謙虚で利他的な努力を忘れていない年配の人々は、彼の息子がキリスト教の戒律をあまり厳格に守っていないことに気づいていた。レゴの創業者は、特に安息日を忘れず神聖なものとして守るという戒律を決しておろそかにしなかった。ところが、若い頃は存続の危機に瀕して知人に「私が知る道は一つだけ――神に頼ることだ」と書いたこともあるゴッドフレッドは、今では日曜日の礼拝が終わって昼食をすませるとすぐオフィスに戻ることが増えていた。頻繁にある長い出張では、安息日にホテルの部屋で仕事をし、考えごとや計算に没頭した。レゴは、どうしたら最も多くのシフト労働者と成形機を、日曜日を含む一週間休みなく二四時間稼働させておけるだろうか？

「大言壮語は大義を為さず」とはデンマークの古い格言である。一九六〇年代初頭、ビルンの住民の一部はゴッドフレッドのビジョンをそのような目で見ていた。オーレ・キアクの息子は地球上のあらゆる子どもと大人をレゴブロックで遊ばせたがっているのみならず、ビルンにこの地方

大西洋横断の長旅を経て着陸した新しいパイパーアズテック機。イディスとゴッドフレッドは疲れたパイロット２人、ハンス・ヨアン・クリステンセンとそのいとこハンス・エリック・クリステンセン（HEC）をねぎらった。HEC はその後ビルン空港建設の仕事を任され、初の空港管理者となった。

で最大の空港を作るべきだという常軌を逸したアイデアに地方自治体や議会を巻き込もうとしているとの噂すらあった。

この、ビルン空港に関するハンス・クリスチャン・アンデルセンばりのおとぎ話は、一九六一年、レゴが小型プロペラ機の共同所有権を得たときに誕生した。当時、ビルンに飛行機が着陸できる場所はなかったので、ＧＫＣはよくエスビャウで飛行機を降りねばならなかった。そこには絶好の草原があったが、電気の照明はなかった。エスビャウ議会の関係部署の職員がゴッドフレッドほど才覚のあるビジネスマンだったとしたら、このような問題はすぐに解決できただろう。のちにＧＫＣは述べている。「私はエスビャウ議会に、照明システムの費用の半額を負担すると申しでた。また、我が社の費用で格納庫も作るつもりだった。ところが、それは無理だと言われた。民間企業と公共機関がそんなふうに共同で事業を行うことはできないという……話はそこで終わった」

エスビャウで断られたあと、ゴッドフレッドは自ら問題に対処した。ビルン郊外に広い土地を買い、レゴ航空初のパイロット、ハンス・エリック・クリステンセン（ＨＥＣ）の協力を得て草地の滑走路を作ったのだ。滑走路は一九六二年春に完成し、数カ月後、ゴッドフレッドはパイパーアズテック機を購入した。ＨＥＣと彼のいとこは、かの有名なアメリカ人飛行家チャールズ・リンドバーグ風に、アメリカ東海岸から大西洋を横断してユトランド地方まで戻ってきた。飛行機はニューファンドランド島やアイルランド上空を通過する二〇時間の飛行ののちビルンに着陸した。それは非常に長い旅で、パイロット二人は空のサーモス魔法瓶の中に排尿してアイルランドの海岸上で中身を捨てた、とＨＥＣは振り返った。

一カ月後、小さな飛行場に格納庫が作られ、滑走路には空中から見えるよう色とりどりの巨大なレゴブロックが並べられた。パイパー機は出張に使われるようになり、ヨハネスは飛行機が夕方に戻ったときに備えて必要な着陸灯を用意する仕事を任された。照明器具は従業員数人の自家用車とヨハネスの大きなトラックで運ばれ、ヘッドライトが照らす中、巨大なブロックの列に挟まれた滑走路に並べられた。

飛行機がビルンに近づいたときパイロットと無線交信をするのも、ヨハネスの仕事だった。一九六四年に空港管理者に昇進していたＨＥＣは、コックピットのパイロットがビルンでの視界について尋ねたときの、オーレ・キアクの長男のしわがれ声を覚えている。

「どこまで見える、ヨハネス？」
「かなり遠くまで見えるよ、ハンス・エリック――森までずっとね！」
「よし、じゃあ着陸するぞ、ヨハネス！」

間もなく滑走路には定常光が追加設置され、ほかのもっと小さな飛行機もビルンの施設を利用できるよう改善された。ほどなく、デンマークで二番目に大きな飛行場がグレーネ教区にできるかもしれないという噂が広まった。

西ユトランド地方の大規模、中規模の町はすでに、地方空港建設の試みに着手していた。コペンハーゲンの運輸省の役人は、ヴァイレとグランステ間の線路が一九五七年に廃止されたあとは主要な連絡道路や鉄道路線が存在しない泥地の荒野にある住民わずか八〇〇人のビルンのような小さな町で、空港建設事業がどのように実現できるのか、まったく想像もできなかった。

だがゴッドフレッドは全体像をくっきりと思い描くことができていた。自らの活力と判断力を全面的に信じて、地方議員や国会議員、役人、首長や大臣たちと数えきれないほどの会合を設定して飽きることなく陳情を行った。一九六四年二月、レゴ工場群の裏の草原に、長さ五〇〇メートルのアスファルト離着陸滑走路建設が着工した。その年の一一月には、スカンジナビア航空（SAS）がコペンハーゲンとビルン間で毎日定期便を運航することになる。

ケル：父は空港を作るため、役人や地元の自治体や大臣からの支持を取りつけた。自分でも金を出し、儲けが出れば金を返してもらうことになっていたが、損が出たらあきらめる覚悟もで

1964年の開港式は地域のお祭りになった。頭上を飛行機が飛び交い、地上には5万人もが集い、大臣や各地の首長が訪れ、荷馬車はビルンの町議会議長と最高齢住人を乗せた。

きていた。開港後、非常に重要なのは、SASの一日一便だけでなくもっと多くの飛行機に離発着してもらうようにすることだった。当時自身の興した旅行代理店とスターリング航空で大成功していたチェアボーの牧師アイリフ・クロエイアに接触するのは、当然の流れだった。クロエイア牧師はユトランド地方の空港からマヨルカ島へのパック旅行の企画に非常に興味を持っていたので、彼と父は互恵的な協定を結んだ。そうして、ビルン空港は開港直後から、パック旅行に出かけるデンマーク人でにぎわうことになった。

ビルン空港の開港式は一九六四年一一月一日に華々しく行われた。運輸大臣カイ・リンベウをはじめ多くの首長や国会議員が、コペンハーゲンからSASの飛行機で訪れた。レゴの敷地を案内するツアーが開催され、その最後にはシステム・ハウスで歓迎会が開かれた。そこで、今後数年かけて行われるビルンの都市計画が有力者たちに披露され、この地域にもっと多くの人を呼び寄せるため構築されたまったく新しいアイデアが発表された——テーマパークである。ディズニーランドやチボリ公園とは異なるものを提供するこのテーマパークは、世界的に有名なレゴブロックを基に作られる。このアイデアは、レゴを訪れて敷地内を見学させてくれと言ってくる人々が増えつづけ、今では年間二万人にものぼることから生まれたものだ。

ケル：小中学生や高校生から老人クラブや主婦の集まりまで、工場見学を希望し、我が社の模型製作を見せてほしいと頼む人々が、毎年どんどん増えていた。やがて、ブロックで模型を作る従業員にとって、自分のしていることを見学者に説明するのが大変になってきた。一九六三年、父はある年配夫婦から広い農場を買い取り、非常に人気があり海外で展示を始めていた大きなレゴの模型を集めて恒久的に陳列する小さなホールを建てることを思いついた。そうすれば、その農夫は施設を管理し、奥さんは訪れた客にコーヒーとケーキを出してもてなすことができる。まあ、そういうふうに始まったんだ。

レゴの工場を訪れる見学者がほぼ例外なく最も感激するのは、模型デザイン部門のブロック製巨大建造物のコレクションであることに、ゴッドフレッドは気づいていた。人々は模型を見ようと殺到し、ビルダーたちの無限の想像力について熱心におしゃべりする。これはもっぱら、ゴッドフレッドのいとこで独創的なダニー・ホルムのおかげである。彼女は経験豊かなクリスチャ

ダニー・ホルム率いる女性チームは、レゴに大きな足跡を残した。ケルは言う。「ダニーは特別な部品を使おうとしなかった。すべての模型は定番のブロックで作らねばならなかった。ただし彼女はそれを、私たちが見たことのない独特の方法で使った。彼女はデザイナーというより、造形作家、芸術家だった」

ン・ラスゴールと協力して模型製作にいそしみ、模型のデザインに大変革を起こした。以前は家や交通機関や道路ばかりだったのに対して、今はおとぎ話の登場人物、動物、風景なども作るようになっていた。

ケル：模型工房は夢のような場所だった。一九六〇年代初頭、ティーンエイジャーだった私はよく、放課後ダニーとラスゴールに会いに行った。テーブルと椅子が置かれて山のようなブロックを使える私専用の場所があり、そこに午後じゅう、終業時刻までずっと座り込み、自動車の大きな模型を作ったものだ。と同時に、ほかの人たちの見事な作品を見ておおいに感心した。

模型ビルダーのラスゴールは、一九六一年にレゴの模型製作の基本ルールをダニーに教えようとした。ところが、それまでずっと粘土細工をしてきたダニーには、ルールに縛られた角張った建物は性に合わなかった。のちに社内報で彼女は語った。「硬いブロックに慣れるのは大変でした。でもブロックを使っていろいろやっていくうちに、多くの可能性が開けたんです」

ダニーは一九三〇年代にも短期間レゴで雇われていたが、その後コペンハーゲンに引っ越して、絵を描いたり、粘土で像を作ったり、時間があれば彫刻家ハラルド・アイゼンシュタインの講座を取ったりして三〇年近くを過ごした。一九六一年にユトランド地方に戻り、再びレゴで働くようになった。数年後にはテーマパークを作るというゴッドフレッドの計画で重要な役割を任されることになるが、戻ってきたときから、すでにレゴブロックを新しくもっと抽象的なやり方で使いはじめていた。

「最初、家は避けていた。家はラスゴールがとても上手だったから。私が人形やキャラクターを作ると、ゴッドフレッドはとても気に入ってくれた。私は作品に命を吹き込むよう努めた。それでいつも、人形は目から、家は窓から作りはじめた。私にとって、目や窓は心を映しだすものだから」

ダニーの作品は、大きいものも小さいものも、最初は世界じゅうで展示する目的のものだった。だが彼女はすぐに上級デザイナーの肩書を与えられた。会社の歴史で初の役職である。彼女は、レゴでカフェテリア管理者の肩書を得た最初の女性でもあった。女性の部下は一人、三人、五人と増えて最終的には九人となり、ダニーは彼女らを「私の女の子たち」と呼んだ。「女の子たち」はダニーが大きな動物、家、キャラクターを作るのを手伝った。そうした作品は、ハンス・クリスチャンセン・アンデルセンの童話を表現するなど、さまざまな目的で使用された。

一九六五年から一九六六年にかけてレゴランド事業が具体化しはじめたとき、そしてのちには一年おきに新しい建物や舞台を作ってレゴランドをリニューアルするとき、ダニーは模型ビルダーとして各地を飛び回った。イタリア、オランダ、イギリス、ノルウェーまで景色や町や家や建物を見に行き、観察して写真を撮り、ビルンに戻ってそれらを再現した。ほぼ二〇年間にわたって、何百万個ものブロックがダニーのチームの手を経た。「私たちは互いの悲しみや喜びを分かち合った。私たちは男の世界にいる女で、そのことによって団結した。正直言って、私は長年、男の世界の中で女でいることは大変だと感じていた。男の二倍優秀でないと、能力を認めてもらえないから。でも私たちは互いに支え合ったし、それは素晴らしい歳月だった」

テーマパークでゴッドフレッドが思い描いたのは、工場を訪れるあまりにも多くの客に対処するという問題への現実的な解決だけではない。彼は新しく心躍る形のマーケティングを垣間見ていたのだ。そして後年、小売業を営む親しい友人への手紙で、レゴランドのアイデアを「すべての流通業者に利益をもたらす、デンマーク玩具業界における新たなプロモーション戦略を見いだすための大胆な第一歩」と表現した。

それと同時にGKCは会社の教育的側面を強調することも目論んでおり、このテーマパークの狙いは「子どもも自身だけでなく親や教師など子どもとかかわる人々のために、正しい遊びとはどんなものかを示し、子どもやその発達にとっての遊びの重要性を明確にする」ことだと論じた。

産声をあげたときから、レゴランドは理想主義的でありながら商業的な利益の追求も行うプロジェクトだった。だがゴッドフレッドは、取締役会に「これまでにまったくなかったような子どもの楽園」のコンセプトに同調してもらうため、持てる話術を総動員しなければならなかった。一九六二年の夏の終わり頃、「子どもが王様となって、自分が大人にならねばならないということを忘れてしまう」テーマパークの構想を取締役たちに示したとき、返ってきたのは懐疑的な反応だった。

それは自分たちの身の丈に合わない計画ではないか？　これまでにも、スケールモデルやモジュレックスのようなプロジェクトで、中核事業から脱線したことがあるではないか？　中でも特に強く異議を唱えた幹部の一人が指摘したように、レゴにはブロックを生産して販売した経験は豊富にあっても、テーマパークを運営した経験は皆無だった。

ゴッドフレッドは断固として、自分のアイデアはレゴのシステムの基本概念の枠内にあり、しかも成長のための新しく未発掘の可能性をもたらす、と主張した。作ろうとしているのはデンマーク版ディズニーランドではなく、「レゴの遊びのシステム」に特化し、できるだけ多くの製品を並べ、大人にも子どもにもレゴで遊んで何かを作るように促す、屋外展示場なのだ。

常に彼を資金面で援助しているヴァイレ銀行も、期待に反してプロジェクトが失敗に終わったら助けてくれるだろうかとゴッドフレッドに訊かれたとき、あまりいい顔をしなかった。銀行の取締役会長は、この屋外テーマパークに何人くらいの客が来ることを期待しているのかとゴッドフレッドに尋ねた。

「年間三〇万人だ」ゴッドフレッドは自信たっぷりに答えた。

会長は唖然として彼を見つめ、首を横に振った。そんなリスクはＧＫＣが一人で負うべきだ。銀行の不安やレゴの心配性の経営陣をよそに、彼はまさにそのとおりにした。のちに彼は自らの直感力について語っている。「いろいろな意味で、私が村の学校にしか行かなかったことは有利に働いている。素晴らしいアイデアは多くの場合、単純なのだ。私は衝動的だが、それはあまり規則に縛られないという意味だ。血の通わない論理に阻止されてたまるものか」

一九六〇年代の初め、ビルンに建設予定の空港をめぐる種々の問題に対処するため飛行機でコペンハーゲンに出張するとき、ゴッドフレッドはいつもヴェスターブロのヘルゴランスゲウという通りにあるヘブロン・ミッション・ホテルで、ウーラの義父母が借りている部屋に泊まった。よく、夜遅く、就寝前に散歩をした。チボリ公園の中央入口の前まで行って、通りの向かい側にあるデパート〈アンヴァ〉を見るのが好きだった。〈アンヴァ〉はテーマを設けてショーウィンドウを飾っており、それは一種の観光名所になっていた。

ある夜、〈アンヴァ〉はヴェスターブロゲウの通りに面したウィンドウを、森や湖のあるデンマークの春の楽園に変身させていた。ゴッドフレッドはそれに魅了され、お礼のカードを添えた大きな花束を店のショーウィンドウ装飾担当者に贈った。それはいかにもGKCらしい行動だった。衝動的だが、無目的というわけではない。もしも〈アンヴァ〉のウィンドウの感動的な情景を生んだ想像力と独創性のすべてがビルンの郊外で発揮されたとしたら……。

ゴッドフレッドはそのウィンドウ装飾家と何度か電話でやり取りをした。彼はアーノル・ブートルップといい、ユトランド地方に引っ越すつもりはないと最初から断言していた。それでもゴッドフレッドは、広大な敷地と、テーマパークを作るというまだ実現していない計画の無限の可能性を見てもらうため、彼をビルンに招待した。ブートルップはその旅のことを決して忘れなかった。のちに彼は新聞記事でレゴランド創設に関して語っている――

ＧＫＣに会い、私は納得した。彼はとんでもなく素晴らしい人物だった。非常に目を引く革の紐靴を履いた彼は、当時「アドベンチャー・パーク」と呼ばれていた施設について非常に楽天的にとらえており、私もその考え方に巻き込まれた。ダニー・ホルムが直径九〇メートル余りの円形の公園のスケッチを描いていた。

ゴッドフレッドは首都で最も人気のウィンドウ装飾家をビルンに連れてくることに成功した。それでもブートルップはここに永住することを拒み、最終的に自分の望みを通した。彼はその後二五年間、最初は建設プロジェクトの相談役、その後はレゴランドの園長として、ＳＡＳかレゴ航空で自宅とビルンを行き来することになる。

当初、ゴッドフレッドは一九六四年か一九六五年の夏に開園することを望んでいたため、プロジェクトチームは二週間に一度、ビルンか、コペンハーゲン郊外のバウスベアにあるブートルップの自宅に集まった。早くも一九六三年一〇月、この才能あふれるデザイナーは、展示ホール、レストラン、厨房、客を乗せてテーマパークじゅうを走るレゴ列車のあるテーマパークの図面を描いていた。ところがプロジェクトはそこで中断した。ゴッドフレッドの関心はビルンとレゴの将来に備えたもう一つの大きな計画、すなわち空港に移り、彼は数年間、海外で猛烈な速さで成長している会社を経営しながら空港のための交渉に奔走することになったのだ。

レゴランドの計画は一九六五年に再開され、ブートルップは正式にレゴランドの開発と開園の責任者に任命された。彼はただちに、模型を作ったりテーマパークで行うさらなる活動のアイデアを出したりしてもらうため、〈アンヴァ〉から才能ある二人の同僚を引き抜いた。仕事は主に、ブートルップが自宅の地下室に作っていた作業部屋で行われた。彼は同僚二人とともに、自分たちがデザインしたものをブロックで作り、さまざまなものを切り抜き、貼り、描いた。一九六六年秋、ブートルップはレゴ経営者一族の最年少メンバーから予想外の協力を得た。

ケル：一九六六年に高校の卒業試験に通ったが、そのあと自分が何をすべきかわからず、将来について明確な考えは何も持っていなかった。真剣に興味があったのは、音楽、馬、そしてレゴだけ。コペンハーゲンのいとこがデンマーク工科大学（DTU）の前身である先進技術大学で化学工学を学んでいて、私もそれが面白そうだと思ったので、一九六六年の八月にいとことその妻と一緒にリュンビューで部屋を借りた。しかし数学と物理学と化学の成績が非常に悪かったため、一学期間入門コースに在籍し、この三つの学科で試験を受けて通ったら正式に入学を許される、ということになった。

私はそれに耐えられず、勉学はあきらめ、その代わりにアーノル・ブートルップを手伝うようになった。彼はバウスベアの自宅でレゴランドの計画を練り、設計して、精力的に働いていた。私は毎日彼のもとに通い、そのとき彼が必要としていることを手伝い、コンセプト開発の一部に参加させてもらった。これほど早い段階でも、たぶん彼らはポニーライドのようなものを行うことを話し合っていた。当時私はよく乗馬をしていたので、そのアイデアには諸手を挙げて賛成した。

1968年、レゴランドの列車の最後部から、自分たちのアイデアが現実になったのを見るアーノル・ブートルップとゴッドフレッド。13,000平方メートルの平坦な荒野は、大人も子どもも遊びたい（そしてもっとレゴを買いたい）という衝動に駆られる、起伏に富んだわくわくするミニランドに変わった。

でも、馬以外にも何かあったほうがいいんじゃないか、と私は提案した。たとえば、ポニーが引く馬車とかは？

「ああ、いいアイデアだ！」ブートルップは言い、私に馬車をデザインさせてくれた。これが私のレゴランドへの貢献だ。

テーマパークはブートルップの地下室で、ダニー・ホルムの最初のスケッチの一枚から産声をあげ、四万平方メートルの広さを持つものに進化していた。コペンハーゲンのチボリ公園の半分くらいだ。レゴのいろいろな大型模型の常設展示に加えて、人形の博物館、舞台、それに「建設現場」が計画された。そこには巨大なブロックや、小さなレゴブロックをいっぱいに入れた大きな容器が置かれ、客は好きなだけブロックを使うことができる。そしてテーマパークの中央には、ダニー・ホルムが作った都市、建物、デンマーク内外の風景のミニサイズ模型が並べられる。

いくつかの常設アトラクションが計画された。その一つは自動車教習所で、子どもたちはレゴの小型電気自動車を運転するレゴ免許証を取ることができる。また、小型ボートによる川下りや、レゴブロックで作った野生動物の中をクラシックカーで通るサファリツアーを行う案も出された。レゴの巨大な亀やキリンに乗れる遊び場や、もう少し年長の子ども向けにはアメリカ先住民の部族長プレイング・イーグルに居留地までついていくというアトラクションの計画もあった。居留地には小屋、トーテムポール、自由に着られる衣装、パンを焼ける焚き火が備えられる。

一九六八年、レゴランドが開園した。近隣からも遠くからも、自家用車でも観光バスでも、家族連れが押し寄せ、周辺の駐車場のあらゆる空きスペースが埋まった。ユトランド地方中央部に新しくできた観光地は開園当初から大成功をおさめ、最初の二カ月ほどで四〇万人が訪れた。

その夏じゅう、予想の倍の長さの行列ができた。熱波が襲った一九六八年、あまりに大勢の人が殺到したため、システム・ハウスにいる幹部たちはゴッドフレッドから、妻を連れてレゴランドへ向かい、人手不足のカフェテリアを手伝うよう頼まれることがあった。食器を洗ったりソーセージやソフトドリンクの注文を受けたりするスタッフがまったく足りていなかったのだ。

そのシーズンの営業を終了するまでに、六二万五〇〇〇人の大人と子どもが来園した。レゴランドが素晴らしいアイデアであることに、もはや疑問の余地はなかった。ゴッドフレッドはまたしても、天賦の才を持つ独創的な起業家であることを証明した。片方の手にモナコの葉巻、もう片方の手にコーヒーカップを持ち、常に新しいコンセプトを考えている。

しかし、この不朽の成功には犠牲が伴っていた。いくらレゴに心血を注ぐ仕事熱心な精力家ゴッドフレッドでも、同時にあらゆる場所にいることはできない。彼がビルン空港やレゴランドやビルン・センターといった時間を食うプロジェクトに没頭しているあいだ、レゴの日々の経営には空白が生じていた。そのため一九六〇年代後半には売上高が伸びた半面、新製品開発は突如不調に陥り、会社は将来に向けての新しいビジョンを模索しはじめた。

ケル：父は本当に新しいプロジェクトを興すのが好きで、それは特に一九六〇年代に顕著だった。最初はレゴが飛行機を持つことになり、次にビルンに空港を作ることになり、その後レゴランドのアイデアが生まれた。父は何年間かそういうことにかかりきりになって、会社自体のことをすっかり忘れてしまった。やがて海外の幹部が父に注意を促しはじめた。彼らは、自分たちはレゴの組み立てシステム以外も扱うことができると考え、レゴの名で別の製品も売りたがった。たとえば、ブロックだけでなく、小さなプラスチック製の自動車も作ったらどうか？　というように。

父は自説を堅持しようと必死に踏ん張り、幸いにもそれはうまくいった。まずはレゴ列車を売りだしたことで、事業には新たに弾みがついた。そして一九六九年、レゴはデュプロを開発した。幼い子ども用の大きなブロックだ。父はそういうことが得意だった。身近な仲間からの抵抗に遭ったとき、必ず新しいものを思いついてそれに対抗したのだ。

1968 年のレゴランドの入口。写真下：デンマーク国王フレデリク９世もレゴランドを訪れた。列車好きの国王は、レゴが初めて電気を用いた試み、警笛によって操作できる列車の、試運転をさせてもらった。警笛１回は「進め」、２回は「止まれ」、長い警笛は「向きを変えろ」。デンマーク王妃イングリッド、王女ベネディクテ、そしてゴッドフレッドは、国王が列車の運転士となって遊ぶのを見守った。

1969年に発売されたデュプロのブロックは、一般的なレゴのブロックに比べて高さも長さも幅も2倍で、1歳半から5歳までの幼児向けだった。こうしたブロックが玩具市場に現れたのは、これが初めてではなかった。1964年、サムソナイトはアメリカ市場でレゴジャンボブロックを販売していた。それはデュプロのブロックより少し大きいものだった。

一九六六年、中核事業を拡大することを求めたレゴ幹部への対抗手段として、まずゴッドフレッドはまったく新しい画期的な製品を売りだすことにした。初のモーター式レゴ列車である。モデルセット113は魅力的なセットだった。青いレールで作る楕円形の線路、青い蒸気機関車、青い郵便列車と青い客車、それに加えて四・五ボルトのモーターと電池ボックス。「レゴの遊びのシステム」で、初めて電気を使った製品である。

一〇〇万セットが売れ、列車は一九六〇年代に諸外国のマーケットに合わせて作り替えられた。ヨーロッパ本土で売られたすべてのセットの客車には、ハンブルクやバーゼルやジェノバといった行先標示板がついていた。イギリス、アイルランド、オーストラリアで販売されたセットにはロンドン、マンチェスター、グラスゴー行きの列車が入っており、もちろん郵便列車には「Royal Mail」（ロイヤルメール）と書かれていた。

一九六〇年代後半、物事は急速に動きはじめた。西洋はどんどん豊かになり、個性の抑圧や制限と思われるものに反抗する若者が増えると、古くからの規範や価値観は突然消え失せた。息子たちは髪を長く伸ばし、娘たちはブラジャーを焼き払い、一部の若者は自らをフラワーチルドレンと呼んで、平和や自由恋愛やサイケデリックミュージックの表現に夢中になり、ドラッグを試した。

文化の衝撃波はとうとうビルンにも到達した。レゴの社長の息子は少々髪を伸ばし、時代遅れの高校教師や、グランステに向かう朝のバスの中でちらりと見るだけだった退屈な教育内容に、自分なりの小規模な反乱を起こした。勉強はせず、暇があれば技術的に高度なレゴの模型を作り、ヴァイレで馬に乗り、何よりもビートルズ、アニマルズ、レッドスクエアーズ、ヴァン・モリソン、ジミ・ヘンドリックスを聞いて過ごした。一七歳のケルは、この眠ったような小さな村は工場や滑走路からの騒音以外の何かに揺り起こされねばならないと考え、古いカフェテリアで毎週土曜日に年齢制限のないクラブを開く許可を得た。そこは一九五〇年代、オーレ・キアクが祈りや讃美歌の合唱ため始業前に従業員を集めた場所だった。

ケル：ビルンには自分たち若者が集まれる場所がないと考えていた。だから父に許可をもらって、古いカフェテリアの隅に舞台を設置し、壁に沿ってカウンターをつけた。ナイトクラブのバーみたいにしたかった。ただし、アルコールを出すのは禁じられた。そこはすぐに、若者が出入りする場所になった。グランステから地元の無名バンドがいくつも来て演奏し、私たちはダンスをした。私はそこを、アニマルズの古いヒット曲のタイトルから〈クラブ・ア・ゴーゴー〉と名づけた。ところが、ちょっと人気が出すぎてしまった。土曜の夜には、古い工場の建物によく一〇〇人もの若者が集まった。遠くから来る者もいて、彼らはビールを持ってきた。ついに父は言った。「もうたくさんだ、ケル。クラブは下品になりすぎている!」

ケルが高校を出てコペンハーゲンで六カ月を過ごし、結局大学をやめてアーノル・ブートルップがレゴランドを作るのを手伝うようになると、ゴッドフレッドは息子にまったく違うものに挑戦することを提案した。オーフスのビジネススクールで経営を学んでみないか?

うん、いいね、とケルは思った。

するとゴッドフレッドは別の素晴らしいことを思いついた。ホーエンヴェシュテットにあるレゴのドイツ営業部門で六カ月間研修してみないか?

ケルは同意し、南に向かった。

ケル：私は一九歳で、好奇心旺盛、新しいことを学ぶ意欲に燃えていた。だから、その六カ月間は私の将来に大きな影響を与えた期間となった。ホーエンヴェシュテットの従業員の一人が私の世話係となり、滞在の段取りを整えてくれた。おかげで私はドイツでのレゴの全部門を見学することができ、生まれて初めてデンマーク以外の世界を自ら経験し、少しばかりドイツ語と英語を話した。さらに、ドイツの販売会社には夢のようなIBMのコンピュータシステムが

1966年6月、ケルはなんとか高校を卒業した。グランステ高校での最後の口頭試験を受けるため家を出た朝、イディスとゴッドフレッドは夜にお祝いができると確信できずにいた。しかしケルは合格し、その夏はビートルズのポスターを壁に貼ったヴュービヤの夏用別荘で朝寝をして過ごした。（私蔵資料）

あったので、私も少し勉強して実地に使った。コンピュータは最高に面白かった。

一九六七年夏にデンマークに帰国したケルは、それまでよりも気概を持ち、人生に対してより大きな欲求を抱くようになっていた。オーフスに引っ越してビジネススクールで学びはじめるのを楽しみにする一方、当面はビルンの友人やグランステの同窓生との再会のほうに胸を躍らせていた。それはかの有名な社会現象「サマー・オブ・ラブ」で、世界じゅうの若いヒッピーたちが公園で集い、音楽を演奏し、ダンスをし、愛を祝った夏だった。

ある八月の日曜日、グランステ公園で、地元の学校の在校生および卒業生——そのうち一人は、カラフルなサングラス、つばの広いカウボーイハット、大きな革のコートを身につけたレゴの後継者——が湖のそばの噴水に集合することになった。

「彼らは、戦争によって世界を救うことはできないという事実に関心を集めたいと考えた」。数日後、地元紙の一つはそう書き、「愛」という言葉が若者たちの服や体のあらゆる場所にペンキで書かれ、公園にあるすべての花が花冠に編まれて彼らの頭に置かれたり耳にかけられたりした、と説明した。記者はさらに掘り下げて、「この時代の耳をつんざく音楽」に合わせて彼らが行うダンスの深遠な意味について考察した。

「彼らの望みはステータスシンボルや権威を追い払うことである。トラブルを起こすことや暴力を用いることは望んでいない。それよりも、社会の良きメンバーであることや仲間への愛を実践することの重要性を認識するよう、若い人々に教えたいと思っている。そのための一つの方法は、互いに花を与え合うことである」

一九六八年、ケルはそういう人生哲学を抱いてオーフスへ行った。そこで矛盾に満ちたボヘミアン的生活を送った。昼間はビジネススクールの勤勉な学生として会社経営に関する議論に没頭し、夜には友人たちと会って、会計や営業や財務管理よりも陰陽や老子や超越瞑想について話し合った。

ケル：ビジネススクールでは本当に真剣に取り組んだ。私の求めるもの、私にできることがあるのを証明しなければならない、と自分に言い聞かせた。また、学生という立場を楽しんでもいた。あの頃の私たちは、程度の差はあれ、皆ヒッピーだった。私の頭には、おそらく常に東洋哲学への関心があったのだろう。一九六八年には超越瞑想（TM）に行くようになり、翌年TMの創始者マハリシ・マヘーシュ・ヨーギーがオーフスを訪れた。当時、彼はビートルズを教え導いたことで世界的に有名だった。私はTMに傾倒していたほかの多くの人々とともにマントラを教わりに行った。それは、決して誰にも教えてはいけない別世界への一種のパスポートだった。私はまた、この長髪で髭を生やした白いローブ姿の小柄なインド人に渡そうと、花を持っていった。彼の風貌は強い印象を与えていた。私は瞑想をとても楽しいと思った。自分自身と触れ合い、内なる静けさを感じるための、素晴らしい手段だ。あの頃はそういうことが流行していた。既定の宗教や、親や、物質的なものが与えてくれない答えを、瞑想によって探すのだ。

6

Change

変化

1970年代

ミニフィギュア、1978年

一九六九年一〇月下旬、イディスとゴッドフレッドは銀婚式をレゴランドのレストランで祝うのを楽しみにしていた。一〇月二二日水曜日、夫妻はイディスの姉エレンとその夫アイナとともに昼食をとり、メニューや給仕や配膳について担当者と詳しく打ち合わせた。ウェイターは、ゴッドフレッドとイディスの長女グンニルドのことを気にかけてくれた。グンニルドは最近ヴァーデ兵舎にいる夫を訪ねた帰りに自動車事故に遭い、フロントガラスで頭を打っていたのだ。幸い顎の骨折だけですみ、傷は回復していた。彼らはウェイターに、娘は思ったより軽傷だったと言い、見舞いの言葉を伝えておくと約束した。

システムヴァイの通りに面した屋敷に戻ると、ケルと同じくオーフスで大学生活を始めたばかりの一八歳の末娘へネを訪ねて、学校の友人ヨアンが来たところだった。彼はエスビャウ出身で、両親の車を借りてきていた。へネとヨアンは、映画『オーウェルロックの血戦』を見にギブへ行こうとケルを誘った。西部劇が好きなケルは喜んで承知した。

彼らはバストルンヴァイという通りを行くことにした。この道路からはビルン空港が何にも遮られることなく見える。滑走路の端に車を停め、飛行機を眺めよう。そのあとヨアンの運転でギブに向かうつもりだった。

ケル：事故の詳細はあまりよく覚えていないけれど、断片的な記憶はたくさん残っている……空港から数キロ先、バストルンに近い狭い道、工事中で道路の左側は通行止め。不意に、自転車を押した人がまっすぐこちらに向かってきた。よけようとしたものの、道路の端までそれすぎてスリップし、何か硬いものにぶつかった。車は回転して、道路脇の大木に激突した。車の屋根が落ちて前の座席を押しつぶし、妹とヨアンは即死した。後部座席にいた私は車から投げだされ、鎖骨が折れて頭蓋骨にも少しひびが入り、グランステの病院に入院し、一週間意識不明だった。

「ビルン近郊で自動車が木に衝突、若者二人死亡」という大きな見出しと、大破した自動車の無残な写真が『ヴァイレ・アムト・フォルケブラ』紙の一面に載った。事故に生存者がいたことは奇跡としか言いようがない、と記され、衝突の瞬間を再現した。

木に衝突する数メートル手前で、自動車は車線をそれて道路脇に向かった。そこには伐採された木の切り株がまだいくつか残っていた。おそらくは車輪か車底部が切り株の一つに引っかかったため、自動車は完全に道路から外れ、猛烈な勢いで木に突っ込んだ。木の傷から、自動車は二メートルの高さまで飛び上がって幹にぶつかったと推察される。

事故は全国紙でも取り上げられた。「レゴ社長G・キアク・クリスチャンセンの次女死亡、長男は重傷」。ケルについては「ヨーロッパ各地で学び、現在は世界的企業レゴ・システム社の経営に参加するための研修中」と紹介されていた。

その夜イディスとゴッドフレッドは、ケルも命を落としたと思い込んでいた。グランステの病院に電話をしたところ、若い女性と若い男性の二人が死亡したと言われたからだ。

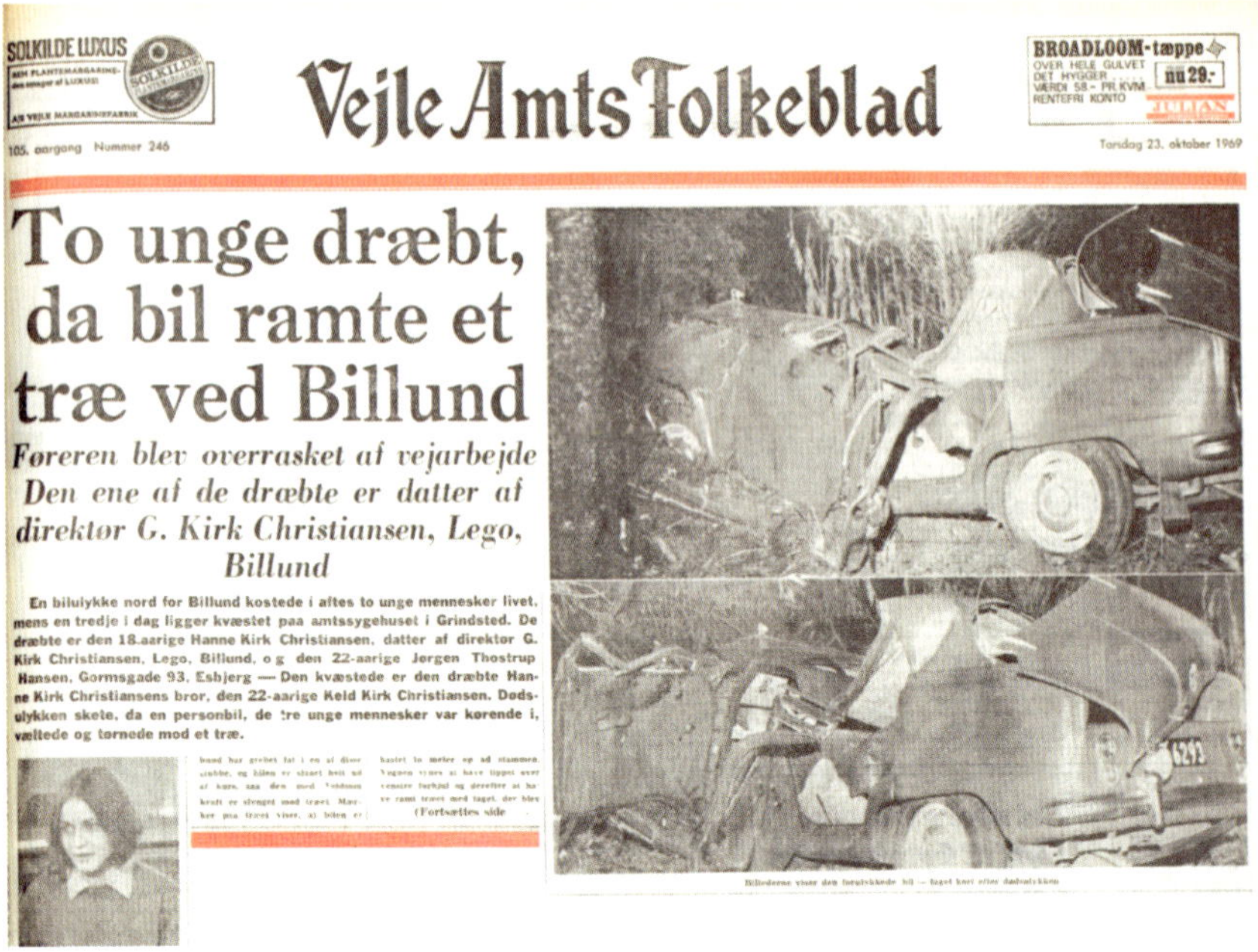
SOLKILDE LUXUS

Vejle Amts Folkeblad

BROADLOOM-tæppe
OVER HELE GULVET
DET HYGGER ......
VÆRDI 58.- PR. KVM.
RENTEFRI KONTO
nu 29.-

105. aargang Nummer 246

Torsdag 23. oktober 1969

To unge dræbt, da bil ramte et træ ved Billund

Føreren blev overrasket af vejarbejde
Den ene af de dræbte er datter af direktør G. Kirk Christiansen, Lego, Billund

En biluiykke nord for Billund kostede i aftes to unge mennesker livet, mens en tredje i dag ligger kvæstet paa amtssygehuset i Grindsted. De dræbte er den 18-aarige Hanne Kirk Christiansen, datter af direktør G. Kirk Christiansen, Lego, Billund, og den 22-aarige Jørgen Thostrup Hansen, Gormsgade 93, Esbjerg — Den kvæstede er den dræbte Hanne Kirk Christiansens bror, den 22-aarige Keld Kirk Christiansen. Dødsulykken skete, da en personbil, de tre unge mennesker var kørende i, væltede og tørnede mod et træ.

(Fortsættes side

ビルン近郊で起こった凄惨な自動車事故を報じる、1969年10月23日木曜日付『ヴァイレ・アムト・フォルケブラ』紙の一面。紙面には18歳のヘネ・キアク・クリスチャンセンと大破した自動車の写真が載せられた。（ユスク・フィンスケ・メディア）

ケル：ベッド脇に座った医長が妹は亡くなったと言ったことは、おぼろげにしか覚えていない。はっきり意識が戻ったとき、両親が来て、ヘネはもう埋葬されたと告げた。事故のあと一カ月入院を余儀なくされ、体力が戻るまで相当長くかかった。ビジネススクールで丸一年やり直さねばならなかったが、もちろん最悪なのはヘネを失ったことだった。家に戻ると、家族全員でヘネの部屋に入り、ベッドの横に座り込んで泣き、手を握り合わせて一緒に祈った。私は何度も墓参りに行った。当時は本当につらかったし、今でも考えると胸が痛む。ヘネはとても愛らしい妹だった。四歳違いだったけれど、いつも一緒に遊んでいた。

ゴッドフレッドがヘネの死から完全に立ち直ることはなかった。悲しみのあまり会社を売ることも考えたが、思い直して次の世代に譲ることを決め、1970年代のほとんどはその準備に費やされた。(私蔵資料)

二人でいろいろなことをした。特に二人とも大好きだったのが馬だ。私がまた乗馬をするようになったのは、ヘネの馬がいたからだ。一緒に過ごした年月は、決して忘れないだろう。

末娘に死なれたことで大きなショックを受けたゴッドフレッドは、罪悪感に苛まれた。事故を、自分への裁きだと受け止めた。子どもたちが幼い頃も、成長してイディスとの絆を深めていたときも、自分は休みなく働いていた。何年ものち友人に宛てたクリスマスカードに、彼はこう書いた。「ものを開発するのはいつでも楽しいことだが、夢中になるあまり、時として本当にいちばん大切なのは何かを忘れてしまう」

ケル：父はかなりの期間、完全に機能停止していた。どうしていいかわからず、あらゆることについて自分を責めた。特に、あまりにも長いあいだ、家族と過ごす時間を取らずにいたことについて。

ゴッドフレッドは心底衝撃を受けていた。レゴを売却し、これまでの人生と縁を切り、スイスへ行き、そこでイディスと永住しようと考えた。そして、企業の支援を専門とするコンサルタント会社のインセンティブ社と連絡を取った。この会社の業務の一つは事業承継である。彼らに頼めば、ゴッドフレッドとレゴはまた前に進めるようになるのではないか？

ケル：一九七〇年には何度も会議が開かれ、その一部には私も参加を許された。そこでインセンティブ社の専務ヴァン・ホルク・アナセンと知り合った。あるとき、私は思わず父に言った。「会社を売っちゃやだめです。ヴァンに役員になってもらえばいいんですよ」。父も同じことを考えていたらしい。私と父が会社の将来に関して本当に意見が一致したのは、このときが初めてだった。私とヴァン・ホルクはたちまち意気投合した。彼は私と父との懸け橋になってくれた。父がレゴについて、自分自身について、人生について……あらゆることについて、強い不信感を抱いているようなときに。

ヘネの死以降、ほぼ一年にわたってこうした会議が続けられた。インセンティブ社の助言は今後一〇年間という長期的な視点に立っていた。ゴッドフレッドは話し合いの中で、完全に会社と縁を切るのではなく権力の一部を手放したいと言った。けれども、次世代に支配権を渡すのにどうするのが最良かわからずにいた。

ヴァン・ホルク・アナセンはすぐに、自分が相手にしているのは、会社がどのように経営されているかをきわめて詳細にまで把握しているオーナー社長であることを理解した。ゴッドフレッドは会社を隅々に至るまで知っている。たとえば、会社の規模からすると驚くくらい多くの従業員と直接的な交流を行っていた。後年、ホルクは社内報で語っている。「ゴッドフレッドはあらゆることに関与していた。非常に多くの人間が社長としての彼に頼っていて、ゴッドフレッド以外の人ならそのプレッシャーに押しつぶされただろう」

話し合いの結果、ゴッドフレッドはホルクを雇うことにした。ゴッドフレッドもケルも、ホルクはレゴの再建にとって有益な人材になりうると感じていた。一九七一年二月一日、ホルクは取締役としてレゴに入り、すぐさまもっと柔軟な組織を作ることに着手し、ゴッドフレッドが声高に宣言した承継を実現させる準備にかかった。のちにホルクは述べた。「ゴッドフレッド独自の経営スタイルがあり、彼は会社におけるさまざまな意思決定に直接関与していた。組織がそのように形成されていたことによる不都合が多くあり、それが拡大を妨げていた」

ホルクの計画におけるキーポイントは集中の排除と責任の委譲だったが、最も重要な課題はゴッドフレッドに取って代わる新しい社長選びだった。すべてをまとめる能力があり、父と息子の両方が信頼できる人物。一九七三年、ヴァン・ホルク・アナセン自身がその地位についたことで、レゴの歴史上初めて家族以外の経営者が誕生した。ほどなく彼は予想外の難題に直面する。ビルンでよく言われることだが、ＧＫＣがかかわっていると何が起こるかは決してわからないの

1970年代、ヴァン・ホルク・アナセンはレゴの歴史における重要人物になった。経験豊かで非常にプロ意識の高いビジネスマンの彼は、困難な時代に会社を率い、1979年にケルが経営を引き継ぐのに備えて強固な基盤を築いた。

だ。

「ゴッドフレッドは、いつも働きづめだった。私は社長として、彼が何をしているのか、何を約束して何を約束しなかったのか、誰と何を話しているのか、何を決めたのかを知りたかった。ゴッドフレッドはそれは大変な仕事だった。ゴッドフレッドはレゴと完全に一体化していたからだ」

事業承継に関するホルクの多面的な計画において重要な要素の一つは、ケルとの助言的な対話だった。事故のあと、ケルのビジネススクール在籍期間は延長され、一九七一年にようやく卒業した。彼はレゴの業務にもっとかかわる前にビジネス界でしばらく過ごして少しでも経験を積む必要があると考え、卒業後すぐ修士課程に進んだ。

だがヘネの死、父の深い悲しみ、インセンティブ社の共感能力を持つ専務との

24歳のケルはローザンヌのＩＭＤで学んだときライオンの群れに投げ込まれたようなものだったが、必死で食らいつき、ついに自分の進むべき道を見つけた。

出会いが、ケルの計画を変えた。ホルクはケルに、修士号はあきらめてスイスに赴き、国際経営開発研究所（ＩＭＤ）で一年間研修するよう助言した。そこでの研修はケルを成熟させてモチベーションを与えてくれるのみならず、ファミリー企業の事業承継にとって非常に大きな意義を持っている、とホルクは考えていた。

ケル：私はローザンヌのＩＭＤに入学したが、同じ講座のほかの人間にあったような実務経験はまったくなかった。彼らの一部は私よりずっと年上の、たくましく頑強な経営幹部だった。私は二四歳の若造で、六カ月の実習経験しかなかった。といっても、それを通じて、販売組織がどんな構造でどう運営されるかについて少々の見識は得ていたが。スイスでの研修を通じて、私にはできる、やりたいんだという自覚が芽生えた。そのとき不意に、わざわざ外へ出て別の会社で経験を積む必要はないことがわかった。ヴァンは、別の場所でレゴのことを考えるよりはレゴにいてレゴのことを考えるほうがよっぽどいいと言ってくれた。まさに彼の言うとおりだった。

ケルがスイスで経営や組織にまつわる問題を学んで奮闘しているあいだに、ビルンでは新しい建物の最終的な仕上げが行われていた。種々の文化施設と教会が入る、町の中心部の複合施設である。ただしスーパーマーケットや衣料品店や酒場は含まれなかった。

教会と文化センターの両方を備えるデンマーク初の複合施設は、オーレ・キアク財団の六〇〇〇万クローネと地元自治体の予算三〇〇〇万クローネによってまかなわれたが、創設への道は長く険しかった。これほど多くの異なる施設を一つ屋根の下にまとめるためには、町議会、町長、聖職者、それに宗教や文化や住宅を担当する役所など多くの協力を必要とする。建築家によるいくつかのチームが、交代しながら長期にわたるプロジェクトに携わった。

一方、ビルンの住民は消極的だった。地元コミュニティを巻き込もうと町議会が各世帯にアンケートを配ったが、回答したのは少数だった。何人かの批判的な人々が声をあげ、「地方の民主主義」にはなんの興味もないと明言した。建設委員会の構成を見て冷笑し、すでに建設労働者のストライキに悩まされているプロジェクトにさらなる不信感を表明する人もいた。

労苦に満ちた一〇年という期間を通じて、ゴッドフレッドは事態を加速させるためできる限りの手を打った。一九九八年のビルン・センター開館一五周年に際してまとめられた記念誌には、委員会が格別大きな障害に直面したときにはGKCが自由な発想による建設的なアイデアを思いついたことが述べられている。たとえば、同様の建物を見るためレゴ航空でフィンランドまで視察に行く、といったことだ。また、プロジェクトの最終段階で教会の家具調度品を塗装するための作業場を探しているとき、GKCはただちにレゴの工場に場所を用意した。

ゴッドフレッドが一九六二年にアメリカで公民館と教会を合体させた施設を訪れてふと思いついたものは、ビルンの最新のランドマークとして実現した。ビルンの古くからの住民の多くにとって、町の中央にできた教会は、町の産業革命の基礎を築いた人物を記念するものだった。一家、特にゴッドフレッドにとっては、この建物はヘネがこの世に遺したものの一部でもあり、彼女の兄と姉に支払われた多額の生命保険金は家族からセンターに全額寄付された。センターは一九七三年四月一五日日曜日に開館した。

町長としてイェンス・バック・ペダスンが町へのこの贈り物を受け取り、次のような言葉で応えた。「亡きオーレ・キアク・クリスチャンセンと若きヘネを偲んで、私は感謝とともにビルン・センターを受け取ります。これが常に彼らに敬意を払うものであり、決して無味乾燥な記念物にならないことを願っています」

町議会議長とセーアン・オルセンに続いてもう一人別の取締役もスピーチを行い、ゴッドフレッド、イディス、グンニルド、ケルに向けた言葉で締めくくった。「あなた方は大きな悲しみを経て、素晴らしい贈り物を与えてくださったのです！」

こうしてビルン・センターの扉が開かれ、幼稚園、読書室のある図書館、語学学習室、レコードを視聴できるエリア、子ども用プールが置かれておしゃべりできる広場、教会、公会堂、映

1973年に開館したビルン・センターは、ゴッドフレッドが初めてアメリカ合衆国で見たものと同じく、広い意味で教会と文化を融合させていた。開館当初から講演、コンサート、子ども向けの劇、映画クラブなど多くの活動が行われた。しかし裸体画を飾った美術展示会は町の好みに合わず、議論が噴出した。（私蔵資料）

画の上映や講演や劇が行われるホールなどが入居した。すべてが最新技術の設備を備えていた。彫像や絵を展示する回廊、静かな遊びと音のする遊びそれぞれに用意された遊戯室、教会が見える小さなカフェテリアもあった。教会では人々が座って過去や未来について思いを馳せることができた。その頃ゴッドフレッドも、新聞のインタビューで昔に思いを馳せている。当時はこれまでの人生で最も困難な時期であり、彼は不意にかつてのちっぽけな町とちっぽけな工場が懐かしくなった。

物質的にはかつてないほど

恵まれているというのに、今この国の人々が不満を感じていることについて、私なりに考察している。急成長している都会では人々が他者と隔絶してしまい、自分と同じ年齢層以外の人間を信じられなくなっているのではないだろうか。無知ゆえに偏見を抱くようになっているのだ。昔のビルンのような村落では、誰もが知り合いだった。そのような互いに打ち解けた状況では、心の底から幸福を感じることができた。今でも私たちはそういう状況にいる――少なくとも、私はいつも工場の皆と一緒に過ごしている。それでも私自身、実のところ一人一人とその家族を昔ほどにはよく知らないことに不満を覚えている。現在、工場があるため町には非常に多くの人がいるので、新たに人々のあいだの絆を育まねばならない。センターの存在によって、こうした村の伝統が最もいい形で保たれるようになるのを願っている。

ゴッドフレッドは家族の代表として、この贈り物に条件をつけた。このセンターをどう呼ぶかはビルンの住民が決めることだが、「文化《カルチャー》」という語を使ってはならない。なぜなら、そういう表現を聞くと自分たちには縁がないと敬遠する人が出てくるからだ。また、ビルン・センターがどのように使われるかについて制限を設けてはならない。とはいえ、ビルン・センターに「反体制的な歌を歌って聖書のように毛沢東語録を持ち歩く若い社会活動家」のための場所はあるかと尋ねられたとき、ゴッドフレッドはこのように答えた。「もちろんかまわない。ただ、ビルンにそんな怒りにまみれた民衆煽動家がいるとは思わないね。今、町に多くの人間、二五〇〇人ほどがいるのは知っているが、それでもまだ私たちは互いをよく知っている。だから、そういう極端に走って戦闘態勢を取らなくても、不満があるなら相手に直接言えばすむだろう」

いかにもゴッドフレッドらしい楽天的な発言である。それでも、ヘネを失って常に悲しみに沈んでいたことで、彼の中の何かが壊れていた。不屈の意志、頑固さ、自信は消えてしまったようだった。

ケルは一九七三年のイースター直前、ビルン・センターの開館に合わせて帰国していたが、それは短期間の訪問にすぎなかった。仕事は山積みになっており、レゴの御曹司はただちに会社のため種々の課題に取り組みはじめた。スイスでの中身の濃い一年間は、トーステン・ラスムスンと共著した八〇ページの卒業論文で締めくくられた。ラスムスンは同じデンマーク人で、ケルと親友になって海外生活を助けてくれていた人物である。彼らの論文は「レゴ株式会社経営方針の策定と実施」と題して、ケルが生まれて遠からず率いることになる会社について書いたものだった。

ケル：早くも一九六〇年代末には、レゴの成長には父の経歴や修業以上のものが必要であることが明らかになっていた。私は、新たな能力を得た自分がその任務に適していると確信した。トーステンはもちろんレゴを外からしか見られず、私は内部で会社を知る立場にいる。この二人で共著した論文はきわめて純理的なものだった。ハーバードビジネススクールで学んできた有能な講師が好むフレーズをふんだんに使った。だが、私が最も強く考えていたことは行間にあった。それはレゴの心、私たちの最も根本的なコンセプト、この会社をどうしたいかということだった。

ケルの論文は、父やヴァン・ホルク・アナセンからマーケティングや生産部門の長までを含む九人の取締役との会話に基づいて、当時レゴグループが直面していた課題を分析していた。分析はこういう言葉で始まっている——

主に会社を興して率いてきた人物によって生みだされた、非定型で独創的な組織構造は、会社の将来の方向性を導くには不適切である。そのため会社の経営陣は、計画策定・管理・意思決定の各プロセスを下支えできるよう、ある程度まで、非定型な構造をより定型的な構造に置き換えねばならない、との結論に達した。

ある意味、若きMBA学生二人による論文は、ヴァン・ホルク・アナセンがすでに着手していたプロセスの反映であり、ゆえにゴッドフレッドの旧弊な経営スタイルへの暗黙の批判だった。

ケル：父は、ほんの数人だけをおおいに頼りにしていた。信頼できる側近を選んで置いていたが、それは必ずしも上級管理職ではなかった。たとえば、組織構造のずっと下にいる技術者もいた。ヴァンにとって、それは少々扱いに困るものだった。私にとってもそうだった。一九七三年と一九七四年、スイスのレゴ新工場建設のため奔走していたときのことだ。私は何度か受話器を取り上げ、問題を把握し、「父さん！ それを決めるのはこっちのハンス・シースであって、ビルンの誰それじゃないよ」と言わねばならなかった。いずれ私が帰国して会社

1974年、議長としてスイスの新工場で経営会議を進める長髪の若き経営者。テーブルを囲むのは研究所所長ヴェルネル・パウリ（左）、技術部長ハンス・シース、生産部長ヴァルター・シュモッカー、財務部長ペーター・キルグス、開発部長ペル・ランデルス。

を継いだときには、すぐさまもっといろいろな国籍でもっと若い経営チームをレゴに置くことになるだろう。父が私とトーステンの論文を読んだとは思わないが、だからといって、父が私の話にまったく耳を貸さなかったわけではない。事業承継にかなりの時間がかかったのは、私が本当に深く経営にかかわるまでは跡を継げないということを、父がわかっていたからだ。

スイスで過ごした歳月は、経営者としてケルをしっかり形作った期間だった。ゴッドフレッドは長年スイスに製造部門を置くことを目論んでおり、一九七三年、ケルは暫定的に社長とされて、チューリッヒからそう遠くない都市バールにレゴ株式会社を作って経営する任務を与えられた。ケルが会社を設立して管理責任を負い、一九六二年からレゴで働いているハンス・シースが成形や工作機械に関する技術面を担当する。生産は従来と異なるまったく新しい成形方法によって行われ、最終的にはヨーロッパ市場への出荷においてビルンの工場を補完するようになる。

新たなレゴの会社を一から作る――技術的な研究開発を行い、新しく人を雇い、機械や工具を購入する――のは、MBAを取得したばかりの者にとっては途方もなく大変な課題だった。未熟な二五歳の社長は突然、テーブルの上座について、もっと年上で経験豊かな取締役たちを前に、ドイツ語と英語で行われる会議の議長を務めることになったのだ。

ケル：自分の年齢は意識していたから、ほかの人たちの言うこと、考えていることには充分に耳を傾けた。そのため会議は長引くことがあった。大まかな意見の一致を見たかったからだ。そのことはIMDで過ごした中で学んでいた。IMDではさまざまなことについてしっかり、長い時間をかけて議論した。その習慣はビルンにも持ち込んだが、同僚の中には会議に時間をかけすぎると不満を抱く者もいた。一人は言った。「君は極力意見を一致させることに固執していないか？」。別の人は、私が「そのことに関して日本人のやり方に過度に刺激を受けている」と言った。確かにそういう一面はあっただろうね。

スイスの急成長する工場や作業場に対する大きな責任に加えて、ケルはアメリカのコネチカッ

1973年、ケルは3歳年下の法学生、カミラ・ボーと出会った。その後間もなく彼女はスイスに引っ越す。（私蔵資料）

ト州に新しく独立した販売会社を設立する仕事も行っていた。失望しかもたらさなかったサムソナイトとの契約を破棄したレゴは、今度は西ヨーロッパ全体と同等の規模を持つ市場に単独で乗り込むことを検討しており、近い将来アメリカ合衆国内で独自にレゴの生産を始めるつもりだった。

ケルはときどきビルンに戻って取締役会に参加し、自分が最も熱意を持つ部門でブレインストーミングを行った。製品開発部門、別称レゴフーツラである。人生におけるこの多忙な、しかし刺激に満ちた時期、彼はカミラという女性と出会って恋に落ちた。

ケル：カミラの父方のおじは私のおじ、おばは私の母方のおばだった。そういう縁で、私たちは一九七三年の夏に出会った。彼女は法律の学位を取ろうとしているところで、二人は今後の人生設計をすぐに決めねばならなかった。私たちは一九七四年に結婚したが、カミラはその前

1974年、ケルとカミラは西ユトランド地方のナー・ニーブ教会で結婚した。左:ノラとカイのボー夫妻。右:イディスとゴッドフレッド。（私蔵資料）

にスイスの私のところに移ってきていた。そこで過ごした三年は素晴らしい期間で、望んだこと、やりたいことをする多くの機会に恵まれた。何をするにも、誰にも許可を求める必要がなかった。最近カミラがよく当時のことを振り返って、「私たちどうして、もっとスイスを旅して満喫する時間を取らなかったのかしら?」と言うのだが、彼女がそう言う理由は私にもよくわかる。

世界じゅうの三〇〇〇万人の子どもたちとヨーロッパの二万五〇〇〇軒の小売店が間違っているはずはない——レゴは最高のおもちゃだ。ブロックの成功に限界はなく、彼らが征服できない場所は世界のどこにもないように思われた。一九七〇年代初頭、売上は一五五パーセント増の伸びを示し、ヴァン・ホルク・アナセンは着実に、自信を持って、会社の中央集中を排除して効率化を進める計画を実行しつづけた。その具体策の一つとして多くの新たな会社が設立され、一九七六年にそれらはインターレゴ株式会社という親会社の傘下におさめられた。
最初はヴァン・ホルクが親会社の経営に当たったが、その役割は、ケルとカミラがビルンに戻りしだいケルに譲られることになっていた。それより少し前、ゴッドフレッドはビルンのおしゃれな高級住宅地、レゴの経営幹部たちが住むスコウパーケンに、広い一世帯住宅を用意していた。ケルと一緒にいるときは来るべき事業承継や自身の引退についてめったに口にしなかったものの、それを示唆するシグナルは送っていた。

ケル：父が直接的に「レゴを継ぎたいか、ケル?」と訊いてきた記憶はない。それでも父の意向は明らかだった。一九七〇年代初頭、私がまだスイスにいた頃、私が名目上会社の筆頭株主になって父のほうが少なくなるよう、私と父とで持ち株の数を調整した。といっても、議決権は父のほうが多く有していたが。父はそうやって、私が戻って会社を引き継ぐ日のために下準備を整えていた。そんなふうに株を委譲するやり方などについて、私たちが話し合ったのは確かだ。「ケル、こういう方法でおまえに異議はないか?」というように。それについて、私と父は完全に意見が一致していた。

一九七〇年代前半、年間の売上はまだ高いままだったが、会社は以前の熱気や活気を幾分失ったようだった。当然ながら、その一因は一九七三年の石油危機と世界的景気後退である。玩具の需要は弱まり、レゴの製品すら飛ぶようには売れなくなった。事業承継のみならず、製品の革新

1973年、レゴは単独でアメリカに販売会社を設立した。2年後、コネチカット州エンフィールドの新しい梱包工場用地に、工場長ジャック・サリヴァン（左）、GKC、ヴァン・ホルク、ケル、州知事エラ・T・グラッソ（中央）によってシャベルが入れられた。知事は基調演説で、州、国、全世界の未来は、子どもの才能がどれだけうまく伸ばされるかにかかっている、と述べた。玩具は大人にとっては遊び道具だが、子どもにとっては発達を助けるものである、と。

や開発も進まなかった。労働者が組み立て、成形し、包装している工場に、GKCが口癖のように言う「さあ、やるぞ！」という声が響き渡ることもなくなった。

ケル：父の意欲は失われていた。一九五〇年代と六〇年代、物事を動かしていたのは父だった。止めようとしても止められなかった。ところが七〇年代になると、父は急に自ら歩みを止め、何もやろうとしなかった。

かつては活動的でリスクを恐れなかったGKCが、突然慎重論を唱えはじめた。彼は社内報で、不況のときほど危険で困難な領域に踏み込み、充分に考え抜かれていない新製品を過度に多く出そうとする誘惑に駆られるものだ、と説明した。

長年のうちに、私は何度か重圧にさらされた。その中には我が社自身からの重圧もあった。人々は、もっと手を広げて多くの製品を出すことを提案した。これは、レゴを根本的に理解していない人にとっては自然な考え方だ。しかし、私個人は——そして会社の共同経営者たるケルも——我々はレゴの背後にある理念や哲学に焦点を絞りつづけるべきだと確信している。

そういうわけで、この時期、特筆すべきことは何も起こらなかった。一九五〇年代末以降、レゴは小売店、消費者、何百万もの子どもたちのみならず、会社の従業員をも鼓舞し、ビルンの工場に開拓者精神と格別な連帯意識を生みだした。ところが一九七六年、レゴの新製品は二〇数年ぶりに一つも発売されなかった。そして同じ年、レゴランドの成功をドイツのリューベックの北にある村ジールクスドルフで再現する試みも失敗に終わった。三年間の不振を経て、このテーマパークの扉は永遠に閉ざされた。

以前のレゴにあった、新たな未知の領域に踏み込もうという熱意や高い志は衰えているように思われ、現在の経営陣はあまりに保守的で消極的だと考える従業員が増えていった。今こそレゴの精神に改めて喝を入れるべきではないか？　とにかく、それが『クロッツハンス』と改名していた社内報で述べられたことである。一九七五年、『クロッツハンス』は問いかけた。「教えてください、レゴの精神というものはあるのですか、それはどんなものですか？」
　この疑問は多くの従業員の反応を誘発した。古株たちは一九五〇年代を懐かしく振り返ったが、こうした昔日の郷愁に、レゴの物流部門に雇用されていたトーステン・ラスムスンはあるとき耐えられなくなった。一九七六年三月、このケルの親友、ＩＭＤの論文の共著者は、いわゆる「レゴ精神」は将来に影を落とす時代遅れの幽霊だと非難した。昔の同級生で将来の社長のための露払いとも取れる、社内報への寄稿で、彼は歯に衣着せることなく語った。

　我々が徐々にレゴの過去へのばかげた郷愁をあおっていることは不運だと思う。オーレ・キアクとＧＫＣを絶対的に正しい天才だと見なすこと。あらゆるところに昔の精神がなければならないと主張すること。レゴの歴史を誰もが崇め奉るべき輝かしい伝説にすること。そう、確かにそれは素晴らしい物語だ。しかし、昔を振り返ってばかりはいられない。この「レゴ精神」という亡霊に永遠に取り憑かれないよう、できるだけ早く祓い清めるべきだ！

　一九七〇年代半ば、ヴァン・ホルク・アナセンにとっての最重要課題だった大規模な権力移行や業務の引き継ぎのなんらかの兆候を、会社は息を殺して待っていた。長い目で見たとき、レゴはどうなるのか？　社内報の好奇心ある編集者は一九七六年二月、ホルク・アナセンに質問を投げかけた。「スイスにはケル・キアク・クリスチャンセンという名の若い幹部がいます。彼は何者でしょうか。これから何をするのでしょうか」
　一九七五年一〇月以降ケルはスイスでの生産に全責任を負っており、「労働者と生産に対して社長として全面的な責任を与えられている」というのがホルクの答えだった。
ケルは今後もスイスにとどまるのか？
「違う。ケルは数年後にビルンに戻り、ここでレゴグループのために働き、父親を徐々に責務から解放することになっている」

スイスの工場は急速に成長していた。「レゴ株式会社《アクツィエンゲゼルシャフト》」は一九七四年の従業員およそ五〇人から、三年後には五〇〇ないし六〇〇人にふくらんだ。ゴッドフレッドとイディスが訪問したとき、ケルは父の称賛の意を感じ取った──特に、広い工場を歩き回り、ハンス・シースと話をし、マンスフレッド・ムラーと技術的な対策について議論したときに。ムラーは成形工房において一〇〇〇分の一ミリ単位の正確さで工具を調整する方法を実演した。

訪問中、ゴッドフレッドは息子の机に置かれた大きなコンピュータ端末に目を留めた。ケルの説明によると、これはアメリカのヒューストンにある、レゴのデータベースを格納するのに充分な記憶容量を持つハネウェル社の大型コンピュータと接続されているという。おそらくゴッドフレッドも、ある程度の規模の会社ならどこでも今後このようになることは知っていただろう。もっとも彼自身は、オーラ・ヨアンセンが毎日提出する紙の貸借対照表《バランスシート》によって財務管理を行うほうを好んでいた。

ケルはオーフスのビジネススクールでプログラミングを学び、非常に熱中していた。プログラミングはレゴブロックを組み立てるようなものだからだ。彼はＩＭＤでもＩＴのスキルを磨きつづけた。ＩＭＤでは、将来のＭＢＡプロフェッショナルは一人一台端末を与えられ、会社が行うであろうさまざまな意思決定の結果を計算するよう求められて、適切な時機に適切な決定を下す方法を学んでいた。

ケル：バールの工場で新しく自分のオフィスを持ったとき、最初にしたことの一つはハネウェル社のコンピュータの入手だった。スイスの日々の仕事にコンピュータを使うかたわら、レゴの長期戦略計画策定の試みを始めた。ある市場で一年間に何人の客を獲得することを期待できるか？ それは我々のマーケティングにどう影響するか？ 我々は何を得られるのか？ などど。すべては戦略計画策定システムの一環として、モジュールに分割されて行われた。私はビルンのある若者の協力を得てそれを進めたが、コンピュータによる計算はスイスでの日常的通常的な仕事の合間に行う副業みたいなものだった。私はかなり楽しんだ。だがスイス人の監査役は違った。彼は手書きの帳簿に慣れていたので、会計計算が突然ヒューストンのデータベース上で行われるようになったのを快く思わなかった。彼は我慢してそれを受け入れねばならなかった。

ケルにとって万事は順調に進んでいた。スイスでのみならず、彼がかかわるデンマークや外国でのほかのレゴのプロジェクトにおいても。ビルンで新たなキアク・クリスチャンセンが舵を取る時代の輪郭は、ヴァン・ホルク・アナセンが目論んでいた以上に急速に、より鮮明に浮かび上がりつつあった。一九七七年夏、ケルとカミラはアルプスから平坦で草木の生えないビルンに戻ってきた。スイスで生まれた生後七カ月の娘ソフィも一緒だった。カミラ・キアク・クリスチャンセンは弁護士として充分な資格を持っていたが、ビルンで専業主婦になった。帰国した当初から、ビルンでは若夫婦に大きな期待が寄せられていた。

ケル：もちろんこの変化は二人にとって大きなものだったが、特にそれを強く感じたのは、コペンハーゲンの北のビールムで生まれ育ったカミラのほうだった。私たちは突然、ビルンで毎日の生活を送ることになった。最初は一人、間もなく二人になる幼い子どもとともに。周囲の多くの人は私と家族を知っていたが、カミラのことは知らない。スーパーマーケットへ行って、彼女が「ケルの妻」そして「ゴッドフレッドとイディスの義理の娘」だという理由でおしゃべりしたがる多くの人々と会うのは、彼女にとって決して楽なことではなかったと思う。でもカミラはカミラなりに、穏やかに、立派に対処した。

私のほうは、単に「戻った」だけだった。目の前の課題に少しも怖気づいていなかった。その頃はまだ巨大な世界的企業ではなかったので、組織に入っていくのは簡単だった。これから一緒に働く人の多くはすでに知っていたし、大筋では彼らは私の役割を受け入れてくれた。年上の取締役たちにも、時間とともに受け入れられていった。ただし、それまでには何度か衝突もした。彼らは私よりも父の言うことを聞いていたからだ。

しかしヴァン・ホルク・アナセンのほうは、世代交代のもっと厄介な側面に対処しなければならなかった。ケルがスイスで忙しく働いて、ＧＫＣがビルンであまり経営にかかわらなくなっていた時期には、ホルクが意思決定を行い、父親と息子のあいだでうまく舵取りをしていた。とこ

ゴッドフレッドは息子と義理の娘をビルンに迎えるのを楽しみに待ち、彼らのために土地を確保していたスコウパーケンに庭つきの家を用意した。（私蔵資料）

ろが二人が近くで働くようになると、ホルクは不本意ながら二人の対立に巻き込まれてしまったのだ。

ある日には、ケルがしているのは正しいことだと思うかとゴッドフレッドに訊かれ、翌日にはケルの話に耳を傾けて、父親の最新の計画について意見を尋ねられた。だが、私が一つだけ明言していたことがある――週末は休みなので、私は彼らの「相手」をすることができない。だから彼ら二人は、土曜か日曜、あるいは私的な集まりの場では、互いに直接意見を交わす機会を持った。

ケル：一九七七年に帰国してマーケティングと製品開発の責任者になったとき、会社を発展させるいろいろ新しい方法について明瞭なアイデアを持っていた。一九七六年、物事は期待どおりには進んでいなかった。

特に、多大な期待を寄せていたアメリカでの販売はあまり芳しくなく収益は落ち込んでいた。諸々の理由で西ドイツでも同じようなことが起こっており、あのわくわくするミニフィギュアを除けばレゴの製品開発はほとんどストップしていた。私には、何をすべきかよくわかっていた。多様な年齢層の子どもの要求に合わせたレゴ製品の開発を押し進めたなら、会社はもっと多くのことができるだろう。そして開発部門の社員も、もっとやる気を起こしてくれるだろう。父は全体として私のアイデアに賛成してくれたものの、私にはやりたいことが多すぎるとも考えていた。それが最初の大きな衝突につながった。そういう衝突で、ヴァンは板挟みになることがあった。

一九七八年、ホルク・アナセンは、自分の使命は果たされたと判断した。会社を家族経営のまま存続させることに成功したのだ。法的な問題は解決し、財務は適度に安定しており、新たな世代の取締役たちが集められて組織がケルをトップにいただく準備は整った。

ホルクがレゴを去ると決めたとき、表向きの理由は、デンマークのスーパーマーケットチェーン〈ＩＲＭＡ〉から仕事のオファーを受けたというものだった。だがゴッドフレッドとケルに宛てた長い手紙では、八年間コペンハーゲンとビルンを行ったり来たりするのが家族の負担になっていたことを告白した。彼はイディスとカミラにも、それだけでなく一族全員にも手紙を書いた。ホルクは彼らを好きになり、家族の一員のように感じていたからだ。

手紙はシステムヴァイとスコウパーケンのそれぞれの郵便受けにそっと置かれた。夫とともに手紙を読んだ妻たちは、ホルクの真の動機を、ゴッドフレッドやケル以上にはっきり理解した。

ゴッドフレッドは黙り込んだ。ケルは心から落胆した。皆に好かれた模範的な社長、話を聞き、鼓舞し、評価し、政策を実行することのできる現代的なリーダーであるヴァン・ホルク・アナセンを失うのは、耐えがたいことだった。

ケル：ある意味、彼は私にとって父親のような存在であり、傑出した経営者でもあった。人の扱いが素晴らしくうまく、人をまとめたり奮起させたりすることが得意で、常に前向き。どんな状況でも、彼が「ああ、これからどうしたらいい？」などと言うのを聞いた覚えがない。冷静さは彼の大きな強みだった。

ヴァン・ホルク・アナセンとレゴは完全に絶縁したわけではなく、別の道を行くことにしただけだった。〈ＩＲＭＡ〉の将来の取締役は経営者の許可を得て、インターレゴ株式会社とレゴ・システム株式会社の取締役会に残ったからだ。その後の年月で、これは非常に大きな意味を持つことになる。ヴァン・ホルク・アナセンは今後もケルをサポートし、自らの経営の経験を教え、今や息子が会社を背負っているという事実を受け入れるようゴッドフレッドを説得することができたのだから。

一九七九年、ケルは正式に恩師から社長の地位を引き継いだ。ただし実質的には、前の年からトップの座についていた。それは、レゴのミニフィギュアが警官、消防士、医師、看護師といったおなじみのヒーローの格好で初めて市場に登場したのと同じ頃だった。

ケルがＣＥＯになった最初の１年間、彼の成功に最も決定的な役割を果たしたのはヴァン・ホルク・アナセンだった。アナセンは一種の父親像、経営者としてのロールモデルになった。

ケルは一年かけて少しずつホルクから日常業務の引き継ぎを受けた。ホルクがレゴの上級幹部チームから去るまで、二人は常に行動をともにした。父親と息子のあいだの諸問題は適切に解決された。ゴッドフレッドはある新聞に、昔のように表に出て活動するのではなく、裏方としてその場に応じて動き、すでに意思決定を始めていたケルを支える役回りを務めるほうがいい、と語った。

ケルは製品開発部門レゴフーツラでできる限りの時間を過ごしたいと考えていた。今後はこの部門が最優先されることになる。これこそが成長の鍵だ——積極的な製品開発！　ゴッドフレッドもこの考え方を支持したが、それが「多すぎる」新製品を発売することを意味しない限りという条件がつい

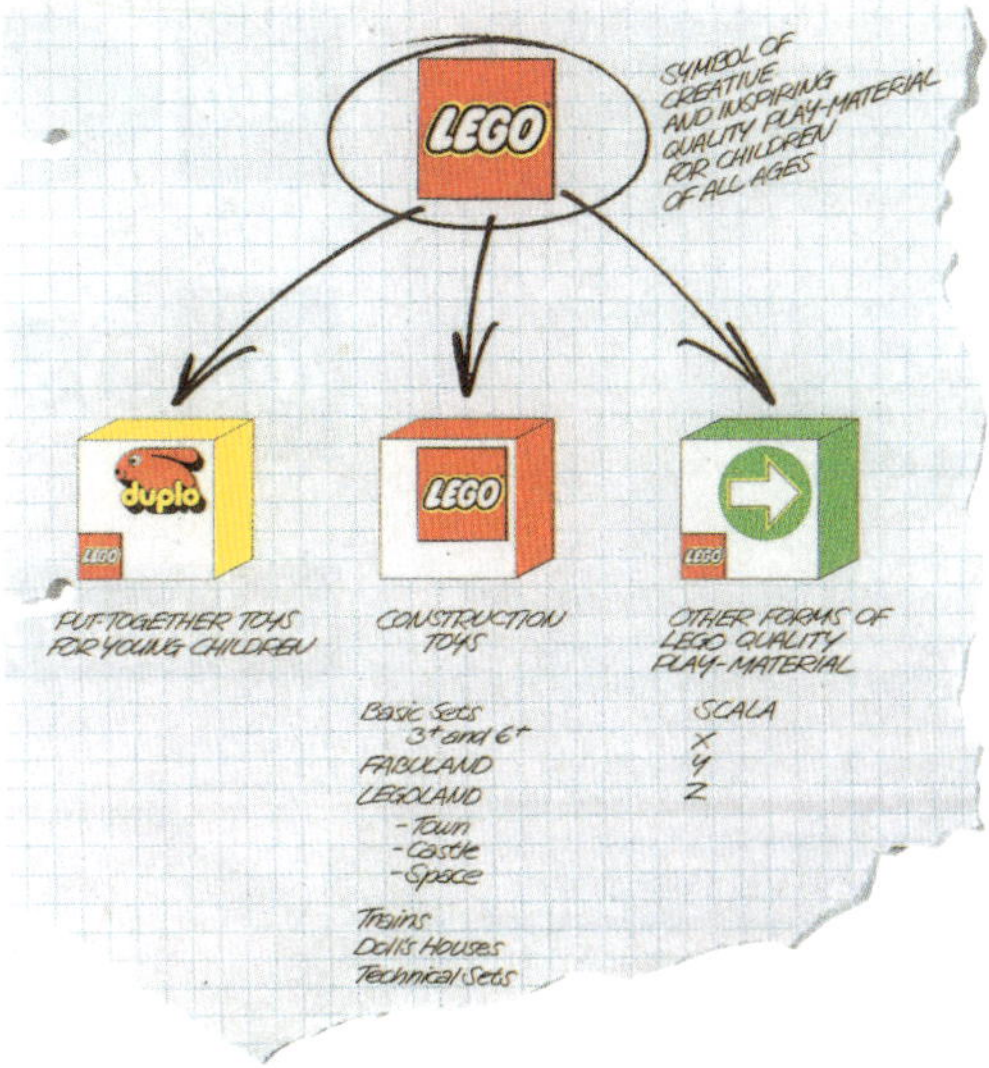

1978年3月、ケルは新たなレゴ開発モデルを導入した。そのモデルは製品群を年齢層で分けることによって「システムの中のシステム」を作りだした。彼が行った中できわめて重要なことの一つは、普通より大きなブロックを従来製品と分け、独立した製品シリーズのデュプロを生みだしたことだ。対象年齢は1歳〜5歳で、赤いウサギのロゴで見分けることができた。

ていた。しかし息子はそんな約束をすることができなかった。GKCがそれを思い知ったのは、一九七八年三月七日火曜日だった。その日ケルはオーストヴァイの通りに面した講堂で舞台に上がり、レゴの幹部一〇〇人の前で会社の長として初めての長いスピーチをして、市場細分化について述べた。消費者から見て、レゴは単なる組み立て玩具ではなく「創造的な発達を促す高品質な玩具」であるべきだ、とケルは論じた。自分たちは広範な製品群を世に出して、さまざまな年齢層とその異なる要求に対応しなければならない。この二〇年間で同じようなセットばかりたくさん出しすぎたせいで、「レゴの遊びのシステム」というゴッドフレッドのもともとの理念やコンセプトは薄まってしまった。

ケル：三月の会議にはレゴのヨーロッパの販売会社すべての管理職が出席し、雰囲気は最初のうち少々暗かった。私は立ち上がり、会社にとっての将来の開発モデルを説明した。それは私が数年間温めていた構想で、これによって消費者は今までにも増して自分の子どもの年齢に応じたレゴを買えるようになる。それがレゴの新たな戦略でありビジョンだった。

今後、レゴという名は多くの小さな製品群を広くカバーするものになる。デュプロ、ファビュランド、レゴランドタウン、キャッスル、スペース、テクニック、女の子向け装身具シリーズのスカラ。このように各製品シリーズを明確に区別することで、消費者はレゴの品揃えの概要を知ることができる。ケルがスピーチの最後を締めくくった言葉に、聴衆は目を輝かせた。

「我々は前進し、成長し、小売店ならびに消費者から真っ先に思い浮かべてもらう存在になる必要があります。そして、それは可能です。我々には世界最高のおもちゃがあるからだけでなく、我々は世界最高の玩具メーカーであるからです」

このスピーチは転機を示していた。レゴ一族の三代目が会社に再び活気を与えようとしていることを、誰一人としてみじんも疑わなかった。三〇歳のケルは、長い目で見て何が会社の役に立つのかを理解する父親の直感と、品質の重要性と従業員の優秀さに対する祖父の揺るがぬ信念とを、受け継いでいるように感じられた。けれどもケルはほかの誰でもない。ケルはケルなのだ。

論文とは違い、ケルの華々しいスピーチは、GKCが会社を率いたやり方や危機の兆候が見えたとき用いた手法への批判は間接的なものにとどめていた。もちろん、一九七〇年代にレゴが直面した問題の主な原因は、二度の石油危機、世界的な景気低迷、デンマークの出生率低下、海外での玩具市場の衰退だったのは間違いない。けれどもケルに言わせれば、父が製品開発の規模を縮小したのはレゴの利益に反することだった。

ケルはまったく逆のアプローチを取ることを考えており、ただちに宣言どおり多くの新製品を売りだした。一九七九年、それまでのレゴ史上最も幅広い品揃えが実現した。五三種類という多数のレゴのセットが登場し、そのすべてはケルの開発モデルの方針に基づいて作られていた。

ではゴッドフレッドは、会議初日の息子の力強いスピーチをどう思ったのか？　その日は隠していたものの、実は誇りに思っていた。その夜、彼はケルに手書きのメッセージを送った。

親愛なるケル、

私が心の中でどれほど喜んでいるか、どうしても伝えずにはいられない。

見事な思考、堅固な信念、勤勉さ、自分の考えを明瞭に表現する能力により、おまえはこの会議において、そしてレゴの将来にとって非常に重要なことを成し遂げた。組織内での自らの立場（あるいは自らへの敬意）を強め、内へも外へも広げた。レゴと私たちにとって大切なのは、おまえは心からの感謝に値するということだ。私が普段感謝を口にすることはないのだがね。

父より

特にケルのアイデアにインスピレーションを与えたのは、一〇年近くにわたって開発されつづけていたレゴのミニフィギュアである。フィギュアの「進化」を見た彼は、これまでずっと組立て玩具だったレゴが今は「ごっこ遊び」の無限の可能性を秘めていることを認識した。これはレゴにとって革命的な展望だが、ケルの考えではもっと早くに実現化されるべきものだった。なのに、ためらいや不安や経営陣の過度な消極性のせいで、ドイツの玩具メーカー、プレイモービルが一九七〇年代に発売した少し大きめのプラスチック製ミニチュア人形に先を越されてしまった。しかし今こそレゴは将来に目を向けねばならない。腕や脚を動かせて手でものをつかめる小さな人形で反撃に出たなら、レゴでの遊びをまったく新しいレベルに引き上げられるはずだ。

ケル：ミニフィギュアはもともと父が思いついたもので、ある意味、その起源は一九五七年の創業二五周年にまでさかのぼる。オーバーオールを着てキャップをかぶった小太りの労働者、「レゴマン」の絵が描かれたときだ。当時、その絵はレゴが小売業者に配る資料でイラストとして使われ、一九五〇年代末には一種のアイコンになっていた。

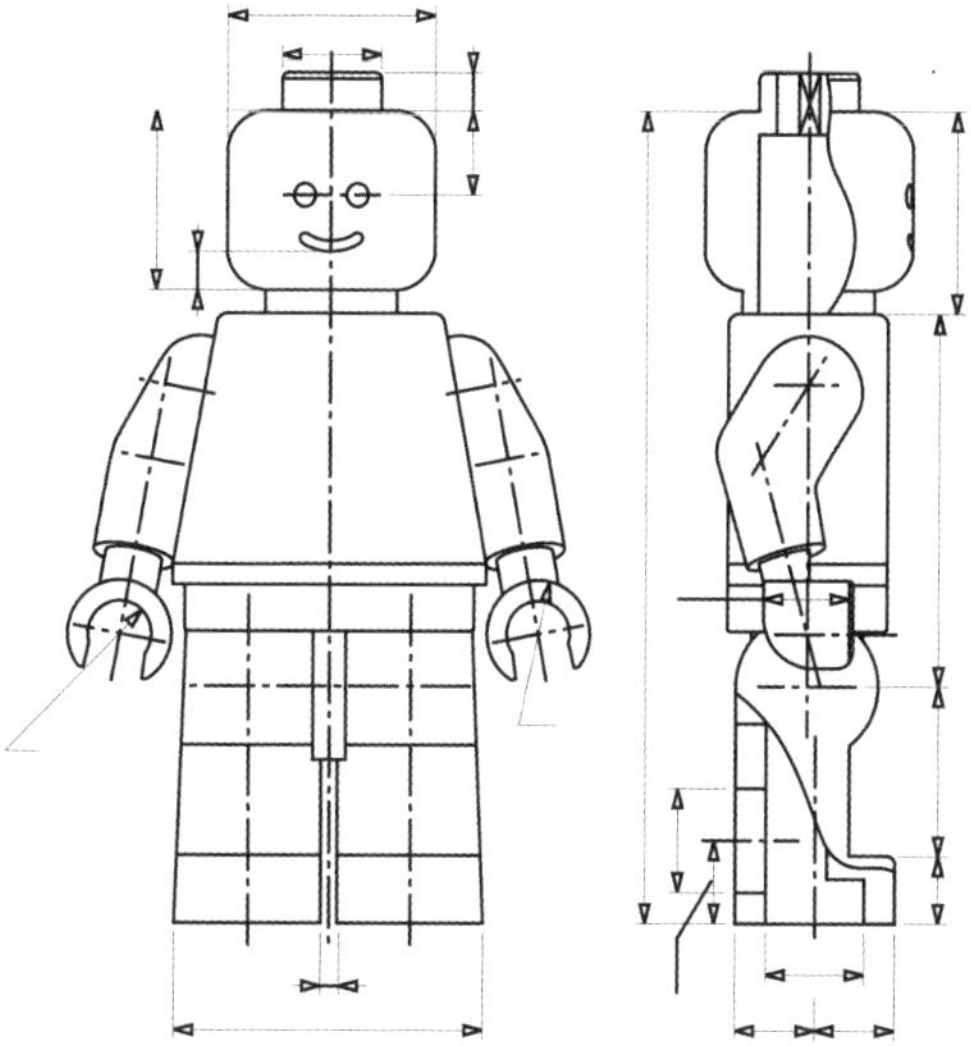

イェンス・ニゴール・クヌセンは革命的なミニフィギュアにかかわったデザイナー。50以上のスケッチを描いて試作品を作った末、レゴシステムのすべての基準に合致する最終的な形を決定した。2020年にクヌセンが亡くなると、1人の熱心なレゴのファンはツイッターにこう書いた。「彼は妻、子ども3人、孫2人、そして子どもたちの想像力から生まれ命を吹きこまれた80億個のミニフィギュアを遺して逝った」

それが父の頭に種を蒔いたのだと思う。「もしかして、ああいう人形をレゴシステムの部品にできるのでは？」。しかし、その考えが現実になったのは一九七〇年頃だった。レゴ スペースやレゴキャッスルを考案したデザイナーのイェンス・ニゴールが、試しに背の高い「組み立てフィギュア」を作ってみた。人形は家族のメンバーが揃っていて、一九七四年にはそのセットが非常によく売れた。翌年、ニゴールはミニフィギュアを開発した。背の高さは三・五センチ、ブロック四個分だ。それはレゴブロックのサイズにぴったり合っていたが、そのバージョンでは腕や脚が動かず、「塩の柱」というあだ名がつけられた。それではよろしくないというので、私とニゴールと父は何時間も話し合いを重ねた。このフィギュアをなんとかしなければならない。少なくとも腕や脚は動くようにすべきだ。当時私は、そのサイズの人形はすぐ爆発的に売れると一〇〇パーセント確信していた。それが実現したのが一九七八年だった。

子どもの遊び方やレゴ製品への反応などを調べるレゴの分析部門では、一九六〇年代後半に何度も重要な議論が行われたが、その多くはミニフィギュアの開発にかかわるものだった。こうした議論は主に、会社にとっての永遠の課題に関して展開された。女の子である。レゴは一九五三年以来女の子に向けても必死で宣伝していたものの、女の子は男の子ほどレゴに熱中してくれなかった。会社は表向きレゴのシステムを男女両方に売ろうとしたが、実際のところ「レゴの遊びのシステム」への興味には男の子と女の子のあいだに根本的な差があるのを、一〇年以上前から認識していた。

分析部門のオーラフ・テューイェスン・ダムは一九六九年に書いた長いメモで、レゴの世界に人間型の人形を早急に作りだす必要があると論じた。女の子は、家具や家や自動車といった「モノ」だけで構成されるおもちゃを受け入れない。女の子にとって、こういうものは人間のいる状況や人間の活動とのかかわりでのみ存在し、目的を持つ。一方の男の子は、家や車や列車を組み立てて動かすこと自体を楽しむ。

彼はまた、レゴは長年製品シリーズにいくつか女の子に関連したものを交ぜようとはしてきたが、今は激動の時代、若者が権威に反抗するのみならず、女性が解放され、時代遅れのジェンダー規範が覆される時代である、と指摘した。男の子に焦点を当てたレゴの製品開発は、もはや通用しない。男性で占められるレゴの経営陣は、そろそろ男女両性の想像力や創造性を真剣に考えなければならない。それはジェンダーにかかわる崇高な政治的理由からというより、経済的な理由からである、とテューイェスン・ダムは述べた。

「女の子は男の子と違うこと、違う遊び方をすることを考慮しないなら、我々は女の子という市場の持つ大きな可能性を開くことはできない」

テューイェスン・ダムはGKCとほか四人の男性取締役が出席した会議で、「レゴの遊びのシステム」は女らしさよりもステレオタイプ的な男らしさに合うよう作られていることを強調した。問題は、材料（硬くて角張ったブロック）だけでなく、組み立て過程そのもの、そして子どもがレゴで作ろうとする対象――列車、船、車、家――でもある。

中でも家は、レゴの問題の核心やジレンマの本質を象徴していた。レゴブロックで作った家は「外向き」だった。焦点は外観に置かれており、内部は常に、開かない窓や扉のついた何もない閉ざされた空間だ、とテューイェスン・ダムは言った。子どもがレゴで遊ぶとき、彼らがかかわることができるのは建物の外側だけで、内側については何もできない。つまりレゴは、生き生きとした、個人的で人間的な、感情のこもった遊びに対して、狭い視野しか提供していないのだ。

テューイェスン・ダムはさらに続けて――

今後も女の子は「モノ」だけで構成される玩具を受け入れないだろう。彼女たちは命を求めている。物体に人間性が与えられることを要求している。女の子の遊びに組み込むことのできる、人間を象徴する自然なものが必要だ。これらのフィギュア、あるいは人形は、硬直して角張っていてはならない。座ったり立ったりできなければならず、それにふさわしい体型であるべきだ。上述の家族は、祖父母やもっと多くの子どもなどを加えて、徐々に大きくしていくこ

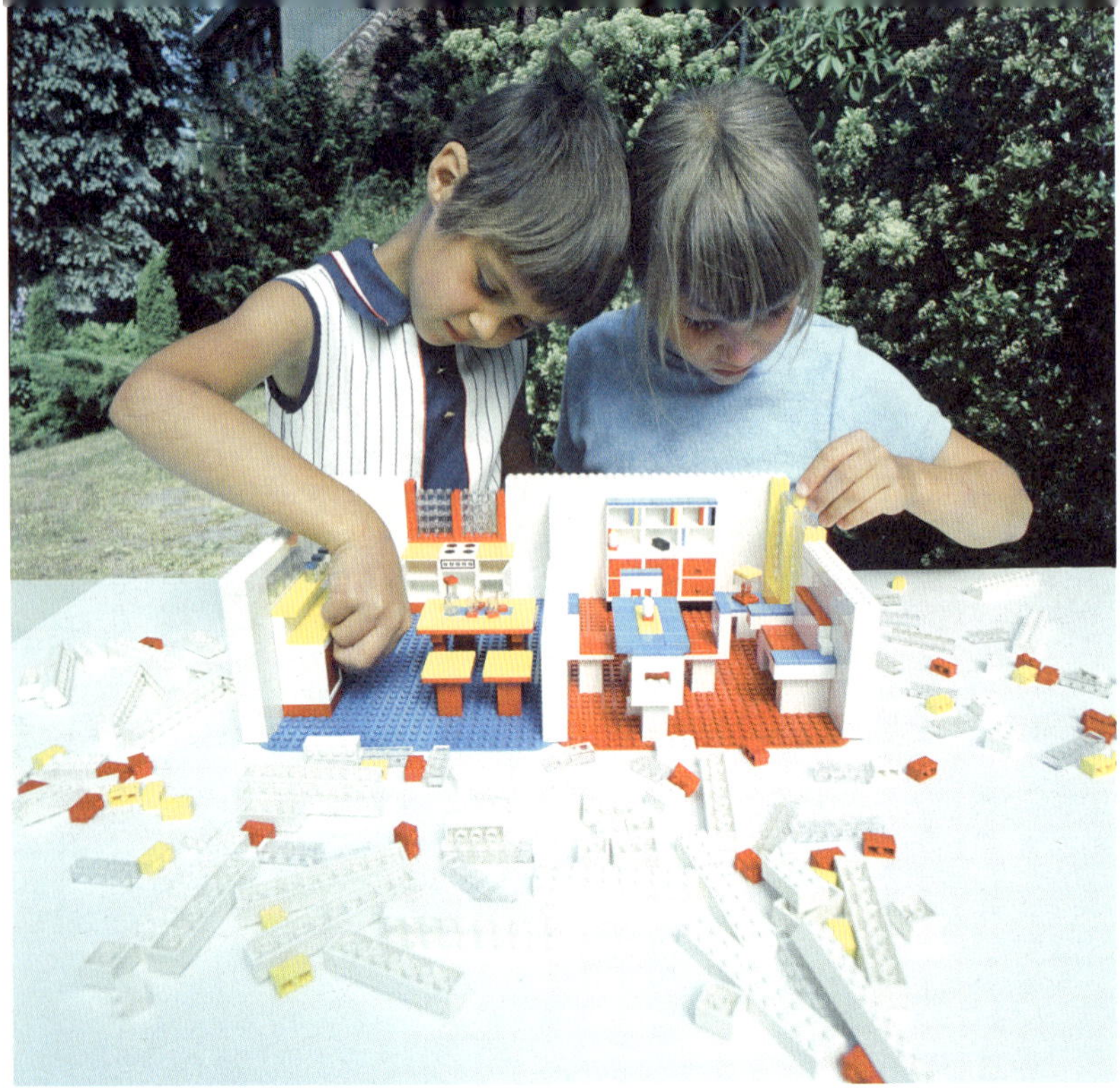

1978年の品揃えを社内報で紹介するとき、レゴは「女の子は常にレゴにとって特別な問題だった」と述べた。それを解決するため5種類の製品が作られた。その1つは開閉可能な蝶番のついたドールハウスで、細かな装飾品が付属していて、女の子はおままごとで遊ぶことができた。

とができる。

まさにそれが、一九七〇年代を通じて行われたことだった。最初は一九七一年に人形用の家具とドールハウスが売りだされ、三年後、レゴ史上初の人間型フィギュア、「組み立てフィギュア」が生まれた。だが、一九七四年発売の組み立てフィギュアは好意的に受け止められてかなり売れはしたが、レゴで組み立てられるものに比べて大きすぎた。そのためサイズは二度縮小され、一九七八年に最終的なミニフィギュアが誕生した。それから数十年で、こ

デンマークに帰国後、ケルは友人３人と共同でＢＢヨットを購入し、その後数年間で何度か、フィン・ルンドト競漕会に出場した。それはまるで、モーターボートに乗るようになる前、少年時代に自分専用の手漕ぎボートを持って櫓の使い方を覚えたヴァイレ湾の海に戻ったような感じだった。（私蔵資料）

うしたミニフィギュアには熱狂的なファンがつき、現在では全世界で九〇億個が流通している。

ビルンでは、レゴのミニフィギュアや将来の社長への期待は高かった。少々照れ屋だがいつも笑顔のケルは、当時の流行に合わせた服装や髪型をしていた。踵の分厚い靴、裾の広がったズボン、ぴったりしたシャツ、きれいに手入れされた長髪、ふさふさしたもみあげ。言い換えれば、父の経営スタイルを真似る気はまったくなかった。日中社内をうろうろして、おしゃべりして回るつもりはない。終業後、何が製作されているのか、現在何が仕掛中かを調べるために模型製作者の机や棚を嗅ぎ回るつもりもない。

それよりも、ヴァン・ホルク・アナセンにならって、それぞれの専門分野を担当する意欲的で若い新幹部たちとともにレゴを未来へと導いていくつもりだった。個性は前面に押しださず、会社ではあまり目立たない存在となり、従業員を厳しく管理しない。それでも、一九七八年末に社内報で自分自身について、経営スタイルについて、事業の未来について語るよう求められたとき、この若き社長は拒否できなかった。

私はだいたいにおいて寛大で民主的なリーダーだと思っている。ただし、私がひとたび何かについて心を決めたなら、私に断念させるのは難しいかもしれない。自分のことを、何はともあれ、会社のために長期的な目標を設定してそこに至る戦略を立てる人間だと考えている。特に時間をかけたいのは製品開発やマーケティング戦略なので、日々の経営からはできる限り解放されていたい。

自宅の屋敷では、別の事態が進行中だった。カミラが二人目の子どもを身ごもっていたのだ。レゴの社内報は、夫妻は家庭での役割を古き良き時代の方式で分担したと述べた。つまり、レゴの将来の経営者は二歳のソフィの世話を妻に託した。「うーん、料理はあまり好きじゃなかった。ましてや洗い物などとてもとても。正直言って、そういう仕事から逃げるほうが得意なんだ」

とはいえ、スポットライトからずっと逃げていることはできなかった。二カ月後の一九七九年二月、彼はデンマーク実業界のもう一人の御曹司ピーター・ソベルとともに、突然『ビル・ブラーデ』誌に登場した。ピーターもケルと同じく、大企業を築いた一族の三代目だ。彼も間もなく保険会社コーダンの社長になるところだった。「二人とも典型的な跡取り息子、舵を取るべく生まれた人物である」と週刊誌には書かれた。「彼らには一つ共通点がある。天賦の才能だ。そのおかげで、二人ともその職務にふさわしい候補者になっている」と付け加えた。

ケルは長年メディアへの登場を極力避けてきたにもかかわらず、この週刊誌は彼の私生活についても少々触れていた。ケルはかつて乗馬に熱心だったが、今はヨットが趣味で、去年全長二三フィートのヨットを購入してヴァイレに係留している。ゴルフも少しやるが、子どもの頃に大好きだったレゴでは長いあいだ遊んでいない。最も熱中しているのは昔も今も自動車で、スイスにいるときメタリックグリーンのポルシェ911カレラ・クーペを買い、現在その車はデンマークのナンバープレートをつけている。

『ビル・ブラーデ』誌はまた、ケルはそれほど好き嫌いはないが、タラの煮物とウレブロ（ライ麦パンとビールで作ったデンマークの伝統料理）は大好物とは言えないことを読者に暴露した。服はヨーロッパのサイズ四一。浪費癖はなく、友人たちは彼を「倹約家だがケチではない」と評している。自動車以外に、もう一つだけ金のかかる趣味がある。それはウィスキーだ。好きなのは、なめらかで味わい豊かな二五年物のシーバスリーガル。あとは、今でもポップスとロックが大好きで、最近ブルース・スプリングスティーンを聴きはじめた。特によく聴くのは、父親と息子の関係についての歌である。

俺は片田舎の谷あいの町で生まれ育った
そこの男たちは幼い頃から
父親と似たような仕事をするように育てられる

7

Play

遊び

1980年代

パイレーツ、1989年

世界最大のレストランチェーンが一九八一年春に初めてデンマークで開業したとき、レゴは一つのことを思いついた。最初、その提案はコネチカット州エンフィールドのアメリカの販売会社からもたらされた。一九七〇年代に何度もアメリカに出張してよくマクドナルドを利用していたケルは、提案に飛びついた。目の前にコカ・コーラの大きなカップを置いてビッグマックをもぐもぐ食べているとき、このファストフードチェーンの成功の秘訣が、おいしいマヨネーズとマスタードとビネガーとガーリックとオニオンとパプリカと調味料を適切に組み合わせたことだけではないと気がついた。ハッピーセットについてくるおまけも、同じだけ成功に寄与しているのだ。

ケル：当時ヨーロッパでは、マクドナルドはそれほど巨大な存在ではなく、主に若者が集まる場所だった。一方アメリカでは、子ども連れの家族も同じくらい利用していた。アメリカ出張でそういうことを実感していた私は、あの頃ヨーロッパで多くの人がひどいところだと考えていたこのハンバーガーチェーンに、なんの反感も抱いていなかった。我が社がマクドナルドと共同販促契約を結んだときも、批判の声はあがった。よくもそんなことができるものだ！　などと。取締役たちも、あまりこの企画に乗り気ではなかった。

共同販促はレゴのマーケティングの新たな形態で、一九八〇年代を通じて発展し、ケロッグ、コルゲート、パンパースといったほかの有名ブランドとの提携が実現した。だがこうした共同販促に、ビルンの経験豊かなベテランたちはうさんくさげな顔を見せた。「なんだと、古き良きレゴブロックはもう単独では売れないと考えているのか？」

もちろん売れる。ケルが連れてきた若い幹部たちはそのことを疑っていなかった。彼らはほとんどが三〇代だった。トーステン・ラスムスン、ニールス・クリスチャン・イェンセン、スティグ・クリステンセン、クリスチャン・マイゴール、それに加えて財務部長アーネ・ヨハンセンなど年長の熟練した人々。これが、レゴをさらに世界的に認知させることになるチームである。彼らは、販売を最適化しつづける──すでにレゴを持っている人にもっと多くを売り、持っていない人には初めて買ってもらう──ためには、特別なこと、できれば新しいことをする必要があるのを知っていた。

マクドナルドとの契約は一九八三年秋にアメリカで締結された。契約では、マクドナルドは翌年の秋、数カ月にわたるキャンペーンで広告、宣伝、テレビコマーシャルを行うとされた。アメリカとカナダのマクドナルド六五〇〇店舗が、北米の数百万の家族が新しいカラフルな組み立て玩具と初めて出合う舞台となる。

レゴはブロックの入った小さな透明の袋を二五〇〇万以上と、レゴブロック製のロナルド・マクドナルドの大きな模型六五〇〇体を作って納入する。ロナルドの模型はすべての店舗に置かれることになる。また、親がおしゃべりしながら子どもの残したハンバーガーやポテトを食べているあいだ、袋に入ったレゴやデュプロでどんなものを作れるかが子どもにわかるような見本として、店のカウンター用に同じ数だけ、接着された模型も供給する。

一九八六年と一九八八年にも同様のキャンペーンが行われ、レゴは一九八〇年代にマクドナルド向けに一億袋近いブロックを生産した。レゴはついに、サムソナイトとのライセンス契約の破棄以来探しつづけていた、魅力的なアメリカ市場に入り込むための手っ取り早く効率的な方法を

35 million
kids will leave McDonald's hungry...
for LEGO® toys.
LEGO Systems is improving upon the success of the 1984 McDonald's sampling promotion with an even bigger one this year. 40% bigger.
And just like '84, once kids get a taste of LEGO toys at McDonald's, they'll be hungry for the LEGO toys you stock. Especially since every sample set will include a coupon good for a free LEGO set with proof of a $10 retail purchase.
So stock up now to satisfy kids' appetites for LEGO toys this fourth quarter…instead of letting kids get their RDLA (recommended daily LEGO allowance) somewhere else.
duplo
LEGO
For building your profits, we've got the system.

1980年代、レゴは、北米の3,500万人の子どもは飢えてマクドナルドを出ることになると謳った——もっとレゴのおもちゃをちょうだい！　アメリカのハンバーガーチェーンとの3度にわたる共同販促キャンペーンの成功により、レゴは世界最大の玩具市場に参入することができた。

見つけたのだ。

レゴのブランドは、マクドナルドの中核的顧客層を通じてアメリカ合衆国とカナダに急速に広がっていた。その顧客層とは、レゴにとって望みうる最高の使者、すなわち子ども連れの家族である。アメリカにおけるレゴのブランドマーケティング部長ケリー・フェランはのちに述べている。「この大規模なイベントにより、共同販促の主要目標はすべて達成された。つまりブランド認知度を上げ、レゴ所有者の収集意欲をかき立て、試供品提供によってレゴの新たな消費者を獲得した」

マクドナルドとの提携は、マテル、ハズブロ、タイコといった大企業が君臨する世界最大の玩具市場に打って出るため一九八〇年代にレゴが行った取り組みの一例である。タイコは、レゴの特許が切れたと知るとただちに行動に出た。同じプラスチック素材を用いた「スーパー・ブロック」というブロックのシステムを売りだしたのだ。それはレゴそっくりでありながら、小売価格はたったの三分の一だった。

タイコはアメリカの消費者に向けた大々的で積極的なコマーシャルで、スーパー・ブロックはレゴと互換性があると宣伝した。そして一九八五年、消費者のためと称してレゴに宣戦布告するという過激な手段に出た。スーパー・ブロックで作った恐ろしげな戦車が地球の反対側にいる小さな国の敵に大砲を向けているコマーシャルを流したのだ。「タイコはレゴに宣戦布告する――勝つのは君たちだ！」。もちろんそれが示唆するのは、消費者が勝利するということだ。

こういう宣伝は正当なものだ、とタイコは考えていた。レゴのアメリカでの特許は切れているし、そもそもこのデンマークの玩具メーカーは一九四八年から一九四九年に別の会社から製品アイデアを得ていたのだから。またしてもキディクラフト社の亡霊がビルンの取締役会議室に出没し、レゴの法務部は会社にとって過去最大の国際訴訟を行う準備にかかった。訴訟は何年もかかることが予想された。

訴訟の第一段階はレゴの勝ちに終わった。訴訟は一九八六年に香港で審理されたが、そこでゴッドフレッドは初めて、ヒラリー・F・ペイジの自動ロック組み立てブロックからレゴが開発を進めた詳細ないきさつを宣誓のうえで話した。裁判記録によれば、彼はイギリスのブロックを「非常に慎重に」模倣したことを認めたという。これはゴッドフレッドにとってつらいことだった。厳密に法的な意味でペイジやキディクラフト社に関してなんら違法なことはしていないが、それでも彼は常に負い目を感じていたのだ。

香港での審理の中で、タイコの弁護士は自分が最近息子とともにデンマークのレゴランドを訪

TYCO DECLARES WAR ON LEGO.
And you're going to win! Tyco Super Blocks. The Super Value Blocks.
TYCO

巨大玩具メーカーのタイコは攻撃に出て、ヨーロッパの「敵」はプラスチック製ブロックをほかの会社から剽窃したと非難した。

問したことを引き合いに出してゴッドフレッドを攻撃した。彼は訪問中、ブロックの成功を述べる中でヒラリー・F・ペイジの名がどこにも見られないことに驚いたという。

「一般の人は、連結ブロックのアイデアやデザインはすべてレゴが生みだしたという印象を受けますが……これは少々不公平ではありませんか？」

　ゴッドフレッドは答えた。

「事実を知っているなら、不公平だと思う人もいるかもしれません。私自身は、何も考えていませんでした」

　一九八六年にGKCと弁護士やコンサルタントの随行団が三週間の香港滞在のため飛行機のチケットを取ってヒルトン・ホテルに一〇部屋を予約したときよりずっと前から、レゴはすでにビルンで種々の激変を経験していた。

　一九八〇年頃、ケル率いる若いチームは上階の経営幹部オフィスに移るやいなや、未来を見据

1981

レゴのシステムに命が吹き込まれてさらにわくわくするものになり、1981年のカタログの表紙には種々の製品シリーズの小さなフィギュアが集まって、「ごっこ遊び」の無限の可能性を予言した。

えて、一九七〇年代の慎重なアプローチから思いきった転換を行った。製品開発部門では、熱意、好奇心、独創的・革新的に考える意欲が、再び評価されるようになった。

数年で製品の幅は大きく広がり、一九七〇年代を通じて年間一四五種類程度で安定していた品数は、一九八三年には二四六にまで急増した。ケルが社長になって最初の五年間で、売上高は三倍になって二億クローネに達した。従業員は二五〇〇人から三三〇〇人に増え、スイス、韓国、ブラジルに新しい工場が計画された。会社のあらゆる領域で明らかな進歩が見られた。

会社の拡大は、経営陣の刷新や北米でのレゴの大躍進だけでなく、動かしたり形を変えたりできるレゴのミニフィギュアのおかげでもあった。ミニフィギュアは現実的な設定でもおとぎ話でも使われた。ほどなく、看護師、警官、宇宙飛行士、盾を持つ騎士、義足の海賊、ぼうっと光る幽霊など多くの種類が生まれた。ミニフィギュアはアメリカでは「ミニフィグ」と呼ばれるようになり、記録的な速さで、それまで人間がいなかったクラシックな「レゴの遊びのシステム」に、非常にいい意味で騒乱を引き起こした。

ケル：レゴの世界にちょっと命を吹き込んでやる必要があった。ミニフィギュアは間違いなくそれを実現してくれた。ブロックの組み立てと「ごっこ遊び」が結びついたことが発展をもたらし、一九八〇年代から九〇年代にかけての成長の黄金期の土台を築いた。タウン、キャッスル、スペース、パイレーツなどのシリーズで、私たちは膨大な数の子どもたちの心をつかんだ。

レゴは今までにも増して、警戒し、用心していなければならなかった。一九八〇年代初頭、玩具業界は未知の難問に直面した。携帯型ビデオゲーム機である。それは突如、伝統的な遊び方を攪乱し、「クリスマスに欲しいものリスト」を変えた。ビルンでは、当初この状況は静観されていた。ある新聞から、レゴグループは翌年電子的なものを出すつもりかと質問されたとき、広報部長ピーター・アムベック＝メッセンは答えた。「玩具市場にやかましい電子部品が現れたからといって、製品開発計画は変更していません。しかしコンピュータゲームの爆発的な成長に、我々は警戒を怠ってはいません」

ケル：私個人は、最初携帯型ゲーム機に、その後はジョイスティックのついた大型ゲーム機に魅了された。しかし、私たち玩具メーカーが新たなライバルを恐れていたとは言えない。少なくとも最初のうちは。もちろん、どうしたらレゴにデジタル的なものを組み込めるかについてはおおいに議論したし、機械や技術に対する好奇心を祖父から受け継いだ私は、それについてじっくり考えた。

ほどなく、ゲーム機は無視できない存在であることが明らかになった。一九八〇年代初めのデンマークの小学生は、学校が休みになると合成効果音に囲まれ、手に持った小さな機械に視線を据え、超高速で親指を動かしてボタンを押し、種々の命令を発した。ドンキーコング、オクトパス、マリオブラザーズなど多くのビデオゲームが、日本で生まれて開発されていた。

携帯型ビデオゲーム機はあっという間にほかの玩具を脅かす存在となった。親や教師は電子音に苛立ち、デンマークの玩具店の中には当初ゲーム機を置こうとしないところもあった。一部の批評家が、それは良好で健康的な遊び方をむしばむと断言したからだ。デンマークの大手デパート〈マガシン〉の筆頭バイヤーは、ゲーム機を「単なるピコピコマシン」と呼び、レゴの経営陣と同様、一時的な流行にすぎないと考えた。デンマークの多くの児童センターも、この「反社会的な」新しいタイプのゲームに関して慎重な態度を取り、いくつかの放課後クラブは子どもが携帯型ビデオゲーム機を持ってくることを禁じた。コリングのそういうセンターの一つの責任者は、一九八三年に説明した——

もうたくさんだった。クリスマスの直前にこういうゲームの大ブームが起こり、イースター

These are the blocks, red, yellow, and blue, that build whatever he wants them to.
Big, bright blocks for girls and boys to make the fun called DUPLO™ Toys.
Preschoolers learn by doing, and DUPLO™ Toys give them the perfect opportunity. From Pull Toys they can pull apart – to Basic Building Sets – to sets that build a farm or school.
There are 16 DUPLO Sets in all. Look for them in the preschool section of your toy store.
Ages 1-5
DUPLO Toys...the toys with the accent on "do."™
duplo

Mutti, meine Giraffe kann Rollschuh laufen.
Kinder haben ihre eigene Welt. Eine Welt, in der die Fantasie wirklich alles möglich macht.
Damit diese originellen und neuen Ideen auch in die Tat umgesetzt werden können, bedarf es eines Spielzeugs, das mit seinen vielen Spiel- und Variationsmöglichkeiten der Fantasie der Kinder in nichts nachsteht.
LEGO® Grundkästen regen die Vorstellungskraft an und geben Kindern die Möglichkeit, jede fantastische Idee zu verwirklichen. Weil die Grundkästen LEGO Elemente enthalten, die das Spiel zum grenzenlosen Spaß werden lassen.
Alle Grundkästen sind den verschiedenen Entwicklungsstufen der Kinder angepaßt.
Es gibt LEGO Grundkästen für Kinder ab 3, 5 und 7 Jahre.
Der Aufziehmotor 890 bringt Schwung in die LEGO Sammlung. Jedes Modell kann in Bewegung gesetzt werden, ohne Batterien.
LEGO® - jeden Tag ein neues Spielzeug.
LEGO

Jeu sans frontières... avec les boîtes universelles Lego
Les enfants veulent toujours quelque chose de nouveau et surtout de la variété, dont ils n'ont jamais assez.
Ce problème est résolu d'avance par le jeu Lego. Les boîtes Lego universelles sont la base du jeu Lego, car le contenu de chaque carton se compose d'éléments de base pour nombre de constructions diverses. Toutes les boîtes ultérieures sont conçues de façon spécifique pour permettre aux enfants de maîtriser les différents degrés de difficultés qui se posent d'une année à l'autre. Elles forment donc le complément idéal du jeu Lego. En même temps, elles favorisent et développent la faculté de penser logiquement chez l'enfant. Plus la collection Lego sera grande, d'autant plus intéressant sera le jeu avec Lego.
LEGO System

1.2.4
A whole bucketful of new ideas.
re they are: The new, big DUPLO buckets. With lots of blocks and room to store even more.
From 0-5 years
DUPLO toys make it fun for little fingers to learn.
duplo
From the LEGO Group
921102

1980年代、子どもはレゴのロールモデルになり、子どもの創造力がレゴの広告キャンペーンのテーマになった。

前は最悪だった。ゲームは子どもたちを気味悪いほど不活発にする。彼らは皆、自分一人でゲーム機に向かって遊ぶので、ほかの子どもと交流しようという気がまったく起こらない。それどころか、遊んでいる子の前をほかの子が横切って光が遮られたりしたら、喧嘩になることもある。

今日、こうした強い反感は歴史上の古くさいエピソードとして片づけられている。実のところ、ピコピコ鳴る携帯型ゲーム機や、その後すぐに出てきたコモドール64や画期的な任天堂ゲームボーイは、世紀の変わり目までに先進国の青少年の寝室を支配することになるデジタルハードウェアの津波の予兆にすぎなかった。それからの一〇年間で、子どもが一人で、あるいは友達とどう遊ぶか、そして特に何で遊ぶかについて、パラダイムシフトが起こったのである。

最初のうち、レゴは懐疑的だった。ビデオゲーム熱は束の間のものだと考えていた。デンマークの大手経済新聞『ベアセン』紙が一九八三年春にこの国際的に知られた玩具メーカーを特集したとき、前社長も現社長も、電子ゲームはレゴの持続的成長への脅威だと思わないと明言した。この件に関して、父と息子の意見は一致しているように見えた。ゴッドフレッドは述べた。「玩具業界において、我が社は世界でも有数の優良企業であり、こうした電子ゲームの人気に少しも衝撃を受けていない」

それでも『ベアセン』紙の記者は世代間の溝を察知して食い下がり、レゴは電子玩具の生産を始めるつもりかと息子のほうに尋ねた。それは考えられないことではない、と記者は論じた。レゴは最近、デンマーク最大の出版社と提携してファビュランドの世界の物語を描いた本のシリーズを出版すると発表しているし、レゴが映画を作るという噂も飛び交っている。だから、レゴは中核事業から離れた事業に軸足を移しつづけるのではないか？

ケルはそれを否定したうえで付け加えた――

もちろん、有意義だと思える新しいテクノロジーがあるなら、それを使うつもりがないというわけではない。だが使うのは、その新たなテクノロジーが我が社の目的にかなうときだけだ。単にテクノロジーを使いたいという理由で、製品に新しいテクノロジーを用いることはない。電子工学を利用するとしても、それは自然な形で組み込まれることになる。我が社は長年、モーターやその他のテクノロジーを製品群の中で自然な形で利用してきた。それと同じことだ。

コンピュータオタクのケルはすでに、レゴがこの新しいテクノロジーに独自のニッチを見つけて入り込むことを思い描いていた。遊びと教育の交差するところ――つまり学校に。早くも一九八〇年から八一年には、レゴのデザイナーたちは教育者や教育諸分野の専門家と協力しており、デュプロのコマーシャルでは「学習を幼い子どもたちにとって楽しいものにしよう」というスローガンを掲げていた。

その後の年月で、玩具の教育的側面はさらに強調されていった。レゴはレゴ エデュケーションという新たな製品シリーズを出し、教師、生徒、生後一年半以上の幼児に向けて、テクノロジー面を重視したブロックの組み立てについてさまざまな提案を行った。レゴ テクニック1は一九八五年に、レゴデュプロ・モザイクはその二年後に発売された。また、学習ポータルサイトを開き、教育活動の資料やこの二シリーズの使い方や遊び方の説明書を、教師が無料でダウンロードできるようにした。
一九八二年、ケルはレゴの創業五〇周年公式記念誌で「遊びを通した学び」という表現を用い、ほぼ同じ頃に新聞のインタビューで語った。「子どもは、テクノロジーに関することを本で読むのではなく、自分で組み立てて覚えることができる。そこから需要が生まれると確信している」。しかし、レゴにとっての大きく重要な将来の市場は学校や児童センターだけでなく高等教育にも及ぶとケルが説明しようとしたとき、経営陣が全員納得したわけではなかった。

ケル：取締役の一人の発言は鮮明に覚えている。「いや、それはだめだ。学校でブロックを使っていたら、子どもはレゴに飽きてしまい、家に帰っても遊ぼうとはしないだろう」
「おい、待ってくれ、ばかなことを言うなよ!」私は言った。

一九八四年二月下旬のある夜、会議に次ぐ会議で長い一日を過ごしたあと、ケルはカミラとともにスコウパーケンの自宅でくつろいでいた。テレビがついていて、画面に小学生数人が現れた。コンピュータを使って、小さな亀のようなロボットを自由自在に動かしている。場面は変わり、白いものが交じった顎鬚の男性が登場し、子どもでも簡単にマスターできる単純で直感的な特別プログラミング言語を作ったと視聴者に向けて話した。男性はシーモア・パパートといい、コンピュータはすぐそこまで来ているデジタル時代に適した、教育の新しい創造的ツールだと述べた。
「教育は説明ではありません。対象を好きになり、自ら取り組むことです」

ケルは即座に引き込まれた。数年後に『ウォール・ストリート・ジャーナル』紙が書いたように、「ものをいじくり回したいという子どもの欲求を満足させて大儲けした」会社にとって、それは耳に快い響きだった。レゴはこのとき初めて、どうやって単純な小さいブロックがコンピュータの時代に居場所を見つければいいかを、真剣に考えるようになったのだ。

ケル：シーモア・パパートの、子どもがコンピュータや彼の発明したプログラミング言語「LOGO」で遊ぶことによって学ぶという考え方に、私はすっかり魅了された。放送の翌日、私はパパートに連絡を取りたいとテレビ局に頼み、すぐに彼から返事をもらった。偶然にも、彼はしばらく前から我が社に連絡を取ることを考えていたという。彼はボストンのマサチューセッツエ科大学（MIT）メディアラボでレゴブロックを用いた実験を行っていたからだ。当時から、メディアラボはプログラミングやデジタル化に関する種々の分野や広範な考え方を包含する、テクノロジーの学際的拠点だった。それから間もなく、私は彼と話すためボストンに赴いた。

ケルが会った男性は、多様な技術や能力を持つ情熱家であると同時に、心の中は大きな子どもだった。数学者、コンピュータ科学者、教育者としての教育を受けた彼は、世界的に名高いスイスの心理学者ジャン・ピアジェに深い感銘を受けていた。ピアジェは子どもがどのように知識を構築するかを理解しようとし、子どもは難問に立ち向かうことを通じて発達すると考えた。また、子どもはきわめて根本的なレベルでさらなる発達を求めている、とも信じていた。パパートはピ

シーモア・パパートは、子どもは自分で試してみることで学ぶ、テクノロジーと子どもの創造力には相乗効果がある、と主張した。ケルも同じ考えだった。これをきっかけにレゴとMITメディアラボとの提携が実現し、1998年のレゴ マインドストームの発売につながった。

アジェの説を基にして、子どもは手でものを構築するとき同時に知識も構築しているとの説を打ち立てた。このような学びは大切である、なぜならそれは、教師がものの仕組みやそれをどう理解すべきかを説明したときよりも、子どもの頭の中に深く植え込まれるからだ、とパパートは力説した。

パパートに会い、未来の学校に関する彼の考えを知ったことは、ケルにとって重大な分岐点だった。将来、遊びの本質は学びの本質となり、コンピュータは鉛筆や本と対等の存在になる、というのがパパートの考えだ。パパートの描きだす学校では、子どもは自らの学びの主導権を取り、身の回りの材料を使って、新たな方法で世界を探索し、自分自身を理解する。あまり学校が好きではなかったケルは、そんな学校の未来像に可能性を見いだした。

ケル：自分でプログラミングできるコンピュータ化されたブロックというアイデアを紹介してくれたのはシーモアだった。私は彼のおかげで、こういうコンピュータ化されたブロックがレゴの歴史上三度目の大きな技術革新になりうる、というひらめきを得た。一九五五年に独創的で画期的な組み立てシステムが、一九六二年に車輪が生みだされ、ブロックが動かせるようになった。一九六六年には電気モーターが登場し、ブロックをさらに生き生きと動かして遊べるようになった。私とシーモアが思い描いた次の段階は、模型に行動を組み込んで自分でレゴのロボットをプログラミングできる、というものだ。

一九八五年五月、シーモア・パパートはデンマークを訪れた。ケルと話すためビルンへ行く前、クリスチャンボーで三〇〇人の小学校教師相手に、テクノロジー社会における子どもの学習の未来について講演を行った。パパートのメッセージは、その気になればコンピュータを生徒の創造性を抑圧する絶好のツールにできるが、逆に、子どもの創造性を抑圧から解放して独立心を養うために用いることもできる、というものだった。

講演のあと、シーモア・パパートは記者たちを前に、ボストンのＭＩＴメディアラボがレゴと協力を始めたことに触れた。壁などの物体との接触に反応するようロボットをプログラミングできるセンサー（赤外線フォトセル）内蔵のブロックを、共同で開発しようとしているという。パパートは、このプロジェクトは数年以内にアメリカの教育市場に打って出られるだろう、とも述べた。子どもたちがレゴ部品でロボットやクレーンや乗り物を作り、ＬＯＧＯのプログラムを使ってそれをコンピュータで操作できるよう、高度なテクノロジーを用いた新しいブロックを学校に提供するのだ。

ケル：メディアラボと密接に協力してレゴ開発を進めるための組織をボストンに作った。私はシーモアと知的なつながりをはっきり感じた。それだけでも強力に思えるが、実際に会ったときも非常に良好な意思疎通ができた。その後の年月、私たちは何度も会うことになった。大仰で気取った言葉、聞こえのいい長い文章はまったく使わなかった。ただ一緒にいて、思索にふけったものだ。彼は多弁な人間ではなかったが、その中で口にした言葉は常に重要な意味を持っていた。

遊びを通じた学びというコンセプトについてのケルの信念は、一九八〇年代後半に大きな飛躍を遂げた。レゴとＭＩＴメディアラボが、レゴ テクニックのシリーズ専用ソフトウェアを開発したのだ。この国境を越えた協力が生んだ初の目に見える成果は、一九八六年から一九八七年にかけてレゴＴＣという名前で発表された。「ＴＣ」はテクニック・コントロール（Technic Control）の略である。生徒は数種類のレゴブロックとコントロールボックスとソフトウェアを使って、アップルやＩＢＭのコンピュータで操作できるロボットを作れるようになった。

このセットは早くも一九九〇年にはアメリカの学校で用いられはじめた。この頃には、現代テクノロジーの利用や実演が必修カリキュラムになっていたのだ。子どもを問題解決や発明のできる人間に育てるのは、教育が目指すところである。パパートは『ウォール・ストリート・ジャーナル』紙で語っている。「コンピュータによって、我々の社会は歴史上初めて、与えられた役割を身につけて決まった定型業務を行い命令に従う人間を作りたいのか、あるいは批評眼を持つ創造的な人間を作りたいのか、という選択の自由を手にした」

1986年のレゴTC-1を使えば、コンピュータ操作のロボットのようなものを作ることができた。ジャーナリストでコンピュータ専門家のオーレ・グリュンバウムは非常に熱狂しながらも、この時代の限界を指摘した。「すでにコンピュータを持っていなければならないし、そもそもそれだけで数千クローネかかる。だから、このロボットのアイデアはあまり広く普及せず、利用しているのはもっぱら学校だけである」

　だが、一九八〇年代にケルにインスピレーションを与えたのはシーモア・パパートだけではなかった。ビルンの本社には、焦げ茶色のレンガの建物の廊下を闊歩する一人の変わり者がいた。そのペル・セーアンセンは、ヤッピー（当時の若手エリートを指す表現）全盛でシステム手帳ファイロファックスに取り憑かれた一九八〇年代における高給取りの経営幹部にしては、経営やレゴに関してユニークな表現をする人間だった。

「大西洋横断の旅に出たとき、コロンブスは自分がどこを航海しているのかわかっていなかった。反対側の岸に着いたときもそれがどこかわからず、帰国したときも自分がどこへ行ってきたのかわからなかった。経営陣を進歩させるという話を始めたとき、レゴもコロンブスと変わりはなかった」

ケルは一九七九年にペル・セーアンセンを取締役にし、人事、組織、研修、労働条件などを担当させた。このように非常に幅広い役割を与えられたことで、セーアンセンは二〇年間にわたって事実上すべての分野に関与し、社長が自分自身やその役割についての視野を広げるのに協力した。


ケル：ペルはオーフスのビジネススクールでコンピュータ科学と組織開発を教えていて、私は彼を、人を引っ張る力がある新しいタイプの教師だと思った。レゴが人事部長を探していたときペルが応募してきて、私が面接することになった。父は面接に乗り気ではなかった。

「いや、ああいう人間はレゴに合わない」と父は考えていた。それでも面接の途中でそっと私のオフィスに入ってきて腰を下ろし、ペルの考え方に感銘を受けた。ペルは非常に陰陽の精神を持った人間で、発想の逆転が得意だった。

「いいだろう、しかしこっちに目を向けてみたらどうかな？　あるいは、あっちのほうに」

父は、一度も玩具業界にかかわったことのない、挑戦的で異色の幹部というものを非常に好んでいた。

人事部長ペル・セーアンセン（左）は経営に関するユニークな考え方の持ち主で、マスコミの前でそれを披露した。「製品はとても高価だと顧客が考え、賃金は充分ではないと従業員が考え、我々相手ではビジネスができないと納入業者が考え、配当が低すぎると株主が言うなら、我々は経営者としてきちんと仕事をしていることになる。すべての利害関係者は適度に不満足でなければならない、と言ってもいいだろう」（写真:エリック・イェプセン）

高度な教育を受け、レゴの精神や価値観を明確に理解していたペル・セーアンセンは、一九六〇年代のセーアン・オルセンと同じく、一九八〇年代にレゴの文化を形作るのに重要な役割を果たした。彼はまた、ケルなど会社の上級幹部にとって格好の論争相手だった。きわめて博識なセーアンセンは、老子や毛沢東、キルケゴール、グルントヴィ、イェンス・クリスチャン・ホストルップといった偉人の名言を好んで引用した。ホストルップによる古い歌『極北の地、自由のふるさと』の中の三行は、レゴで必要とされる対話や革新を人々に思いださせるときセーアンセンがいつも引用していた。

芽を出させろ、熟成させろ！
小川を調律するな、その轟音に耐えよ
やがて夏の日に実が生《な》るだろう。

この難解な歌詞は、「役割」としてでなく生身の人間として意思を伝えるなら、レゴで反対意見をはっきり口に出して言うのは歓迎される、ということを教えていた。こうしてケルが見込んだ元教師は、新しい社長が始めた研修プロジェクトの多くを支えるインスピレーションやアイデアの源となった。そういう研修を通じて、若い取締役たちは互いをよく知るようになったのである。

ケル：一九八〇年代、私は経営哲学について真剣に考えはじめた。それが必要だと思ったのは、会社がどんどん成長していたからだ。そのためコミュニケーションに関する外部の専門家を招いて数多くのセミナーを行い、我が社の多様な経営スタイルに関して、新しい組織のまとめ方や新しい考え方を講師から教えられた。私は常に協力の重要性を強く信じている人間なので、当時は頻繁に会議を行った。仲間たちに、いや私のアイデアを発展させてくれる人なら誰にでも、それが私だけのアイデアではなく彼らのアイデアでもあると納得してほしかった。こういう哲学を組織内に行き渡らせ、会社じゅうに広げたかった。それはある程度成功した。

この成功はペル・セーアンセンに負うところが大きい。経営に対する彼のアプローチは、あらゆる仕事は本質的に互いに相いれないものであり、異なる角度から取り組むべきである、という認識によって形作られていた。セーアンセンは自らの道教的な経営哲学に基づき、「経営の一一のパラドックス」という信条を提唱した。この覚えやすい単純なルールを巨大な陰陽のシンボルの下に印刷したポスターが作られ、レゴの経営陣全員に配布された。一つ一つのパラドックスは、一見矛盾しているがその矛盾から新しくより深い見識を生みだす、一対の表現で形成されている。

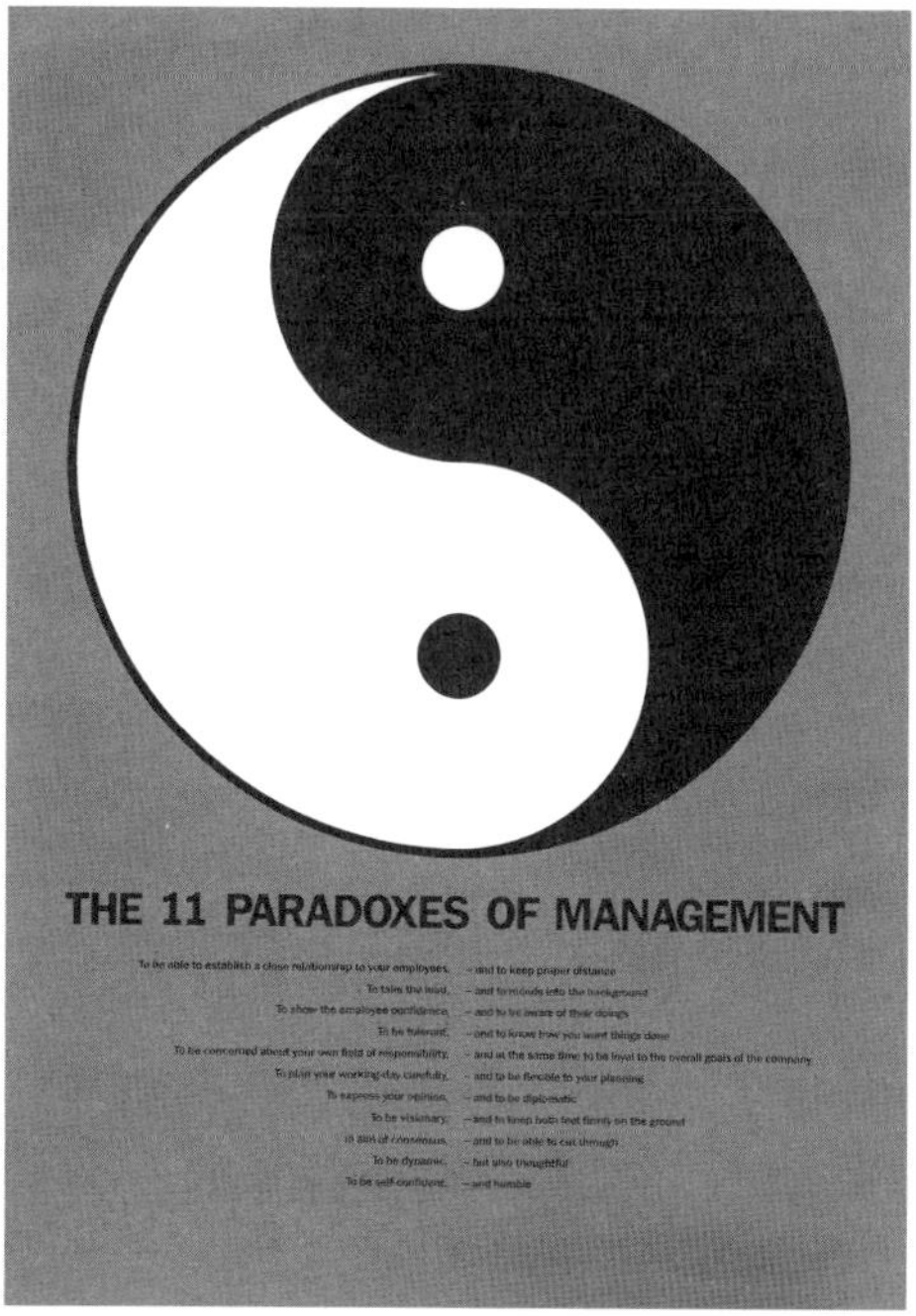

ペル・セーアンセンが1986年に書いた「経営の11のパラドックス」は、陰陽のシンボルとともに大きなポスターに印刷され、国内外のレゴの幹部全員に配られた。目的は、経営とはすべて矛盾に満ちているというのを彼らに理解してもらうことだった。

たとえば――

・リーダーは主導権を握らねばならない――そして後ろに引っ込まねばならない
・リーダーは活動的でなければならない――しかし内省的でもなければならない
・リーダーは空想家でなければならない――しかし両足をしっかり地につけてもいなければならない
・リーダーは自信家でなければならない――しかし謙虚でもなければならない

ケル：このパラドックスは三〇年以上前に考えられたものだが、私は今もその背後にある考え方を気に入っている。当時は、これを基にして楽しくわくわくする会話ができた。実のところ、これは経営会議での、レゴの良き経営者に求められる要件に関する雑談から生まれたものだ。よくある常套文句が飛び交っていたとき、ペル・セーアンセンが突然、これを一連のパラドックスとしてまとめようと言いだした。それはとても想像をかき立てるやり方だった。当時の優秀な幹部の一人が、「高いビジョンを持って両足を地につけているリーダーなんて、そうそういるもんじゃない！」という忘れられない言葉で、場の空気を活気づかせてくれた。

ケルにとって、これらのパラドックスはレゴの新たな経営哲学に向けての出発点になったのみならず、もっと個人的な訓戒にもなった。柔軟で偏見のない、会社の精神や文化とも方向性が合致する人生観を持ちつづけるための教訓であり、人生におけるほとんどのことはその反対のことによってのみ説明でき、それによって意味が生まれる、というケル自身の信念にも合っていた。それは基本的な世界観であると同時に、周囲の状況への対処のしかたでもある。なにしろ彼が率いる会社には五〇〇〇人の従業員がいて、彼らは社長がまっすぐ目的に向かって明確な進路を設定できる行動指向の人間であることを期待しているのだから。

ケル：この世界には、「AあるいはBのどちらか」よりも「AもBも両方」のほうが多いことは、前からわかっていた。それは、スイスで若い取締役だったときすでに頭の奥にあった。だがペル・セーアンセンとよく冗談で言い合っていたように、レゴの経営陣には「あるいは」と「どちらか」がもっと――その両方、という意味だが――必要だった。立派なセミナーは開いたが、全員が同じように熱中し、鼓舞されたわけではなかった。「僕たち、いろいろなことについて話しすぎるんじゃないか、ケル？」と言う者もいた。そうかもしれない。でも当時の私は、我々がチームとして決定を下すこと、全員が同じ考えを持つことがきわめて大切だと思っていた。それが一九八〇年代の私の経営哲学だったし、実のところ今までずっとそうだった。

二〇年近くレゴグループで働いたあと退職するとき、ペル・セーアンセンはビジネススクールの元生徒から金の懐中時計をプレゼントされた。社内報の記者が送別会に来て、どういうことで記憶されていたいかとセーアンセンに尋ねた。

「こう書いておいてくれ。私は長年、物事が形式化しないようにしてきた。会社が、指揮者と楽譜に従う交響楽団よりも、ミュージシャンが集まって即興で演奏するジャムセッションになるようにした。我々はそうやってレゴの文化を保ちつづけてきた。レゴの精神、と言ってもいい」

レゴの売上高と収益が急上昇した一九八〇年代の決算書の素晴らしい数字を見れば、この一〇年間が終わる頃に経営陣が自分たちを奇跡の人のように感じていた理由がよくわかる。だからこそゴッドフレッドは、レゴ株式会社の取締役会長として、ある総会で時間を取って、若い取締役たちが「この成功にのぼせ上がる」ことのないよう気をつけろと注意したのだ。

会社は未来へとまっしぐらに突き進んでいた。一九八八年、レゴは初めて、栄誉あるイマギプリース賞を受賞した。これはデンマークのビジネスリーダーたちの投票に基づいて『ベアセン』紙が与える賞である。一九九〇年代のあいだに、レゴはこの賞をあと五回受けることになる。会社を代表してこの賞を受け取ったのは、今や四〇歳を過ぎたケル・キアク・クリスチャンセンだった。彼は一九八九年、『ユランズ・ポステン』紙により、一九九〇年代に活躍するであろうデンマークの若き経営者の一人に選ばれていた。当時、デンマークの実業界では若い世代が台頭していた。A・P・モラー社のイェス・ソダーベウ、ノボノルディスク社のメス・オーリセン、ダニスコ社のモウンス・グランボー、そしてレゴのケル・キアク・クリスチャンセン。彼らは皆、伝統の打破を象徴していた。もはや、老人たちがデンマークの大企業の権力や金のすべてを握っている時代ではなかった。

ケルはマースク・マッキニー・モラーと同種の精神を持っていると言われていた。モラーもケルと同じく、新しいタイプの経営者であるデンマーク人だ。二人の共通点の一つは、家族経営による巨大な多国籍企業を所有していることだ。もう一つの共通点は彼らの好むリーダーシップのスタイルだった。会社の全員が、人は他人と協力してのみ自分の仕事を成し遂げられ、全員の貢献が重要である、という単一の考え方を叩き込まれている、そんな率い方だ。三つ目の共通点は、年長の海運業界の大立者も若い玩具製造者も、世間のイメージに合わせた派手なパフォーマンスをしないことである。『ユランズ・ポステン』紙はケルについて――

彼は一般的な政治的議論で決して声を荒らげない。それでも舞台裏での彼の影響力は否定しがたいものがある。それは、翌年の予算がレゴの上級幹部によって立てられ議会で承認されるという町、ビルンだけの話ではない。レゴは政府やデンマーク議会とも強いつながりがある。ケル・キアク・クリスチャンセンはデンマーク産業評議会の上級役員であり、ダンスケ銀行の役員として実業界の主要人物数人とも密接な関係を築いている。その中にはA・P・モラー社のイェス・ソダーベウや、デンマーク屈指の有力実業家、カールスバーグの取締役社長ポール・J・スワンホルムなどがいる。

とはいえ、一九八〇年代後半、レゴの社長は国内有数の強い影響力を持つ実業家だと考えられていたが、ケルは当時、ほとんどの人が思っていた以上に私的な問題に対処しなければならなかった。一九八〇年代を通じて、彼は何度も自らのカリスマ性やリーダーとしての能力に疑いを抱いた。父がまだ舞台裏で動き、リーダーとしての息子の資質にときどき疑問を呈したという事実によって、この不安はさらに増幅された。こうしたことは、若き取締役の精神状態や自尊心に負担をかけていた。

ケル：それは一九七七年にスイスから帰国した直後に始まり、一九九五年に父が死ぬまで続いたけれど、最悪なのは一九八〇年代だった。父は私を誇りに思い、私がいくつかの計画を押し進める必要があることも理解してくれていた。それでも、私が父と二人で会う時間を取るよう要求した。たとえば、週に一度はビルンとグランステ間のウトフトの森にある狩猟小屋へ一緒に行きたがった。そこで、会社の経営にかかわるあらゆることについて話すのだ。

その結果、私は父が考えること、求めることのために、多大な時間を費やさねばならなかった。父は私がもっと頻繁に助言を求めてくることを望み、私はそれに応じた。と同時に、私が主導権を取ってレゴで進めている開発についてどうしたら父に喜んでもらえるかを常に考えなければならなかった。一九八〇年代を通じて私たちはしょっちゅう衝突し、私ははっきり言わねばならなかった。「決定を下すのは僕です。父さん、陰でいろんな人とあれこれ話をするのはやめてください」

そのせいで、残念ながら、私たちが個人的に会うことはあまりなくなった。会えばいつも口喧嘩になるし、もちろんそれはカミラや母を悲しませるからだ。子どもたちも気づかずにはいられなかった。私と父はほとんど毎回、自分たちでは止めることのできない、ばかげた言い合いをすることになった。そういう意味では、たぶん二人とも同じくらい強情だったんだろう。でも、二人はまったく別の世代の人間だった。父が心の底では最良の結果を望んでいたのは間違いないし、それは私も同じだった。

1980年代、父と息子の意見の不一致はさらに大きくなり、ケルはしばしば、お気に入りのボブ·ディランの曲で歌われている疑問に思いを馳せた。「どれだけの道を歩けば／一人前の男と呼んでもらえるのだろう？」
(写真：フレミン・アデルソン)

一九八一年に『マネジメント』誌が父と息子に行った共同インタビューでは、ゴッドフレッドは自分が「起業家として第二の人生」の段階に入ったこと、ビルンや地元地域のためになるアイデアやプロジェクトを考えたいと思っていることを明言した。それを持ち株会社のキアクビ株式会社で行うつもりだという。

しかしそれは、息子に舵を取らせる親会社のレゴ株式会社における、取締役会長としてのゴッドフレッドの役割にどう影響するのか、と記者は尋ねた。

ゴッドフレッドは答えた。「こういうふうに言えばいいだろう。私たちの意見が合わないことがあれば、私を納得させるだけの説明が必要になる、と」

取締役会長として、ゴッドフレッドは日々の経営にかかわりたいと思っているのか？「それはわからんね！　新しい経営陣の邪魔をしてはならないのは当然だが、経験に基づいて別の見方を示してやる必要はある。経営は私とは異なるやり方で進められているが、それでも、主要な決断について私が反対したことはないと断言できる」

すると記者は、レゴの将来の計画を決めるのに父と息子はどのように協力しているのか詳しく説明することを求めた。

ケルが答えた。「将来にとって継続的で健全な成長が重要であることは、二人とも同意している。とはいえ、健全な成長とは何かについて完全に意見が一致しているわけではない。新しい市場を開拓して拡大していくだけではだめだ。すでにある市場での健全な成長を確かなものにする必要がある」

しかし、何に基づいて将来の戦略を立てるつもりなのか？

ゴッドフレッドがその質問に答え、最も重要なのは成長をコントロールすることだと強調した。「我々が会社を動かすのであり、会社が我々を動かすのではない！」

それを聞いてケルも続けた。「それには全面的に賛成だ」

ケル：私は父を大変尊敬していたし、今でも尊敬している。幸い、私たちがうまくやれていたときもたくさんあった。私たちが口論したのは、もっぱら会社の経営についてだった。でも結局のところ、会社は父にとってライフワークだったわけだ。レゴはあらゆる意味で父の人生

1984年の新聞のインタビューで、父と息子のあいだの緊張は明白だった。ゴッドフレッドは分別くさい頑固なユトランド人であることを示した。「息子に放りだされないかぎり、私は仕事をやめない。私が70歳になるまでは、息子はそんなことをできない。だが私たちは、力を合わせて非常にうまくやっているよ、私と父がそうだったようにね」。ケルはコメントしなかった。（写真：フレミン・アデルソン）

だったし、除け者にされるのは父にとってつらいことだった。私もそれは充分よく理解している。しかし同時に、それによって私は父の悪い面を何度も目にすることになった。

人はよく、父は私のことや、私がレゴのためにしたことについて話すとき、目に見えて誇らしげだったと言った。でも私と一緒にいるときは、そんなそぶりなどまったく見せなかった。経営が素晴らしく順調なときですら、めったに褒めてくれなかった。

一九八二年八月、レゴは創業五〇周年を祝った。その祝宴は、ほとんどゴッドフレッドの

1982年8月のレゴ創業50周年に家族と従業員に語りかけるゴッドフレッド。雨傘を持つのは広報部長ピーター・アムベック=メッセン。（私蔵資料）

ショーのようなものだった。彼は新聞やテレビで取り上げられ、五〇周年の記念日にはオーストヴァイの通りに面した本社の外でお得意のスピーチをした。芝生には椅子がずらりと並べられ、演壇がしつらえられた。けれども天気は協力してくれなかった。レゴ航空の飛行機三機――セスナ一機とキングエア二機――はどんより曇った空を旋回したが、その音の一部はレゴランド・ガーデンで開かれているイベントにかき消された。レゴランドではマーチングバンドが湿った地面に集結し、ゴッドフレッドは招待された一五〇〇名のゲスト、ジャーナリスト、カメラマンに歓迎のスピーチをする準備をした。

激しい雨が降りだし、キアク・クリスチャンセン家の全員が傘を差して最前列に集まった。中央には八五歳のソフィ、その周りをオーレ・キアクの成人した子ども五人と配偶者が取り囲む。彼らが全員揃うのは二〇年ぶりだった。ゴッドフレッドはスピーチの冒頭、彼らに心からの感謝を述べた。

一族全員が集まることができて、本当に嬉しく思います。そしてお母さん、あなたには特別な感謝の意を捧げます。あなたのおかげで、父さんは会社を興した最初の困難な年月を乗り越えられたのです。一九三二年、多くの人は父さんの玩具の仕事に首をかしげました。こんなものが本当にうまくいくのか？

またしても危機に見舞われている今、ふさわしいのも同じような質問でしょう。「我々は進みつづけられるのか？」

二〇年前に自らレゴを去った兄弟、ゲルハルトとカール・ゲオーグがそのとき何を考えていたかは、想像するしかない。五六歳のゲルハルトは、ビロフィクスを期待されたような世界的な人気商品にすることはできなかった。最終的にこの発明を売って玩具店チェーン〈ＧＫトイズ〉に全精力を注ぎ、商売は長年繁盛した。このチェーンストアが創業記念日を祝ったとき、ゴッドフレッドはひょっこり現れて祝いの言葉を述べ、『ユスケ・ティーゼネ』紙はその機をとらえて兄弟間の関係について尋ねた。

ゲルハルトは答えた。「家族としては仲良くやっているよ。だけど事業は他人同士として行っている。そういうことは分けておかないとね」

カール・ゲオーグは一九八二年に六三歳でレゴに復帰し、車や列車に用いる何百万もの車輪の製造の責任者となった。生産はコリングで行われた。ここはかつて、カール・ゲオーグが五〇人以上の従業員を抱えるプラスチック製造会社を経営していたところである。だが会社は一九七〇年代に廃業し、その後カール・ゲオーグは貿易会社を経営したのちレゴに戻った。

雨傘の下で、ゴッドフレッドは会社には楽観的になる理由があると述べて記念スピーチを締めくくった。「私たちには、明確な目標を持った力強い経営チームがいます。ケル、おまえに導かれたチームだよ！」

その日、ゴッドフレッドはある記者の前で珍しく称賛の言葉を述べた。

「ケルが手綱を握るようになって以来、すべてのことに弾みがついた。息子は私以上に大胆な性質を持っている。だが本音を言えば、私自身は、従業員全員のファーストネームを覚えられないほど会社に大きくなってほしくない」

そして別の記者には、ケルは会社の中に新しく活発なエネルギーを生んだが、ゴッドフレッドなら絶対にしないようなこと、時にはまったく賛成できないことも行っている、と述べた。

「私は干渉をやめるようにしないといけない。しかし、心に留めておくべきは、私が会社に入って最初の数年は赤字続きだったことだ。ケルは帳簿に赤い字など見たことがない。意思決定を行う状況がまったく違うのだと思う」

息子と違ってゴッドフレッドはスポットライトを浴びることをまったく厭わず、レゴの五〇周年記念日が集めた注目を、政治的発言を行う機会として利用した。その発言は国じゅうに響き渡り、レゴの元社長がまだ健在であることをはっきりと知らしめた。『ユランズ・ポステン』紙の特集ページの第一面でゴッドフレッドは、レゴはデンマークの会社かもしれないが、いつまでもそのままとどまっているとは限らない、と言い放ったのである。

　デンマークのビジネス環境は非常に緊迫したものになる可能性があり、レゴが生き延びるためには、状況を再検討せざるをえなくなるだろう。一つには、レゴを第三世代に引き継がせることは難しいということがある。また、富裕税は大きな負担になっている。私のように、一クローネの儲けから一七オーレしかもらえないとなると、デンマークのビジネス環境が友好的だとはとても言えないだろう。


　だが、いくらゴッドフレッドが一クローネにつきたったの一七オーレしかもらっていなくても、それで祝宴が縮小されることはなかった。一家は八月の祝祭のため、数百万クローネを用意していたのだ。従業員は経営者からの記念日のプレゼントを非常に楽しみにしていて、夏季休暇前からさまざまな噂が飛び交い、賭けが行われていた――果たして四〇〇〇人の従業員は、当時人気沸騰中だったＶＨＳかベータマックスのプレイヤーをもらえるのか？

　実際には、プレゼントは従業員一人につき六〇〇〇クローネのボーナスだった。その金はすぐ消費に回され、地元のビジネスを大きく後押しした。「経済再始動」と地元紙は書いた。

　ビルンに二軒ある電機店のうち一軒は、カラーテレビからステレオからビデオプレイヤーまでほとんどすべてのものが購入されたと語った。「しかも現金払いでね！」

　ホーウェガーデンにあるライバル店〈ラウドスピーカー・カイ〉も、ばら撒かれる現金に喜び、肉屋の〈ニッセン〉は、記念日から数日はまるで大晦日の前日のようだと語った。「こんなにステーキや高級ワインが売れたことはなかったよ！」
ケルから自分自身とカミラと子どもたちへのプレゼントは、デンマーク中央部のフュン島にある別荘だった。そのシェレンボーという土地はカートミンデの北にあり、歴史は一三世紀にまでさかのぼる。当時の地主は悪名高きマースク・スティグ、別名スティグ・アナセン・ヴィユ。フィンデルップの小屋で国王を殺したことで有罪とされ、領地を没収されて無法者とされた人物である。一九八二年、シェレンボーには馬小屋や小さな離れ屋があり、敷地は五平方キロメートルほどだった。土地の大部分は耕されていた。

レゴの一族がこの見事な自然美にあふれたエリアを見つけたのは一九八二年の夏、休暇を過ごしにゴッドフレッドとイディスのキャンピングカーでフュン島北東部のフィンス・ホウへ行ったときだった。夏季休暇後のある日、ケルはたまたまマートフテの近くのシェレンボーが売りに出ていることを知り、家族のために購入した。このセンセーショナルな購入を記念して、『ヴァイレ・アムト・フォルケブラ』紙はユーモアあふれる詩を掲載した。詩の上には、新たな地主がシェレンボーの前に立っている漫画が描かれていた。地主の横では二人の落胆した少年が仏頂面を見せている――この歴史的な建物はレゴブロックで作られていない！

レゴの社長K・K・クリスチャンセン
豪邸は人に買ってもらったんじゃありません。
こんな立派な不動産、どうやって手に入れた？
ちょっと目配せしたら売ってもらえた！

ケルとカミラはカートミンデに近いシェレンボーをユエル＝ブロックドーフ一家から買った。この土地は、彼ら夫妻と子ども３人が、常にレゴに囲まれているビルンでの日常生活から少し距離を置くことのできる場所となった。（私蔵資料）

家を手に入れるなんてちょろいもの、
だって教会の小さなネズミみたいに貧乏じゃないんだから。
その金の出どころはブロックで、
ツケ払いじゃなく屋敷を購入！

ケル：私たちはすぐに、週末や長期休暇をシェレンボーで過ごすようになった。家族、特に私にとって素晴らしい場所だった。レゴやビルンと少し物理的な距離を置けたからだ。私は父と同じ生活をしていた。夕食時にはほぼ毎日帰宅していたけれど、常にレゴのことを考え、よく深夜まで仕事をした。カミラと子どもたちは、私と一緒に何かをできると期待したあげく、結局がっかりすることも多かった。しかも、私は何度も長期の出張に行った。当時は、主要な市場まで行って挨拶をし、私が何者かを知ってもらうことが、絶対に必要だと考えていたのだ。

私は会社を共同所有する社長として、レゴは「私たち」の会社だと言いつづけていた。だが海外の人間は必ずしもそう思っていなかった。だから幹部たちを世界じゅうに派遣した。私自身もアフリカ、南北アメリカ、オーストラリアやニュージーランド、東アジアや日本へ行った。今、たまに悔やむことがある――私が少年だったとき父が不在だったのと同じように、私も自分の子どもたちの成長期に不在だったことを。

一九八八年一月初め、ケルとカミラはビルンの上級幹部を招いた恒例の新年のパーティを開いた。二、三〇人の男性の部長、副部長、取締役たちが妻を伴って現れた。ゴッドフレッドとイディス、ケルの姉グンニルドとその夫モウンスも、ホテル・レゴランドでの祝宴に招待された。いつものようにケルは新年のスピーチを用意していたが、今回は例年より少し長いものだった。歓迎の辞を述べて新顔数人を紹介したあと、前年のことについて話した。一九八七年の予期せぬ突然の売り上げの落ち込みは、経営陣が力を合わせて精力的に取り組んだおかげで迅速かつ効果的に挽回できた。ケルはこの驚異的なコミットメントの背後にある理由について考察した。

会社を非常に特別な存在にしているものは、我々レゴグループが子どもを相手に仕事をしているということです。我々の製品アイデアは子どもの無限の想像力と創造性を基礎にしており、ゆえに管理職も従業員も子どもの性質を持ちつづけようとしているのです。新たな可能性を認めること、常に新しいものを学ぼうとすること、自分にかけられた制限を黙って受け入れないこと。我々大人は、想像力を駆使することを忘れ、「無理だ」「それは前にも試したよ！」と言ってあきらめてしまうことがよくあります。忘れないでください、自分の内なる子どもをおろそかにしてはならないということを。

このようにすべての人の中にいる子どもを称えたあと、ケルはスピーチの後半で、心躍る一九八八年への展望を述べた。レゴはどこへ行こうとしているのか？　それは年に一度の国際レゴ会議で議論するつもりだ。二〇〇〇年に向けてのビジョン、コンセプト、目標、戦略を話し合う会議である。

八カ月後の八月最終週、エーベルトフトのホテル・ヴィユ・フスで、経営陣は二〇以上の国から集まった一〇〇人の幹部に総合戦略計画を発表した。その後の四日間で、過去一〇年間の進歩とレゴの世界展開を念頭に置いた、新たなミレニアムに向けたこの戦略計画について議論することになる。

新年のスピーチに話を戻すと、ケルはまず、子どもや子ども時代を特徴づける好ましい性質を列挙した。偏見のない態度、好奇心、物事を違った角度から考えて可能性を見いだす能力。戦略をまとめた『ザ・ビジョン』と題する一〇分間のフィルムが上映された。フィルムの前半には社長自身が登場し、スコウパーケンの自宅のリビングルームで、これからの一〇年間レゴは何を象徴する存在であるべきかについて熟考している。「私のビジョン、私の夢では、レゴという名は単に我が社の製品や会社だけを意味するわけではなく、特定の目標や戦略の枠組みに制限されているわけでもない。レゴという名は、『アイデア』『豊かさ』『価値』という言葉で表現できる普遍的な用語になった」

フィルムの後半では場面が変わる。ケルの代わりに顔を白く塗って手袋をはめたパフォーマーが登場し、先ほどの三語から連想されるさまざまな意味をパントマイムで表現する。パントマイムの後ろでは、詩人で映画監督のヨルゲン・レスが数年前レゴのために作ったドキュメンタリー映画『モーメンツ・オブ・プレイ』から切り取った映像が流れている。映画は世界各地で撮影された六一のシーンのコラージュで、遊びの本質の詩的な考察だった。人はなぜ遊ぶのか？　遊びの目的は何か？　何が人を遊びに駆り立てるのか？

フィルムに説明や解説はなく、遊びは本質的に現実の探索であると示唆する映像や短い言葉だけが登場した。遊びとは学びなのだ。

私は遊ぶ、私はなんでもできる、
何も禁じられていない、
私は自分だけの世界を作る、
無秩序に秩序を与える、
バランスを保つ、
自分が続けられると思う限り、
私の遊びによって世界は存在する、
それが私の遊ぶゲーム。

ケル：私は昔から、人の持つ価値、特に内なる子どもを保持する価値について考えるのが好きだった。長年、そういう考え方に基づいて組織を形作ろうと努めた。

父がこう言ったのを覚えている。「なるほど、それは必要なのか、ケル？」

内なる子どもを持ちつづけるのは自然にできることではない、というのが私の答えだった。たとえ本能では強く求めているとしても、意識させられ、自ら望むことによってしか実現できないのだ。

私にとって非常に重要なのは、レゴが単なる玩具メーカーを超越したものであることだ。私たちは親や子どもの心の中に、会社の規模から考えられるよりもっと大きな場所を得ることに成功していた。最大の市場——当時は断然ドイツだった——でアンケートや調査を行ったところ、レゴがほかの玩具のブランドとは比べものにならない地位を確保していることがわかった。だから私は、我々のブランドに集中すべきであると説きはじめた。

多くの人は言った。「いいだろう、しかし大事なのはブロックだ」と。それは正しい。だが私の考えでは、これは——パラドックスの話に戻るが——「AかBか」でなく「AもBも」という問題だ。私たちには物理的にブロックで表される製品アイデアがあるが、レゴの名ははるかに永続的なものを象徴してもいる、というパラドックスは、周囲の人にはなかなか理解してもらえなかった。

ほかにもいくつか、レゴの社員には理解しがたいものがあった。その一つは、一九八三年と一九八五年に行われた突然の大量解雇だ。ビルンの人々はこういうことに慣れていなかった。デンマークの新聞各紙はこの件を詳しく報じた。

当時もまだデンマーク共産党が出していたが経済的な苦境に陥っていた『ラン・オ・フォルク』紙は、深く掘り下げた記事で一九八五年の夏に起こった事態の核心に切り込もうとした。記事のタイトルは『レゴおじさん――冷酷無情な多国籍カントリーボーイ』。記者の前提は明らかだった。このグローバルなデンマーク企業は、収益が一貫して伸びつづけているにもかかわらず、世論を操作して突然事態が悪いほうに向かったと大衆に思い込ませようとしている、というものだ。『ラン・オ・フォルク』紙は主張する。「利益は記録的なスピードで上昇しているというのに、荒

1983年にレゴが200人以上を解雇したとき、ビルンには衝撃が走った。解雇者のほとんどはビルンの住人だった。労働組合代表トーヴェ・クリステンセンは、この問題を会社と労働者の両方の立場から見ようとした。「会社を非難したくはない、会社が変化に抵抗することはできないから。でも、全員が働ける充分な仕事がないのは社会問題だし、会社はなんらかの手を打つべきだと思う。たとえば各自の労働時間を短くするとか」

野出身の一家は貧しいイメージを強調しようとし、二度も続けて労働力削減という荒業をやってのけた」

地元ユトランド地方中央部の新聞各紙は、二年前にビルンで初めて二三〇人の解雇が発表されたときすでに、数々の噂について検証していた。取締役スティグ・クリステンセンは会社を代表して、解雇の理由が新たなテクノロジーの発展であることを否定した。

「我々が生産現場から人を減らすため機械を導入した、というのは絶対に違う。解雇の理由については、一九八二年に売上高の伸びが我々の予測していた一五パーセントを下回ったという事実から理解していただきたい」

労働組合代表のトーヴェ・クリステンセン、別名トーヴェ・ティイリュ、またの名を〃労働組合〃・トーヴェは、その説明に納得しなかった。従業員の視点で、そしてもっと広い背景で問題を見、過激な言葉を使うことなく攻勢に出た。彼女に言わせれば、これは文化的な戦いだった。


労働者である私たちは、機械との競争において不利な立場にいる。もしも成長が鈍化して生産能力が実際の需要を上回ったなら、仕事を失うのは私たちだ。技術はどんどん進歩しつづけ、新しい機械が会社で使われるようになるたびに私たちの労働時間は削られる。

トーヴェ・クリステンセンはまた、解雇で特に打撃を受けるのは地元に住む者だ、彼らの多くはレゴで働くようになって五年も経っておらず、近くで別の仕事を見つけるのは難しいからだ、と指摘した。とりわけ苦しい立場に置かれるのは、解雇対象者の八〇パーセントを占める女性である。

かの有名なレゴ精神はどうなったのか？　その精神は、この合理化のどこにあるというのか？　それは人事部長ペル・セーアンセンが率いる部門にあった。彼は工場の雰囲気を見きわめ、全体としては従業員は解雇の必要性を理解していると『ベアセン』紙に語った。ただしその後間もなく、レゴは申し分のない数字が並んだ年次報告書を出したのだが。「ブロックを買う人が充分に多くなければ生産を続けるのが不可能であることを、従業員は完璧に理解しています。そして、社内に二〇〇〇人もの人間を遊ばせておく余裕はありません」

従業員はやってきては出ていった――そして戻ってきた。レゴは人員削減や減収の年月を経たのち、一九八九年にレゴ パイレーツを大々的に発売した。問題は、この新たなテーマに、発掘を待つお宝が埋まっているかどうかだった。

ビルンでの期待は高かったが、社内報での新製品紹介には少々の不安も見られた。ニコニコ顔の平和的なミニフィギュアではない完全武装した海賊を、消費者はどう思うだろう？　レゴは悪の道に方向転換したのか？

レゴグループは現代の戦争に関連した玩具を生産してはおらず、もちろん暴力や攻撃的な遊びは奨励したくない。しかし海賊――そして大砲やライフルや短剣――は、境界線ぎりぎりのケースかもしれない。少なくとも、子どもに少しでも戦いに関係するもので遊ばせるのは有害であり危険でもあるという考えを強く持つ「平和的な」（敬虔な？）部類の大人にとっては。

レゴ パイレーツはそれまでのレゴ史上最大のヒットになった。怒った顔にもできる表情豊かなミニフィギュアは、「武装した」遊びに対する会社の態度の変化を象徴していた。

だが、レゴは安堵のため息をつくことができた。もう可愛らしさを求める時代ではない。戦争をテーマにした玩具に反対する青少年のための全国的組織DUIレグ・オ・ヴィアケによるキャンペーンや、第一次世界大戦後スウェーデンでのおもちゃの武器の製造禁止につながった考え方といった、一九七〇年代北欧の教育理論における清教徒的な要素は時代遅れになった。

海賊をテーマにした玩具はデンマーク、北欧諸国、そのほか世界じゅうで予想以上に売れ、このシリーズの一一種類のセットはレゴにとって過去最大のヒット商品になった。これも、一九七八年以来ケルが抱きつづけている考え――個々の製品は包含的なテーマの部分であるべきだ、「ごっこ遊び」は組み立て玩具に新たな命を吹き込むことができる――にとっての勝利だった。

一〇年間で、ケルとレゴはブロックでできる遊びを近代化し、幅を広げることに成功した。今までにないほど多くの、さまざまな年齢層、さまざまな文化の子どもたちが、レゴ製品で遊んでいた。レゴはデンマーク、イギリス、アメリカの学校で教材として使われるようになった。

一方、シーモア・パパートとMITメディアラボとの実り多い提携のおかげで、昔ながらのレゴ体験はコンピュータとロボットの時代に突入した。一九八八年に『ベアセン』紙のイマギプリース賞を受賞したとき、ケルは述べた。「私は革命《レボリューション》よりも進化《エボリューション》を信じています。レゴが我々の基本コンセプトに基づいて有機的に、自然に成長していくことを望んでいます」

翌年、シーモア・パパートはレゴ学習リサーチ教授に任命され、彼が率いるMITの研究者チームは約二〇〇万ドルの財政援助を受けた。これによって、翌年の提携、研究、開発の資金が確保できたのみならず、レゴがMITの教授を任命できるようにもなった。パパートの任命について尋ねられたとき、レゴの広報部長は、企業がこのように教授を任命できるのはいかにもアメリカ的で、双方の利益にかなうことだと述べた。そして、「デンマークの高等教育機関がこの利点を理解していないのは残念だ」と付け加えた。

レゴからすると、寄付の目的は、単にシーモア・パパートとそのチームにより多くの資金を与えることだけではなかった。これはレゴの新たなブランド戦略の有益な一環でもあった。ケルはレゴのブランドにさらに注目を集めようとしており、一九八五年にレゴ賞の授与を始めたのも、そのためだった。賞を設けた理由は「子どもも時代や、子どもが生活して発達する環境は非常に重要であり、新しいアイデアや新しい構想が常に必要となる。レゴは世界じゅうの子どもたちの生

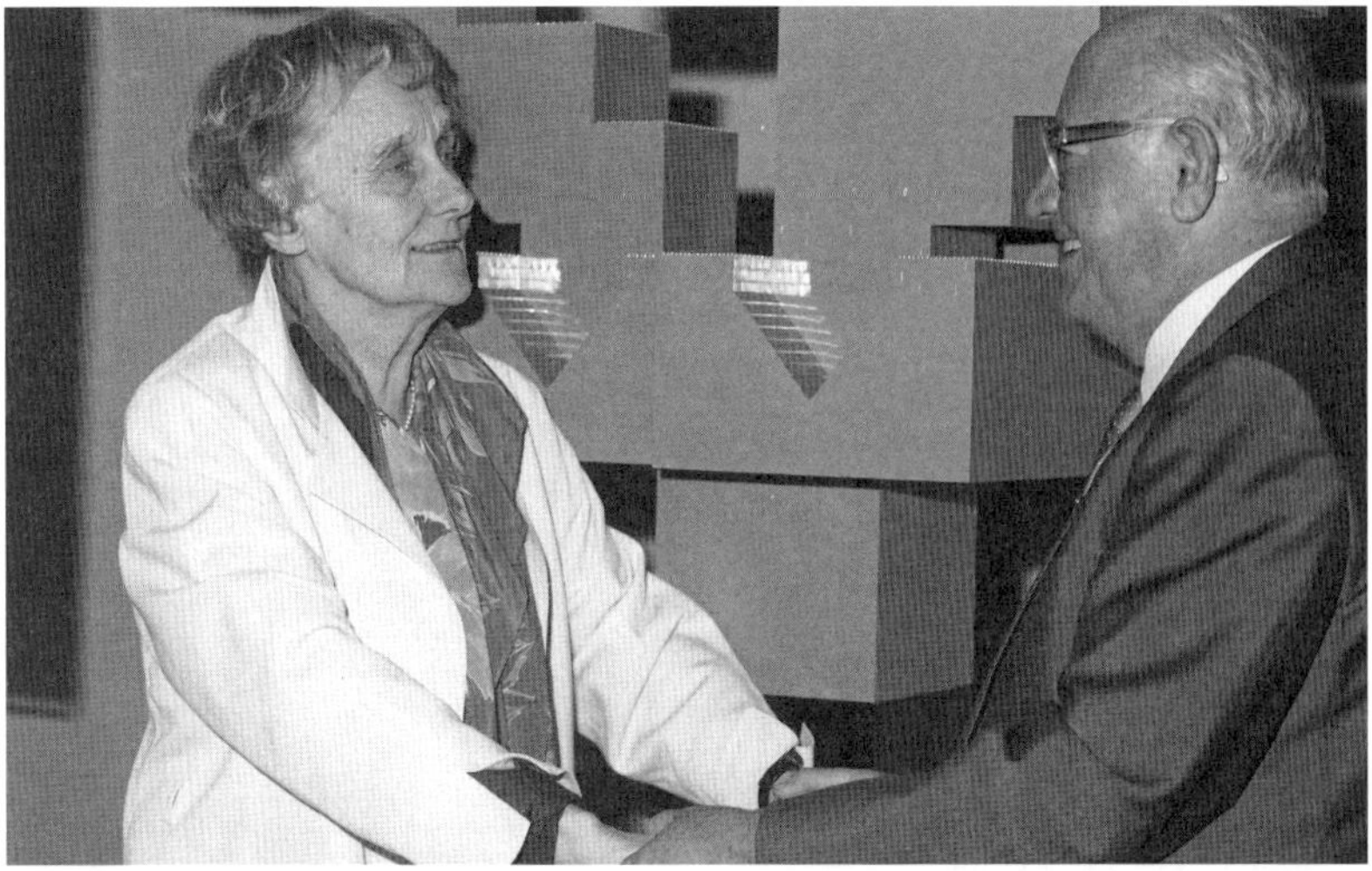

アストリッド・リンドグレーンがレゴ賞を受けたとき、北欧の子ども文化における大物２人が出会った。祝賀晩餐会で、長くつ下のピッピの「母」とレゴシステムの「父」は隣同士に座った。彼女はゴッドフレッドにこの賞への感謝を述べた。「あなたたちデンマーク人はとても気前がいいのですね、こんなに多額のお金をくださるなんて――しかもスウェーデン人に。我が国はサッカーで何度もあなたの国を負かしたというのに！」（写真：ベニー・ニールセン、『ヴァイレ郷土資料』）

活改善に貢献する取り組みや構想を応援したい」
レゴ賞の賞金は七五万クローネ、賞品は北欧神話に登場する生命の木ユグドラシルのレゴ模型だった。ユグドラシルの根は地球の中心に達し、枝は天空に届くという。

ケル：レゴチェアとレゴ賞はどちらも私の発案で、レゴブランドは単なるおもちゃではないことを明確に示すためのものだ。実際、それは私がのちに発表した目標への第一歩だった。レゴは二〇〇五年までに子どものいる家族にとって世界一強力なブランドになる、という目標だ。この目標は大きな批判を受けることになったがね。

一九九〇年代の初め、玩具業界のあらゆる関係者と同じく、レゴも未来の青少年の寝室を興味深く覗き込んでいた。そこでは、コンピュータ、キーボード、ジョイスティック、リモコンつきテレビがすっかり家具の一部になり、ビデオゲームやCG映画が今までにも増して子どもの生活の重要な側面になっている。新しい電子メディアを子どもが使いこなす生来の能力に誰よりも熱狂したのは、あるデンマークの新聞に「卓越したコンピュータ・ヒッピー」とあだ名をつけられたシーモア・パパートだった。ある一つの点について、彼が正しかったことに疑いの余地はない。この新しい文化が子どもや子ども時代にどんな影響を与えるかについて大人が議論しているあいだに、青少年はテクノロジーを自らの目的に応用して使っていた。自分なりのやり方で。
壁は今にも崩れ落ちようとしていた……。

8

Inertia

停滞

1990年代

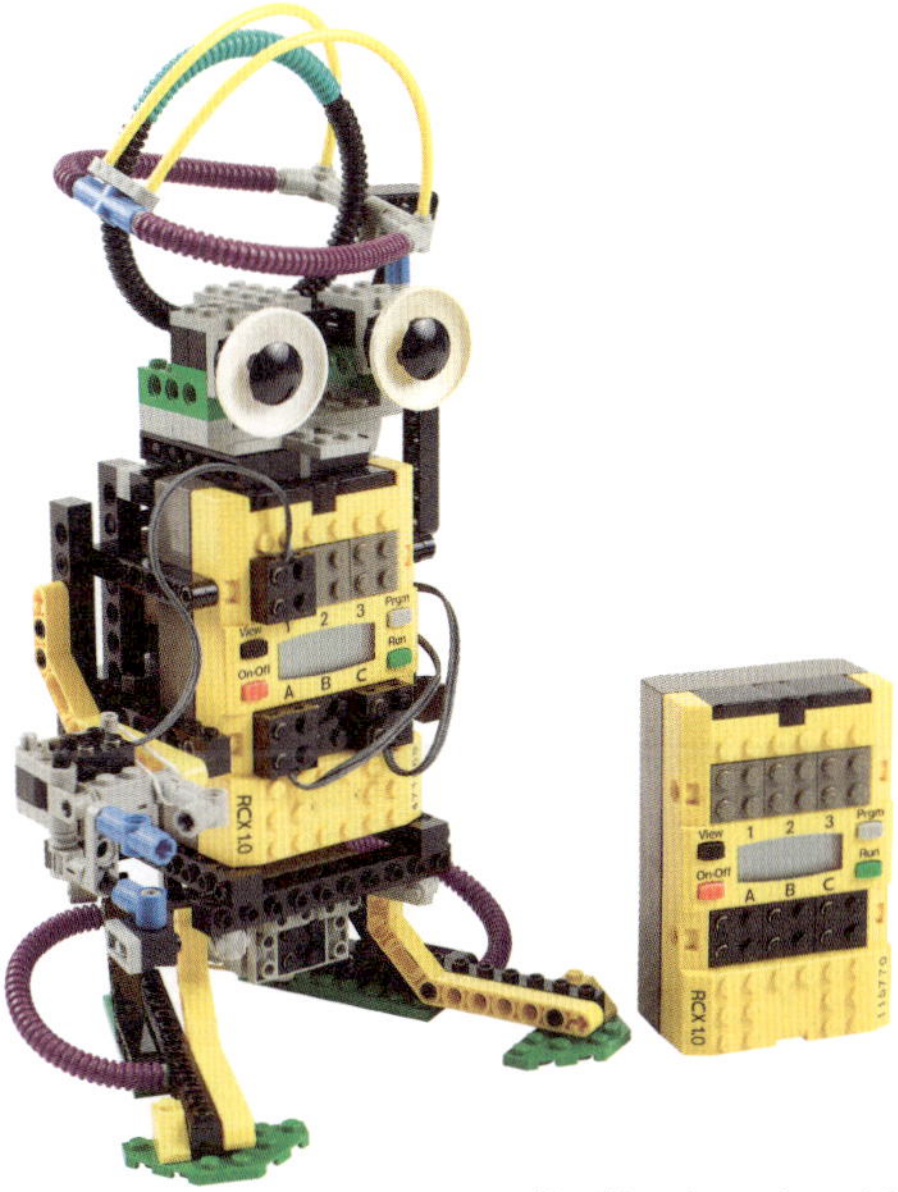

マインドストーム、1998年

一九八九年一一月九日木曜日のベルリンの壁崩壊は、歴史が動いた瞬間だった。翌週、『イブニング・スタンダード』紙は、イギリスのほかの日曜紙二紙で非常に人目を引いた全面広告に言及した。記事によると、三者がこの非凡な出来事に最高に素晴らしい反応を示したという。ドイツ首相ヘルムート・コール、イギリス首相マーガレット・サッチャー、そして……レゴである。

一一月一〇日金曜日の午後、レゴのイギリスの営業部門は、広告代理店ＷＣＲＳから電話を受けた。かけてきたのはクリエイティブ・ディレクターだ。彼は、全世界が注目しているニュースに関連した広告案をファックスで送ったので至急目を通してくれ、とレゴのイギリスのマーケティング部長クライヴ・ニコルスに言った。

世界中の人々と同様、ニコルスもベルリンで起こった歴史的事件から目が離せずにいた。テレビに釘づけになって、喜びにあふれた東ドイツ人が歓声をあげながら金槌や鑿《のみ》を手に壁をよじ登って西ベルリンへなだれ込んだりする映像が次々と流れるのを見ていた。

広告代理店からファックスで送られてきたスケッチを見たとき、ニコルスは興奮に我を忘れた。天才的なアイデアだ。ミニフィギュアが群れを成し、ブロックで作ったベルリンの壁を越えている。壁の上にもミニフィギュアがいて、憎むべき壁を打ち壊している。後ろにはブランデンブルク門があり、ドーリス様式の柱に支えられた門の上には「最高のクリスマスプレゼント」という言葉が見える。すべてはレゴで作られていた。

これはまたとないチャンスだ。広告で印象的なメッセージを送り、民主主義と自由を称え、同時にレゴはきたるクリスマスシーズンへの態勢が整っていることを何百万もの消費者に思いださせる。そんな機会が二度と訪れないであろうことは、クライヴ・ニコルスにもわかっていた。

レゴがオーケーを出せば、WCRSは月曜日の新聞にこの広告を載せられるという。クライヴ・ニコルスは、お祭りムードがまだ盛り上がっている日曜日の新聞に載せるべきだと答えた。費用はどれだけかかってもかまわない。結局、滑り込みで全面広告のスペースを確保できたのは二紙だけだった。当時の締め切りは土曜日の午前九時三〇分。けれども『サンデー・テレグラフ』紙と『サンデー・コレスポンデント』紙の発行部数は合わせて一〇〇万以上あり、これで充分に大きな影響を与えられる、と広告代理店は考えていた。

締め切りまで一八時間しかなかったのも問題だったが、費用もさらに問題だった。三万ポンドというのは非常に高額であり、レゴの広告予算にそんな余裕はない。その金曜日の午後初めて、ニコルスはためらいを覚えた。この広告は多額の費用を要するのみならず、政治的意見を表明しており、それはレゴグループのガイドラインに抵触している。ニコルスは上司のゴードン・カーペンターに電話をかけた。応答はない。上司は週末の休みに入ってしまい、連絡はつきそうにない。

ニコルスは一つ大きく息を吸うと、ゴーサインを出した。多くの従業員が突如いつになく忙しくなった。国境越え、ベルリンの壁、ブランデンブルク門など、あらゆるシーンをレゴで作り、数百体のレゴミニフィギュアを並べ、写真に撮らねばならない。最大の難問は、組み立てるための材料だった。

金曜日の午後五時前、広告代理店の社員四人がリージェント・ストリートの玩具店〈ハムリーズ〉にタクシーで乗り込み、レゴブロック、ミニフィギュア、標識、木、赤白の遮断機など、自由へと殺到する歓喜した群衆を再現するのに必要なものすべてを買い占めた。それから六時間で、模型が組み立てられ、写真に撮られ、印刷用広告が作られた。土曜日ほぼ丸一日眠ったあと日曜日に目覚めたクライヴ・ニコルスは、壁の崩壊に対するヘルムート・コールとマーガレット・サッチャーの公式発言と同じくらいレゴが好意的な注目を集めたことに安堵した。

その後何日ものあいだ、レゴは称賛を浴びせられ、広告はほかのメディアでも話題にされ、再掲された。喝采は一般人からも広告主からも寄せられ、玩具業界のライバルたちすらレゴを褒め称えた。ブリスベンやバンコクからボストン、もちろんベルリンに至るあらゆる場所で、レゴが最高のクリスマスプレゼントであることが証明された。

その後、東ヨーロッパの国境が一つ、また一つと開放されていくにつれて、かつての鉄のカーテンの向こうでレゴ製品の売上は急上昇した。ポーランド人に加えてハンガリー人や旧東ドイツ国民をも乗せた観光バスが、毎年夏になると大挙してレゴランドに押し寄せ、ビルンに通じる狭い道路を塞いだ。

ケル：壁が崩壊する前でも、東ヨーロッパでレゴを買うことはできた。赤の広場にある巨大デパート〈グム〉にも出店していた。一九八〇年代半ば、私はレゴがどれくらい売れているかを見るためロシアへ行った。全然だめというわけではなかったが、かといって大人気でもない。一般大衆にはほとんど売れていなかったからだ。平均的なロシア人の収入からすると、レゴ製品は高すぎた。ポーランドやチェコ、ハンガリーと同じくロシアにも代理店を置いていたものの、その規模はかなり小さく、レゴはいわゆるドルショップ（共産圏でドルによって買い物が

THE SUNDAY TELEGRAPH NOVEMBER 12 1989
15
The perfect Christmas gift.
POLIZEI
POLIZEI
IT'S A NEW TOY EVERY DAY.
LEGO

できる店）でしか売られていなかった。

壁の崩壊に伴って東ヨーロッパの市場が西側にも広く開かれたことは、レゴにとってても大きな意味を持っていた。我が社は即座に行動に出た。モスクワやワルシャワで暮らした経験があり、東ヨーロッパ全土で大きな影響力を持っていた代理人を通じて、壁が崩壊する前から会社が行っていたことがある——私はあまり誇らしく思っていないのだが。当時、東ヨーロッパの閉鎖的な市場に参入してある程度規模の大きい取引をしたい場合、「見返り貿易」を行わねばならなかった。たとえば、レゴは輸出の見返りとして大量のレインコートやベルトなどを輸入し、それをデンマークで売ろうとしなければならなかった。

それで、アルモ（Almo）株式会社という小さな会社を設立した。四文字ということでちょっとレゴの名前を連想させるが、「Alt I Modkob」（「すべて見返り貿易品」）を短縮したものだ。だが悲しいかな、見返り輸入したものを買ってくれる客はまったく見つからなかった。そんな状況が一変したのが一九九〇年代だ。現在、ロシアは我が社にとって世界で六番目か七番目に大きな市場になっている。

アメリカ合衆国でもレゴは爆発的に売れ、一九八九年には売上は三八パーセントの伸びを示した。一九八〇年代に海外で行われた訴訟で何度か負けはしたが、タイコとの長期にわたる競争は最後には勝利で終わった。結局のところ、どんなライバルも品質ではレゴと勝負にならなかったのだ。ケルはインタビューで語った。「少し前にはアメリカの剽窃《ひょうせつ》者との裁判で負けたし、それは本当に腹立たしかった。だがいつも仲間同士で言っているように、我が社の製品は最高だ。だ

1990年の従業員向け新年スピーチで、社長は誇りと喜びを素直に表した。「1980年代、レゴグループの総売上は金額にして4倍以上になりました。販売数量はほぼ3倍です。これは玩具業界全体よりも大きな伸びであり、市場占有率も上昇したのです」

から、法廷でなく店で剽窃者を打ち負かすつもりだ」

マクドナルドとの三度の大々的な共同販促キャンペーンでは、最終的に約三七〇〇万個のブロックが子ども向けのハッピーセットのおまけとして配られ、今やその成果が出はじめていた。各種消費者アンケートによれば、アメリカ人の九五パーセントがレゴを知っていると答えた。アメリカのある主要なブランドイメージ調査では、レゴはメルセデス・ベンツ、リーバイス、ディズニー、コカ・コーラ、アップル、IBMなどの大手に次いで認知度で第八位に入った。一九八九年一一月の社内報はこう結論づけている。「ブロックとポテトはお似合いのカップル」

従業員に向けた新年のスピーチで

ケルが熱意にあふれていたのには、確かに多くの理由がある。長いスピーチで彼は素晴らしい一〇年間を振り返り、世界全体の状況については少々感情的になった。

独裁政治は崩壊し、自由と平和の日々はすぐ手の届くところにあります。そこに至る道のりは険しいかもしれませんが、もっと平和な世界への希望が生まれています。軍事力や圧政に代わって民主主義、人権の尊重、自由な交流が実現する世界です。相互依存や協力の必要性を認識することによって、地球は人類が破壊してはいけない小さな星であるとすべての人が気づくことを願います。人々は世界市民として結びつくようになりました。それこそが一九九〇年代に明るい未来を約束している、と私は思うのです。

この新年のスピーチのタイトルは「力強い継続性」。途中ほんの些細な落ち込みが何度かあっただけで、会社は長年一貫して成長を続けてきた。だから、すべての従業員に対してケルがその貢献と努力に感謝したのは当然だった。だがスピーチの締めくくりでケルが個々の従業員に向けて訴えた言葉は、彼らの多くを少々戸惑わせた。「あなたの内なる子どもをおろそかにしてはいけません！」

彼は、このアピールは一九八八年にエーベルトフトの会議で論じられた「レゴ・ビジョン」戦略の核心でもあると述べた。とはいえ、上級経営陣以外の人間にとっては、初めて聞く言葉だった。

子どもは好奇心旺盛です。いつも質問をしてきます。どうしてそうなの？　どうしてそうじゃないの？　子どもは機会を見いだそうとします。大人は問題ばかり見いだします。子どもは試してみて間違うのを恐れません。間違いからも学ぶことがあるからです。もちろん我々大人は経験から学ばねばなりませんが、何かをやってみて間違うリスクを恐れてはいけません。忘れないでください、人は生涯学びつづけることができるのです。そして生涯遊びつづけることもできます。仕事をしているときでも、互いに楽しみましょう。我々が大人でいなければならないのは当然です。それでも、自分の中の子どもを忘れないようにしましょう。

ケル：大人である私たちは子ども時代のよかったことの多くを忘れてしまう、というのを人々に思いださせたかった。また、私の近しい仲間たちがもっと楽しんで仕事に取り組んでほしいというのも、長年の望みだった。彼らには、「これは私の仕事だ、だから私がやっている、他人の仕事に関心はない！」などと言う管理職になってほしくなかった。自分の取り組む仕事を、一人で、そして仲間とともに、改善させ発展させようとしてほしい。そうすれば、必ずや会社にもっと力強いエネルギーを生みだすことができるのだ。

一九九〇年夏、ゴッドフレッドは七〇歳になり、祝賀会には懐古的な雰囲気が漂っていた。デンマークじゅうの新聞に「帝国の祖」や「レゴの帝王」といった大仰な賛辞があふれ、これまで何度もそうだったように、笑顔でいつも葉巻やタバコをふかしている「時の人」がスポットライトを浴びてふざけている様子が見られた。つまるところ、ちょっとした楽しみがなければ人生なんて意味がないではないか？

ＧＫＣは仮面をかぶり、変装して、人を驚かせるのが好きだった。70歳の誕生日にビルン町議会から「フリーダム・オブ・ザ・シティ」を授与されたとき、彼は『マペット・ショー』に登場する気難しい老人ウォルドーフに扮して受賞式に現れた。（写真：ジョン・ランダリス）

ケルが内向的でかなり照れ屋だと思われているのに対して、彼の父は人好きのする外交的なリーダータイプだった。また、悪戯が好きというオーレ・キアクの性質も受け継いでいた。七月八日の誕生日、彼はビルン町議会から与えられる町民栄誉賞、「フリーダム・オブ・ザ・シティ」の第一回受賞者となった。人々が興奮して公会堂で待っていると、突然扉が開き、杖をついて麦藁帽をかぶった老人が現れた。顔には、テレビ番組『マペット・ショー』の登場人物、文句ばかり言う老人ウォルドーフの仮面をつけている。

それは変装したゴッドフレッドだった。彼は仮面越しに、二〇歳年下の町長ティクセンに語りかけた。「こんな賞をいただけるとは、私も年寄りになったものだ。だからこの仮面をかぶったのだよ。こうすれば、あとあとまで私を覚えていてくれるだろう」

その後、彼はテレビ・シューのインタビューを受けた。記者はメモ帳に質問を用意していた。カメラが回り、ＧＫＣは葉巻を口から離す。

今でも、レゴを動かしているのはあなたの博愛精神ですか？

「いや、こう言ったらどうだね、父の精神がまだ私たちの中に生きているのだと」

本当のところ、あなたにとってキリスト教とはどういう存在ですか？

「私のすべてだ。私はキリスト教徒の家に生まれたし、神と直接つながっているのだと思っている」

事業がこれまで非常に順調だった理由は、なんだと思いますか？

「まあ、そうだね。私はいつも地味にやってきた。働く人々をよく知っている小さな工場のほうが好きだからだ。ここビルンで、非常に限定的な規模で事業を行っていたときのことを覚えている。我々は慎重に事業を進めた。工場をあまり大きくしたくなかったからだ」

最後に、どうやって、謙虚でいながらもこの帝国の王でいられたのですか？

「今我々がこうして話しているのと同じようなやり方でだよ」

ゴッドフレッドは誕生日の長いインタビューで、ＧＫＣが舵を取っていた一九六〇年代なら想像もできなかった新しい経営慣行やコンサルティング会社の利用についてコメントした。今は、彼曰く「首にされた」ものの、彼がレゴを思う気持ちは少しも衰えていなかった。

私は常にレゴのことを考えずにはいられない。主導権を手放してすべてをほかの人間に任せるのは、非常に難しいことだ。しかし忘れてはならないことがある。この一〇年、ケルや現在の幹部や優秀な従業員たちは大部分の業務を引き継いで非常に素晴らしい仕事を行ってきた。それでも最初からかかわっているのは私だと思っているし、今でも最も大きな責任を負っているのは私だ。その責任を手放すわけにはいかない。だからこそ、今も毎日出勤している。今年の春のある日、イディスは一緒にビルンを散歩しようと言ってきた。しかし私は断った。平日の真っ昼間に私がぶらぶらしているのを見たら、人にどう言われることか！

ケル：父が七〇歳になったとき、家族の取り決めに従って私が議決権株式の大部分を譲り受け、父に発言権はなくなった。会社とともに生きてきた父は、ついに会社とのつながりを断たれたと感じた。だから最後の数年は、望んだほどには楽しんで生きることができなかった。私だって、父にはもっと楽しんで生きてほしかった。母のためにも。母は、父が仕事をしなくなったらもっと一緒に旅行できるだろうと考えていた。なのに父は、工場を手放したことを嘆くばかりだった。今なら私も、当時よりは父の気持ちが理解できる。私自身も同じように感じているからね。

一九九三年春、ＧＫＣがレゴ株式会社社会長の座を退いて、あらかじめ取り決めていたようにヴァン・ホルク・アナセンに譲った直後、ソフィ・キアク・クリスチャンセン――オーレ・キアクの妻――が亡くなった。その後間もなく、ケルは病気のためしばらく休養を余儀なくされた。レゴが五年間で三度目のイマギプリース賞を受けたとき、『ベアセンス・ニューヘスマガシン』

誌の五月の「特別号」にケルがそれほど大きく取り上げられなかったのは、そういう理由だった。クリスチャン・マイゴールなど、ほかの経営幹部が代わりにスピーチを行って、レゴのブランドをどこまで広げるつもりかを述べた。それは社長が数年前から心の中で温めていたテーマである。「我々はこのブランドに対して将来を見据えたアプローチを取らねばならない、人がレゴとして知るブランドをさらに広げる余地はある——ケルはそう言っています」

ブランドを広げるケルの壮大な計画における重要な部分の一つが、レゴワールドである。レゴ

『ベアセンス・ニューヘスマガシン』誌1993年5月号の表紙写真で、レゴの社長は目をきらめかせ、力強く自信たっぷりに見えた。しかし実のところ、ケルは難病に侵されていることを告知されたばかりだった。（写真：『ベアセンス』誌）

ランドのコンセプトに基づいたテーマパークを、今後数十年で世界の四、五箇所に建設する。具体的な第一歩が踏みだされたのは、レゴが一九九一年にそのための株式会社を設立したときだった。ゴッドフレッドに気づかれてケルの決定に横槍が入れられてはいけないので、プロジェクトの性質をカモフラージュするため会社はレゴ・ワールド株式会社と命名された。ゴッドフレッドの死後ほどなく、社名はレゴランド開発株式会社に変更された。

ケル：私たちはそれを「パーク」としか呼ばず、それが屋外か屋内かも明確にしなかった。単にレゴランドという言葉やコンセプトについて話していただけであり、レゴランドは父の縄張りだった。だがもちろん、私たちにとって、それは大きなステップだった。ビルンのテーマパークは二四年間大成功を続け、このブランドにプラスの貢献をしている。だったら同様のテーマパークを世界じゅうに開けばいいじゃないか？　最初はロンドン郊外のレゴランド・ウィンザーだった。イギリスで建設が進められ、これ以上先延ばしにはできないというときに初めて――一九九四年だったと思うが――それをレゴランドと呼んでいることを父に話した。父は喜んでくれたよ。そのアイデアが突飛なものではないことが、父にもわかったのだろう。

一九九三年五月号の『ベアセンス・ニューヘスマガシン』誌表紙に載った、冷静で自信に満ちて、一見落ち着いているケル・キアク・クリスチャンセンの写真は、読者を欺くものだった。彼の丸い顔と明るい表情は、もっと不愉快な現実を覆い隠していた。ケルは長いあいだ不調に苦しんでいたのだ。異常なほど疲れやすく、消化不良で、体重は減りつづけている。最初はサルモネラ食中毒だと思われたが、出血を伴う腸の炎症である潰瘍性大腸炎だと判明した。これには継続した治療が必要で、手術を伴う場合もあり、簡単には治らない難病と考えられている。

何度か精密検査を行い、医療専門家と話し合いを重ねた結果、ケルは期限を定めず休養することにした。ベッドに寝たきりになるわけではないが、体調や病気についてビルンの人々に憶測されないよう、彼はシェレンボーに移った。そこでは静かで穏やかな生活を送ることができた。人からじろじろ見られずにすみ、約束や責任に対処しなくてもいい。

ケル：ヴァイレ病院の優秀な内科部長が診察してくれた。「しばらくかかると思ったほうがいいですよ！」

私は「じゃあ、夏季休暇が終わるまで具合は良くならないんですか？」みたいなことを言った。

「ええ、これは慢性疾患ですからね。かなり長期間病気と付き合うことを覚悟しておいてください」

この内科部長は素晴らしい医師だった。私を切り刻もうと手ぐすね引いている外科医を遠ざけてくれた。ゆっくり、だが着実に、強力な薬が効いていった。プレドニゾロンという副腎皮質ホルモン剤のせいで、少々頭がぼうっとすることもあるが。

一九九三年の夏と秋はずっとシェレンボーで過ごした。クリスマスまでビルンに戻らなかったので、人生に起こった多くのことを振り返る時間がたっぷりあった。もちろんその筆頭は、この大腸の問題が残りの人生ずっと私につきまとうという悲観的な予測だ。問題は、果たして以前の仕事に戻れるのかどうかだった。

最初のうちケルはひどく疲れて落ち込んでおり、フュン島の別荘でカミラとその母親に看病された。彼女たちはケルの病状や極端な体重減少を非常に不安に思った。ゴッドフレッドもひどく心配し、彼自身も心臓が悪く脚が弱っていたにもかかわらず、ビルンからフュン島に赴いた。息子が重い病気に苦しんでいるのを見るのは、非常につらいことだった。

「おまえがこんなことになるとは悲しいよ、ケル！」ゴッドフレッドは息子に言った。ケルが父の目に涙を見たのは、それが初めてだった。

体力や気力を奪った身体的な症状に加えて、これまでケルが抑えつけていたさまざまな問題が表面化していた。仕事と私生活のアンバランス、巨大企業を経営する途方もないプレッシャー、そしてとりわけ、父との関係。鬱状態に陥ったわけではない。パニック発作も、動けないと感じることもなかった。それでも病気が個人的な危機の引き金を引いた、と医師である義兄のモウンス・ヨハンセンはのちに語った。

「ケルは、自分が不死身ではないことに気づいた。病気をきっかけに、これまでと同じように働きつづけたいかどうかを考えるようになった。体を犠牲にしてまで働く価値はあるのか、と」

レゴと物理的な距離を取ったことで、ケルは思慮にふける機会を持ち、冷静に、より明瞭に会社を見られるようになった。一九八〇年代を通じて会社は素晴らしい業績を上げたが、今は衰退の兆候を見せはじめている。自分たちはこれまでしてきたことを続けているにすぎない――トップダウンの経営、細部への執着、新しい人を雇いつづけること。

1993年の7カ月にわたるシェレンボーでの療養中、ケルは自然や馬と触れ合って過ごした。最初は強力な薬の副作用で衰弱していたが、徐々に体力を取り戻し、やがて馬に乗れるまでに回復した。（私蔵資料）

ケル：何年も前からすでに警戒信号に気づいてはいた。それは私の病気とは関係のないものだ。社内には緩慢さや停滞の兆候があり、いくつかの海外市場では低迷が始まっていた。なのに、アメリカ合衆国など、ほかの市場では事業が非常に順調だったため、そういう低迷は陰に隠れてしまっていた。これは少々厄介だぞと私は思ったが、全体として事業はスムーズに進んでいた。

ときどき、レゴを代表してニールス・クリスチャン・イェンセン、クリスチャン・マイゴール、トーステン・ラスムスンという経営幹部三人がシェレンボーを訪れた。若き日にスイスで知り合った旧友トーステン・ラスムスンがナンバーツーだと考えられていたため、訪問時にはもっぱら彼が話した。彼らの目的はもちろんケルの見舞いだが、広範囲にわたる問題について報告し、ケルの助言を仰ぐためでもあった。

ケル：彼らが目の前に座って事業の進み具合を話しているとき、私はよく思ったものだ。「そんな細かなことを気にするな！　もっと広い目で見られないのか？」。縦横に数字が並んだ図や表を用いてレゴのありとあらゆることを恐ろしく厳格に管理する当時のやり方のせいで、会社は身動きが取れなくなっているということに、私ははっきり気づいたのだ。基本的に、これこそが停滞の法則だった。それは、長年成功していた多くの会社に悪影響を与えている。今までと異なる新しい考え方をするのではなく、同じことばかりをやりつづけるのだ。だから、私はときどき三人の幹部の話に耳を傾けるのにうんざりして立ち上がり、馬を見に行かないかと誘った。

秋が深まるにつれて、自分が生き甲斐を見失っているのは、社長という役割を続けたくない思いと関係していることが、はっきりわかってきた。彼はいくつものインタビューで、一九九〇年代にレゴは何が悪かったのかと問われたとき何度も答えた。「レゴは楽しくなくなった」「楽しみ」はケルが生涯を通じて幾度となく使ってきた言葉である。大人になってからは、この語は理想的な人生についての考え方の心髄を表していた。一九九〇年代と二〇〇〇年代初めの経営危機の時期、社長の役割に関して最も重要で最も価値のあることは何かと訊かれたとき、ケルはほぼ例外なく同じフレーズで答えた。「楽しくなくてはならない！」

その一例は、二〇〇〇年二月、副社長に任命されて経営の多くの責務から解放されたあと『ユスケ・ヴェストキューステン』紙に掲載されたインタビューである。「日常の経営業務はあまり得意ではないし、いちばん楽しいと思うことでもない」

「楽しみ」という言葉は、一九八八年に初めて経営幹部に自らの「レゴ・ビジョン」を提示したとき以来、レゴの未来に関するケルのビジョンで繰り返し語られるテーマでもある。「楽しみ」は目に見えぬ力として、その新年のスピーチの一言一句に込められていた。そしてまた、「楽しみ」は、レゴ・ビジョンの中心を成す五つの価値観――創造性、想像力、熱意、自発性、好奇心――を結びつける強力な接着剤だった。

シェレンボーでの療養は、実り多い自由時間でもあった。くつろいだり、楽しんだり、ばかげたことを考えたりする機会を、たっぷり持つことができた。ケルはスーツやネクタイをスコウパーケンのクローゼットに片づけ、髭を伸ばしはじめた。一九六八年頃のロックやジャズに耳を傾けた。長い散歩に出、馬とおしゃべりをし、とにかくやりたいことをした。

レゴの拠点であるビルンに戻ったケルは、髭を生やし、それまで以上に物静かになっていた。彼が充分に時間をかけて人生について考えたことは、家でもオフィスでも明らかだった。(私蔵資料)

ケル：音楽はよく聴いた。ジョン・レノン、ジミ・ヘンドリックス、ボブ・ディラン、チャールズ・ミンガスなど、私が若い頃聴いていた一九六〇年代のアーティストたち。それから、馬牧場で騎手を雇った。その騎手の母親は、昔よく馬車に乗っていた人だった。彼女の世話で、私は美しい中古の馬車を買った。グレトーとフレゼリシアで、「馬力」充分の馬車馬二頭を手に入れた。馬の名前はサイモンとレーダ。私はすぐにサイモン・スコーダとローラ・レーダと改名した。そして、馬車を走らせるようになった。六〇年代に乗馬クラブでやって以来のことだった。

たまにトランス状態に陥るようなことがあった。途方もなく疲れていたのと、強い薬を服用していたからだ。そういう忘我状態の中で、いろいろ楽しいことをやった。地下室で大事業に取り組みもした。長年にわたって集めてきたものを置いた趣味の部屋を作ったんだ。古い甲冑、天井にラファエルの天使の像、酒場のカウンター代わりの古い作業ベンチ、中央にはビリヤードテーブル。馬車を手に入れたのと同じく、それは私が何よりもやりたいことだった。楽しいことだよ。

やがてケルは、以前レゴのセミナーで知り合ったビジネスコーチのラッセ・ゼルに連絡を取った。ゼルはチーム作りに関する自らの経験を活かし、メンタルコーチとして一九八〇年代に大活躍した人物である。彼がコーチしたのは、トップアスリートから、ＰＦＡペンション、ユスケ銀行、ノボノルディスク、ノボザイムズ、それにレゴといった企業の幹部まで、多岐にわたっている。

ケルはラッセ・ゼルの派手さがなく少々風変わりなスタイルや、経営についての斬新な考え方を気に入っていた。彼は、脳の研究、デンマークの特殊部隊である猟兵中隊、アメリカ先住民の人生観、高校教育、スポーツ心理学など多様なソースを基に理論を築いている。だがシェレンボーにケルを訪ねたとき、彼はカヌーイストも特殊部隊兵士も先住民の呪術医も連れてこず、テキストも持参していなかった。彼が持ち込んだのは、自らの個人的な危機だった。五児の父である彼は二度目の離婚寸前で、病弱なレゴの社長と同じくらい大きな難問に直面していたのである。ラッセ・ゼルと、のちに彼とケルが共同で設立する会社パスファインダーについて書かれた本『スティフィンダー（Stifinder）』（未邦訳）で、ケルは述べている――

個人的なレベルで誰と話をすればいいかと考えていたとき、すぐに思いついたのがラッセだった。彼も人生における大きな変化を経験しているところだった。だからといって、私たちの会話が価値のないものになることはなかった。二人で、人生について、前に進むにはどうすればいいかについて、自分の人生をどうしたいかについて、深く話し合った。彼自身が難問に直面していたからこそ、私のことをいっそう理解できたのかもしれない。

シェレンボーでの対話から、ケルは、ラッセ・ゼルのコーチング用語を用いるなら「前向き《プロアクティブ》」な推進力を得た。そして、自らの病気、仕事と私生活のバランス、レゴグループ内での地位や役割について考えられるようになった。

ケル：ラッセとは話しやすかった。彼のおかげで、私は会社のことや、戻ったときに取るべき道について考えることができた――もしも戻ったら、ということだが。私は、自分たちで生みだしたお役所的な形式主義にかかわりたくなかった。社長の地位に戻ったなら、まずはそれを変えなければならない。だが、たとえ病状が緩和したとしても、そんな大変な仕事を行うだけの体力を取り戻せる保証がないことはわかっていた。

秋が過ぎゆくにつれて、ビルンでは不安や戸惑いが広がっていった。ケルはどのくらい具合が悪いのか？　ストレスのせいか？　鬱病なのか？　いつ戻るのか？　広報部長ピーター・アムベック＝メッセンはこうした懸念について、ケルへの手紙で冗談めかして手短に伝えた。「我々は社長がおられないことに困惑しています。事業が立ち往生しているからではなく、ここでの少々あわただしくバタバタした雰囲気がせいぜいマグニチュード二か三にしかならないからです。我々はこんな静けさに慣れておりません。（後略）」

けれどもケルは急がなかった。彼は、前人事部長ペル・セーアンセンがかつて「犀化《ライノイゼーション》」と呼んだものへの全社的な治療法を思いついたところだった。セーアンセンは、フランスの小さな町で住人が一人ずつ皮の厚い犀《サイ》に変身していくというウジェーヌ・イヨネスコの戯曲『犀』（白水社『ベスト・オブ・イヨネスコ　授業／犀』収録、加藤新吉訳、二〇二〇年）を引き合いに出して、比較的よくある現象について述べた――会社の経営陣は時間とともに、のっそり歩くだけで決して群れを離れて動こうとしない、ぎこちなくのろまな動物に変わっていく傾向がある。ケルはラッセ・ゼルとの対話の中でその解決策を考えつき、それをほかの経営幹部に実行させた。レゴで徐々に蓄積され鬱積していたエネルギーの一部を解放させる、新しく前向きな経営方針の策定

1994年8月、ケルの新たな経営コンセプト「コンパス・マネジメント」について話し合うため、新しいチームがホアセンス湾近くの会議場に集まった。写真は、夜に焚き火を囲んで冷たいビールを楽しんでいるところ。立っているのは、左からケル、クリスチャン・マイゴール、ニールス・クリスチャン・イェンセン、ケル・モラー・ペダスン、コーチのラッセ・ゼル。しゃがんでいるのはジョン・ベンダーゴールとトーステン・ラスムスン。（私蔵資料）

である。

ケル：私はそれを「コンパス・マネジメント」と呼ぶことにした。一九九四年の春、シェレンボーから戻って少しずつ体力を回復しているあいだに、ラッセと取締役仲間たちの協力もあって、プロジェクトが形を成していった。私たちは何度か、心地良くリラックスした環境で集まって話し合った。私は彼らに、レゴを今までと異なるやり方で経営したいと告げた。経営方法は単純化しなければならず、昔の価値観、いわゆる「起業家精神」に再び焦点を合わせねばならない。そのためには、個々の従業員の裁量の幅をもっと広げる必要がある。もう、長い会議で全員の意見が一致するのを待つことはしない。今後は、組織全体が、ますます急速に変わりゆく世界においてそのとき重要なことに、より機敏に迅速に対応しなければならない。

ケルがクリスマス休暇にビルンへ戻り、一九九四年一月から一日に数時間ずつ働いてだんだんと仕事に戻っているとき、レゴはまだ絶頂期にあるように見えた。恒例の新年のパーティでの経営陣に向けたスピーチで、ケルは見たばかりの映画について熱心に語った。その映画とは、大人になりたがっている一二歳の少年エリオットをトム・ハンクスが演じた『ビッグ』。奇跡によって願いは成就し、成人した若者の体を得たエリオットは玩具メーカーで仕事につくが、その会社の大人は子どもの夢や考え方を理解していない。けれども、エリオットは理解している。そして自分も理解しているのだ、とケルはホテル・レゴランドに盛装して集まったすべての大人に打ち明けた。「子どもはユニークな生き物です。私たちが彼らを真似るべきであって、子どもが大人を真似るべきではありません」

一九九四年、レゴはヨーロッパ最大の玩具メーカーであり、マテル、ハズブロ、セガ、任天堂といった大手とともに世界一の座を争う存在になっていた。アメリカ合衆国では組み立て玩具の八〇パーセントのシェアを持ち、一三〇を超える国の六万以上の店で商品を売り、従業員は四年間で六〇〇〇人から八〇〇〇人に増え、収入は九〇億クローネ弱になっている。物事は非常に順調に運んでいた。少なくとも外から見た限りでは。

夏の終わり頃には症状の発現頻度が少なくなり、薬の服用量は減った。傍目には、ケルはエネルギーに満ちあふれて家族経営の事業に熱意を燃やす昔のケルに戻ったように見えた。だが心の奥底では、誰か別の人間に日々の経営を引き継がせ、自分は楽しいと思えること――大局観、価値観、レゴブランドの発展――に集中できる時が来るのを待っていた。

ケル：一九九〇年代当時、私のチームに、私が会社をどうしたいかを正しく理解してくれる人間がいるとは感じられなかった。ある日、一人がやってきて言った。「あなたが何を求めているかはわかっていますよ、ケル。会社は巨大な木になっている、剪定してもっと単純にする必要がある、ということですよね。だけど多くの人がやってきたこと、今でもしていることは、新しい木を次から次へと植えることです。それじゃだめなんですよね？」

確かにそういうことだ。それでも、変化は内部から起こらねばならないということを皆に理解してもらうのは、本当に難しかった。

会社自体やその戦略や経営方針について延々と議論しているだけでは、会社は儲からない。製品を作り、絶えず技術革新して製品開発を行う必要がある。とりわけ、一九九〇年代に玩具・娯楽産業における世界最大級の企業同士の戦場になりつつあった玩具市場においては。

レゴブロック、マテルの人形、ハズブロのボードゲームといった昔ながらの玩具は、急速に激しい競争にさらされるようになっていた。相手は、売上が市場全体の三五～四〇パーセントを占めるセガや任天堂のＰＣやＣＤ‐ＲＯＭゲームだけでなく、ディズニー、ワーナー・ブラザース、アップルなどの映画・ソフトウェア産業でもあった。

これらは、ほんの数年で伝統的な玩具から子どもやティーンエイジャーや家族向けの電子的娯楽に移った市場を形作った企業である。戦いは大きく広がった競技場で起こっていた。レゴはそこで、子どもたちの時間や、若い家族の金や注目を求めて争った。遊びに対する現代のアプローチは、子ども、ティーンエイジャー、若者のそれぞれにとって遊びが意味することの境界を曖昧にした。子どもは最も成長の速い消費者グループになった。「最近の子どもは早くから大人になる」とよく言われた。

ミレニアムが近づき、玩具市場が大きく変わろうとしている、このパラダイムシフトの中で、レゴは新たな収入源を見つけねばならなかった。ここで大きな機会を提供しているのは、デジタルの世界だった。テレビでシーモア・パパートの番組『トーキング・タートル』を見たときから、ケルはそのことを意識していた。

レゴはすでにブロックをデジタル化するため巨額の投資をしていた。一九九〇年代、青年時代からコンピュータやITシステムに興味を持っていたケルは、アナログのレゴシステムをサイバー空間へと発展させようとしていた。ところが、彼が一年近く仕事を休んだことと、社長の回復を待つビルンの経営陣の消極性のせいで、レゴは玩具業界がゆっくりとしか動いていなかった時代に逆戻りしてしまった。

ケル：私は一年近く経営から離れていた。正式に戻ったときに、もう少し経営陣を改革するべきだった。私たちは一九八〇年代には力を合わせて好成績を出していたが、世の中の情勢から少々取り残されていたのかもしれない。物事はすでに、あまり良い方向に動かなくなっていた。子どもがエレクトロニクスに費やす時間がどんどん長くなっている時代にあって、我が社は注目を集める新製品を何も出しておらず、そのため停滞感が広がっていた。我が社は組織として、これだと思える新しいものを切に求めていた。

一九九四年秋のある日、肩まで髪を伸ばし、ふさふさの顎鬚を生やし、ハイキングブーツを履き、流行遅れのだぶだぶの半ズボンをはき、帽子をかぶった背の低い男性が、前触れもなくレゴ本社の受付に現れた。スーツケースを持ったまま、ケル・キアク・クリスチャンセンとの面会を執拗に求めた。流暢な英語を話すその男性はダン＝デ＝リオン・ドゥ・ミディと自己紹介をし、このフランス語っぽい名前は「中央のタンポポ」という意味だと受付係に説明した。そして、レゴの社長に見てほしい非常に特別なビデオを持ってきた、社長はきっと興味を持ってくれるだろうと話した。

男性は最初、広報部長とレゴ テクニックのソフトウェアデザイナーとの面会でよしとせざるをえなかった。

「ダンディーと呼んでくれ」彼は言い、二人にビデオを見せた。それはレゴ スペースの光る模型が宇宙空間を飛び回っているCGだった。レゴの二人は感心し、ケルにビデオを見てもらったうえで改めて連絡を取ると約束した。

ダン＝デ＝リオン・ドゥ・ミディはスイス在住のアメリカ人だった。ちょっとしたボヘミアンで、なんでも屋だという。ミュージシャン、ビジュアルアーティスト、発明家、起業家、そして3Dグラフィックスとコンピュータアニメーションの先駆者。六カ月後、彼は再びビルンに現れてケルと面会を果たした。ダンディーはその席で、昔ながらのブロックや車輪からミニフィギュ

ダン＝デ＝リオン・ドゥ・ミディ（左）は1994年、3Dエフェクトの詰まったスーツケースを持ってビルンにやってきた。それが、レゴを新たな時代に導くダーウィン・プロジェクトの始まりだった。これからは、遊び時間はサイバー空間の中にある！　ケルはVRゴーグルをかけ、あるいは外して、興味津々で彼の素晴らしい実験に見入った。あるとき、彼は開発チームに言った。「君たちこそが会社の未来だ」

アや小さなボルトや歯車に至る、レゴシステムのあらゆる部品をデジタル化して3Dで再現する計画を提示した。ダンディーのアイデアを簡潔に言うなら、サイバー空間でレゴを組み立て、子どもにコンピュータ画面上で創造的なレゴ体験をさせたり、3Dの映画やアニメや組み立て説明や広告を作ったりすることが、すぐに可能になる、というものだった。

ケル：レゴをデジタル的に発展させる方法に関して、ダンディーは非常に素晴らしいアイデアを持っていた。私は彼のプレゼンにその可能性を見て取ることができた。レゴのすべての部品を3Dにしたデータベースができれば、組織全体がそのプログラムを利用することができる。

しかし、そのためには、コンピュータの処理能力をもっと強化する必要がある。だからそうした。ある時点では、高度なグラフィック処理専用のシリコングラフィックス社のコンピュータが世界のほかのどこよりも多くビルンにあったんじゃないかと思う。レゴはこの「ダーウィン」と命名されたプロジェクトに数億クローネを注ぎ込み、ダンディーが複数年にわたる試みの陣頭指揮を執った。彼はただちに一〇人くらいの髭面の男たちを雇った。彼らはバーチャルリアリティやコンピュータアニメーションの天才だった。あるとき、私がVRゴーグルをかけてダンディーのチームが作ったレゴの建物の世界を歩き回るというテレビ放送を行ったのを覚えている。

「ダーウィン」は当時非常にヒッピー的なプロジェクトだった。経営陣の中には、それほど多額の費用をかけるのは正気の沙汰ではないと考える者もいた。だが私は、絶対にいいものができると自信を持っていた。

プロジェクトの名前「ダーウィン」は、進化、発見、発達を連想させた。ケルは、ひとたび何かをすると決めたら徹底的に行う人間である。部署は大きくなりつづけた。数人の外国人専門家が雇われたが、その中には世界的な才能を持つ3Dアニメーターや、カリフォルニア州のアップルで働いていた人々もいた。

ほどなくダーウィン・チームは、ビルンで「オタク軍団《ナッターーズ》」として知られるようになった。彼らは自分たちにあてがわれたレゴの素敵なオフィスの一画を、ハイテク機器とTシャツ姿の髭もじゃの男たちであふれ、空のコカ・コーラの瓶や山と積んだピザの箱に囲まれた、ひどく乱雑な空間に変えた。コンピュータの性能を上げるためさらに多額が注ぎ込まれた。購入されたオニキスのスーパーコンピュータは、社内報によれば「強化した紫色の小型冷蔵庫のようなもので、それが描きだすグラフィックを見れば、たいていの人は顎が床まで落ちるほどあんぐり口を開けるだろう」というものだった。

ケル：ダーウィンの力により、レゴは初めてCD‐ROMつきの組み立てセットを作った。それはプログラムで制御できる潜水艦で、CD‐ROMは「ラバーダック」との愛称がつけられた。ダーウィンは将来の開発に向けて多くの種を蒔いた。現在デジタル上にブロックが存在し、PCでそれを組み立てられるのも、ひとえにダーウィンのおかげだ。ある意味、ダンディーとその仲間たちは――部署に一〇〇名近くがいたこともあると思う――時代を先取りしすぎていた。あの頃、家庭用コンピュータを所有する人はあまり多くなかった。でも私たちは多くを成し遂げ、素晴らしいインスピレーションを得た。そして、楽しかったよ！

ダンディーがビルンに現れたのと同じ年、アメリカの作家ダグラス・クープランドが小説『マイクロサーフス』（角川書店、江口研一訳、一九九八年）を発表した。これはマイクロソフトで働いていたが、あるとき辞職して一緒にシリコンバレーに移り、独自の3Dレゴシステムを構築した友人やコンピュータオタクたちの話である。全員、子どもの頃プラスチック製ブロックで遊んだことがあり、MITメディアラボのシーモア・パパートのチームやビルンのダンディーのダーウィン・グループと同じく、遊びとコンピュータとのテクノロジー上の境界線で活躍した人々だ。

一九九一年に小説『ジェネレーションX――加速された文化のための物語たち』（角川書店、黒丸尚訳、一九九五年）で世界的に有名となった、当時三三歳のクープランドは、おそらく自覚している以上に現実に近いものを書いていた。ダンディーがハイキングブーツを履いてビルンに姿を見せた数カ月前、クープランドは初めてデンマークを訪れ、すぐさまレゴランド巡礼を行い、このテーマパークについての長いエッセイを『ニュー・リパブリック』誌に寄稿した。そこでクープランドは、才能あふれる成功したハードウェアやソフトウェアのデザイナーたちと交流していたシリコンバレーから、まっすぐビルンに来たことを述べた。コンピュータやハイテク機器以外に、彼ら全員に共通することが一つあった。子ども時代にレゴに熱中したことである。『マイクロサーフス』の登場人物たちと同じく、彼らはビル・ゲイツを相手にするよりレゴブロックで遊ぶほうを好んでいた。

「こう言えばいいだろうか。レゴはそれ自体が強力な三次元モデル、そして言語である。そして、どんな言語にも――視覚的なものであれ、言葉によるものであれ――長時間接したなら、間違いなく子どもの世界観は変わってくる」


一九九四年秋、ケルがフュン島での療養から戻り、新たな経営コンセプト「コンパス・マネジメント」が始動した。それは、階層の下方にいる個々の管理職がもっと意思決定にかかわれるようにするという魅力的なアイデアだった。上級幹部の中には、それにはリスクがあると考える者もいた。レゴほど大きく複雑な会社では、命令系統が不確かになり、最終的に誰がどんな決定を

薄暗い照明の下、ジャズミュージシャンに扮した経営チーム。左から、ケル、ジョン・ベンダーゴール（ウッドベース）、ケル・モラー・ペダスン（サクソフォン）、ニールス・クリスチャン・イェンセン（ドラム）、トーステン・ラスムスン（トランペット）、クリスチャン・マイゴール（クラリネット）。

下したかがわからなくなりがちだからだ。

それでも、一九九四年一〇月のレゴ国際会議で新しい上級幹部チームが正装したジャズバンドとして登場したら面白いとケルが考えたとき、全員が写真撮影の場に現れた。デューク・エリントンの名曲『A列車で行こう』に乗せて、彼らは会社の新たな調和したリズムを奏でた。

最後部というお気に入りの場所には四七歳のケルが陣取り、少年時代にグランステ教会のオルガン奏者から習ったピアノで指揮を執っている。トランペットを吹くのは、今なおケルの後継者と目されていた五〇歳の製造部長トーステン・ラスムスン。ドラムは五〇歳の営業および製品開発部長ニールス・クリスチャン・イェンセン。クラリネットを持つ四六歳のクリスチャン・マイゴールは、レゴ エデュケーションと、世界じゅうにレゴのテーマパークを作る野心的な計画の調整を担当している。ウッドベースを弾く五〇歳のジョン・ベンダーゴールは財務管理の担当。コンピュータ部長兼人事部長で大学教授やヘルスケア企業の取締役を務めた経験のある四六歳のケル・モラー・ペダスンは、サクソフォンを演奏している。

この精鋭メンバーはそれぞれ、指揮者のジャズ的な考え方に沿って動いていた――一人を除いては。その一人は、ケルの楽譜とはテンポが合わないと感じはじめていた。トーステン・ラスムスンは、一九七〇年代初頭にローザンヌで出会ったときから、ビルンでの権力掌握、一九八〇年代の黄金時代、そしてトーステン曰く焦点の定まらない一九九〇年代まで、社長の長い旅路に同行してきた。その間レゴグループのほぼすべての部署で働き、一貫してケルの最も親しく最も信頼できる相棒だった。

だが、何かが変わっていた。レゴをどのように発展させ導くべきかという根本的な考え方に関して、二人の意見は分かれていた。それぞれの個性の核となる何かが、長年のうちに別々の方角を向くようになっていたのだ。大きな要因はトーステン・ラスムスンの軍隊経験だった。ケルは、彼がトップダウンによるリーダーシップをあまりにも強く信じていると考えていた。一方トーステンは、長期間の病気療養のあと、時として曖昧で矛盾しているケルの発言がどんどんスローガン的になっていると感じていた。

コンパス・マネジメントの開発に参加しながらも、トーステン・ラスムスンはこの方針への疑念を抱きつづけており、ケルがもはやレゴの発展を完全には制御できていないと考えていた。のちに彼は当時を振り返り、全社的に展開された新たな経営コンセプトは意図したようには機能しなかったと述べた。

　発表された計画や予算や戦略は非現実的で、問題を生じることになるのは明らかだった。ゴッドフレッドなら絶対に許さなかったであろうギャンブル的な要素が含まれていた。それに、レゴの経営陣はあらゆることを一気に行わねばならなかった。私はこの戦略には反対だとケルに告げ、一カ月後、一緒に働くのをやめることで合意した。

　その瞬間、二〇年間続いた強力で対等な協力関係が終焉したのみならず、友情も突然の決裂を迎えた。一九九七年一月、トーステン・ラスムスンはレゴを去った。

ケル：一九八〇年代と一九九〇年代初頭、トーステンは重要な役割を演じてくれた。常に生産が追いつくようにして開発を進めてくれた。だからこそ、彼は変化が必要であることを理解できなかったのだ。私にとっては、コンパス・マネジメントを実施するに当たって、変化はおそらく最大の課題だった。当時猛烈なスピードで変化していた市場の動向に、もっと迅速に対応できるようにしたかった。ところがトーステンは、やがて必要になったときに行動すればよく、早まってはいけない、と考えていた。

　それについては彼が正しかったのかもしれない。だが私は、彼が深いところで私と意見が合わないため私と反対側に自らを置くことにしたのだとも感じていた。たぶん性格の不一致だったのだろう。二人は長らく温かい友情を育んでいたし、私は長年経営陣の中でのトーステンの

1990年代に友情が破綻したケルとトーステンだが、この写真はまだ良好な関係を保っていた1983年にチェスをしているところ。駒が正しく置かれているのを確認しているのは、財務部長アーネ・ヨハンセン。

働きに心から満足していた。しかし、彼のような経営方法は組織にとって生産的でなくなったのだ。

それを悟ったのは、三人の取締役がシェレンボーへ見舞いに来たときだった。当時レゴ株式会社の取締役会長だったヴァン・ホルク・アナセンは言った。「ケル、もし君が社長として戻ることができないなら、代わりを務められるのはトーステンだけだよ」。それは適切な解決策ではない、と私は思った。もちろんそれも、私たちが衝突した理由の一つだ。

一九九五年夏、ゴッドフレッドの七五歳の誕生日に祝賀会は開かれなかった。人生最後の数カ月、彼は衰弱して体調が優れないためほとんど家に閉じこもり、たまにテラスに出る程度だった。もはや

ゴッドフレッドが晩年に姿を見せた主要な集まりの一つは、1993年夏のレゴランド25周年祝賀会だった。彼とイディスは、カミラとケル（右）、娘グンニルドと義理の息子モウンスとともにケーキを囲んでいる。（私蔵資料）

立つこともできず、心臓は弱っている。一九九五年七月一三日木曜日、レゴを機械工業化し、ビルンを田舎の村からビジネス、娯楽、工業、航空産業の盛んな中心地に変えた人物は、ついに安らかな眠りについた。

オーレ・キアクを除いては、ビルンや周辺地域に彼ほど大きな影響を与えた人間はいなかった。レゴランド・ガーデン・バンドの悲しみに満ちた調べに乗せてGKCが教会の入る複合施設（彼自身の主導で建てられたビルン・センター）から運びだされるとき、ビルンの子どもたちが建物の向かい側の歩道に群れを成して集まった。フェンスの前に立つ彼らの背後には、当時もまだ地域で最も大きく最も近代的な、ゴッドフレッドとイディスの家があった。

霊柩馬車が町を通っていくとき、グレーネ教区墓地の一族の墓所へと消えていく前に棺を一目見ようと、老いも若きも街角に集まった。のちにある地元紙は、その瞬間、一人の地元の少年がビルンのようなちっぽけな町にどうして屋外プール、屋内プール、競技場、教会の入る文化センター、陸上トラック、テーマパーク、飛行場ができたのかをよそ者に説明した話を少なからぬ住民が思いだした、という記事を掲載した。「全部ゴッドフレッドのおかげなんだよ！」

GKCがビルンで最後に作らせて存命中に完成した建物は、レゴアイデアハウスである。この企業ミュージアム・資料館が作られたのは、一九八六年に香港でのタイコ訴訟でレゴの初期の歴史が明らかにされたすぐあとだった。ゴッドフレッドはこの有意義でもあり不愉快でもある経験を通じて、会社のルーツを知ることや、古い製品、特許申請書、契約書、書簡、議事録を見られるようにすることの重要性を認識した。

またゴッドフレッドは、過去から現在に至るレゴの歴史が語られ、従業員が製品を支える理念やレゴの精神を学ぶ（あるいは思いだす）ことのできる恒久的な場所を、会社の中に作りたいと長年熱望していた。言い換えれば、彼は「コーポレートストーリーテリング」のための建物を作っていたのだ——誰かがその用語をデンマークのビジネス界に紹介するよりずっと前に。一九九〇年六月一四日、イディスはレゴアイデアハウス開所式を司った。ゴッドフレッドの言葉、「過去を知れば現在をよりよく理解でき、現在を理解できれば未来によりよく備えることができる」は、社内ミュージアム・資料館の前に立つ見えざる門のようなものだった。現在、展示物はホーウェガーデンの外れにあるオーレ・キアクの家に置かれ、そこは今なおレゴに入社したすべての新人が訪れる場となっている。

棺が町を通っていくとき、胸の中でGKCに心からの感謝を捧げていた多くの中に、元労働組合代表でレゴ・システム株式会社取締役、その後デンマーク女性労働組合幹部になったトーヴェ・〝労働組合〟・クリステンセンがいた。トーヴェから見れば、会社の歴史上、ゴッドフレッド以上にレゴにおける連帯感を象徴している人物はいなかった。工場での仕事を得た人々にとって、その連帯感は嬉しい驚きとして現れていた。「GKCはいつも、従業員のことを気にかけていた。それまでの職場では見たことがなかったくらいに」と彼女はのちに地元紙に語っている。

社員に対するゴッドフレッドの気遣いでトーヴェ・クリステンセンが特に覚えているのは、一九八三年に初めて大量解雇が行われたときだった。二三〇人が会社を去り、レゴの精神はほとんど見られなくなった。だがある日、ゴッドフレッドはトーヴェに会いに行き、解雇された人々の家族がばらばらにならないようにすることが自分にとっていかに重要かを説明した。「ゴッドフレッドは言った、『もし問題があれば、トーヴェ、すぐに教えてくれ！』。組合代表としては、そういうサポートがあるのは素晴らしいことだった」

一九八二年、トーヴェ・クリステンセンの働きのおかげで、レゴ従業員記念日手当が導入された。GKCは突然連絡してきて、レゴ航空でのコペンハーゲンへの旅に彼女を招いた。彼は商工会議所から、賞金一〇万クローネの賞を授与されるところだった。証券取引所で開かれ、デンマーク社会の著名人が多く出席した受賞式を、トーヴェは一生忘れないだろう。

私はマースク・マッキニー・モラー氏を筆頭としたビジネス界の大物たちに囲まれていた。

ゴッドフレッドは賞について彼らに感謝の意を示したあと、突然真面目な顔になり、労働組合の代表トーヴェ・クリステンセン氏を連れてきたと言った。そのあといつもの口調に戻って続けた。「トーヴェ、こっちに来て、君たちの資金になる金を受け取りたまえ！」

そのあとモラー氏がやってきて、私の両腕をつかんで言った。「お会いできて光栄です！」

私はすっかり面食らってしまい、「どうも」としか言えなかった。

GKCの経営スタイルについて、一九九〇年代後半に年配のレゴ従業員たちが話題にしたこと、現社長で三世代目の経営者に欠けていると感じていたことの一つは、明確なコミュニケーションだった。右肩上がりの一九八〇年代には、ケルの調整型スタイル、陰陽への関心、経営の一一のパラドックス、子どもをロールモデルとして見るという理想主義的な議論は容認されていた。だがレゴが玩具市場のプレッシャーにさらされている今、大人向けのゲームや古い児童書からの引用などが行われるグループ学習やディスカッションセミナーが少々重視されすぎていると感じる人々が出てきた。

ケル：私は常に長期的な視点で考えていたし、先のことばかり考えすぎる傾向がある。時には、ほかの人がそれについていって理解するのが困難なこともある。だから一九九〇年代の私は、おそらく実務的な経営者としては失格だったのだろう。また、全従業員に向けたパンフレットを作り、管理職向けのコースやセミナーを行いはしたが、コンパス・マネジメントもあまりうまくいかなかった。コースやセミナーを準備してくれたのは、スイスの国際経営開発研究所（IMD）から招いた教授二人だった。そういうコースの一つを覚えている。レゴの将来についてのビジョンをブロックで組み立て、そうやって、つまり遊びを通じて自分の戦略的なアイデアを表現する、というものだった。管理職の多くはそれに乗り気でないようだった。一部の人は、私のことを、ちょっと「あっち側」に行きすぎた年老いたヒッピーだと考えるようになった。

一九九六年五月、ケルは唐突に、親しいジャーナリスト、アイギル・イヴァートにレゴの最新の目標を告げた。イヴァートは唖然とし、すぐさま答えを必要としない質問を発した。「待ってください、どういうことです？　非現実的でいかれた誇大妄想じゃないでしょうね？」

それはまったく新しい戦略計画だった。レゴは二〇〇五年までに、子どもを持つ家族に世界一知られたブランドになる。二位以下ではだめだ。だが、ケルをはじめとした経営陣が完全な提案をフォルダーにまとめて発表したのは、一九九七年になってからだった。「二〇〇五年に向けて」という言葉が印刷されたそのフォルダーは、社員全員に配布された。発表では壮大で包括的な目標や概要が繰り返し述べられた。ケルはその考え方について、その後五、六年にわたって、外部のみならず内部からの批判にも応えねばならなかった。それはゴッドフレッドの唱えた昔からの信条、「我々の望みは、最大でなく最高になることである」に完全に取って代わるように思えたからだ。

この写真は2001年のものだが、1990年代後半のケルの考えや行動を特徴づけるスピードと勢いを象徴している。これはセグウェイで記者会見場に向かっているところ。

ケル：二〇〇五年の目標はちょっと誤解されてしまい、私が無節操な成長を望んでいるかのように解釈されていたのだと思う。最も重要なのは、私は我が社が子どものいる家族に対して最強のブランドになることを望んだ、ということだ。実のところ、そういう発言は以前にも行っていた。一九八〇年代末、ラレー、ロレックス、ディズニー、コカ・コーラといったブランドと肩を並べていたときに。あらゆる国際的な調査で、我が社はトップクラスだった。どんな国の家族も、レゴの製品は重要な意味を持つと言っていた。だから、私のアイデアが正気の沙汰ではないとか、その野望は最大でなく最高を望むというレゴの古くからの信条と相いれないとかは思わなかった。

非常に多くの人が言った。「おいおい、そんな目標を達成するには、ものすごく成長しないといけないぞ」

私は答えた。「もちろん成長は必要だ。だけど、子どもや子どもの発達というものに関するブランドを確立するほうが、もっと大切なんだ。それを、私たちが行うすべてのことに反映させねばならない」

それが、この目標を支えるビジョンだった。多くの人の耳には誇大妄想みたいに聞こえただろう。でも私は全然そう思わなかった。実現可能だと確信していたからだ。単に時間の問題だった。

一九九七年夏にケルがこの目標をレゴの社内報で発表するときが来たとき、彼は『不思議の国のアリス』から引用した言葉をハイライトして説明することを提案した。この引用が標識となって、レゴの従業員に共通の理解を持たせ、レゴを世界じゅうの子どものいる家族の中で世界一知られるブランドにするという目標を共有させられる、とケルは考えていた。

「すみません、ここからどっちへ行ったらいいんでしょう?」

「そりゃ、あんたがどこへ行きたいかによるね」ネコは言った。

「別にどこだっていいんですけど——」アリスが言う。

「だったら、どっちへ行こうがかまわないじゃないか」ネコは言った。

ルイス・キャロル、『不思議の国のアリス』

ケル：うん、この引用は少しばかり難解かもしれないが、要するに、ネコの最後のセリフは自分の内なる羅針盤に従えということだ。それはコンパス・マネジメントについての私の考え方と合致していた。

私は本当に『不思議の国のアリス』が好きだし、『くまのプーさん』も同じくらい好きだ。どちらにも非常に単純で素敵な哲学がある。そして、私たち大人がそこから学べるものがある。子どもの話に耳を傾けて、自分のすることに単純さを求めることは有益だ、というのと同じ意味だ。

今またこの引用を見たとき、「いったい何人が、実際に私の言いたいことをわかってくれただろう」と思わずにはいられない。しかし、私の発表はビジネスに関した問題にしっかり根差したもので、アリスとネコの会話はそれにちょっと彩りを添えただけだ、ということは言っておかねばならない。

ケルが考えを伝えるのにわかりにくい表現を用いて従業員に不安や当惑を感じさせたのは、これが初めてではなかった。別の顕著な例は、前にも述べた一九九〇年の新年のスピーチだ。彼が従業員の内なる子どもに訴えかけ、後年の彼の言葉を借りれば、職場をもっと「子どもたちがレゴのセットで遊びはじめたときのように」することを願ったときである。

全員がそのメッセージを理解したわけではなかった。ケル以外に、子どもらしさの本質をこれほど手放しで真正面から称賛する、多国籍企業の最高責任者がいるだろうか？　特に一九八〇年代、ヤッピーや映画『ウォール街』のゴードン・ゲッコーのような冷酷なビジネスマン全盛の時代に？

ケル：子どもがロールモデルになると言い、一九九〇年代を通じてそのビジョンに固執していたとき、それは製品やブランドについての単なる抽象的な考え方ではなく、会社の日々の具体的な経営の話でもあった。私が明確に思い描いて心から望んでいたのは、我々人間が持つ可能性のすべてを活用する、もっと楽しい経営哲学だった。

コンパス・マネジメントに協力してくれたスイスのＩＭＤの教授たちは非常に熱心で、こう言ってくれた。「普通、ビジョンとは一〇年後どれだけ大きくなるかとか、会社がどれだけ成長するかを表現するものだ。だけど君のビジョンは違う、ケル。君にとっては、自分たちがどういう会社であるか、外界や従業員に対してどうふるまいたいかを表現するのがビジョンなのだ」

しかしケルの経営哲学はうまく伝わらず、一九九六年から一九九七年にかけての時期、ケルはこれまでにないほど孤立していた。ゴッドフレッドは亡くなった。父親のようなヴァン・ホルク・アナセンはレゴ株式会社の取締役会長の座をおりた。盟友トーステン・ラスムスンはかつてケルとともに分析し近代化した会社を去った。そして家では、三人の子ども——二二歳のソフィ、一八歳のトマス、一四歳のアウネーテ——の誰一人として、父親の跡を継ぎたがっているそぶりも見せなかった。

子ども三人はレゴやビルンにうんざりしていた。三人とも、小さな町の学校でいやな思いをしていたせいだ。誰もが彼らが何者かを知っており、同級生の多くの親はレゴで働いていたため、大量解雇があったとき彼らは学校で友人に合わせる顔がなかった。今は三人とも、ビルンやレゴから離れ、ほかの学校や大学や研修プログラムや旅で自由を味わうことを望んでいる。馬に乗って夕日に向かっていきたい。あるいはレーシングカーのハンドルを握ってアクセルを踏み込みたい。もちろんケルとカミラもそれに気づいており、理解していた。とりわけ、町と工場が一つの大きな家族だった、今とはまったく異なる時代に問題のない青春時代を送ったケルは、このことに心を痛めた。

一九九七年、ケルは『デンマーク一の大金持ち』というテレビ番組に出演した。番組の終わりに、次世代のレゴ所有者となる子どもたちは彼の跡を継ぐのかとの質問を受けた。ケルは、まだ早すぎてなんとも言えない、いちばん大切なのは彼らが幸せで自由であることだ、と答えた。

一九九六年にヴァン・ホルク・アナセンが引退すると、新たな人間がレゴ株式会社の取締役会長として経営陣に加わった。その人物とは、ノボノルディスク社社長、メス・オーリセンである。彼は結婚によってノボノルディスク社を所有する一族に加わっており、それはレゴのような会社の問題を理解するのにも役立った。一九九〇年代、オーリセンはデンマークのビジネス界で尊敬を集める人間の一人だった。レゴ株式会社の平取締役を数年務めたあと、これからは、数年間売上が減少している会社をより着実に上向かせるべくケルを助けることになる。落ち込みは一九九五年が最悪で、収益は九〇年代で最低を記録した。一九九六年春にオーリセンが会長職につくと、ヴァン・ホルクは後継者に有益な助言を与えた。

「大事なのはノーと言うべきときにノーと言えることだよ！　目標は、レゴグループが健全で経済的に独立した企業でありつづけるようにすることだ。ケルはときどき抑えてやらねばならないことがある。彼は非常に活動的だが、今なお取締役会の役割を非常に重要視している。その点に関して、父親とは大違いだ」

オーリセンが最初に行った仕事の一つは、コンサルタント会社のマッキンゼー・アンド・カンパニー社を連れてくることだった。早くもその年の九月には、マッキンゼーの評価が結果として現れた。解雇と一〇ないし一二パーセントの予算カットが突然発表されたのだ。当時、五〇年にわたる会社の歴史の中で解雇がこれほど何度も繰り返されたことはなく、地元紙は町を取材してこう伝えた。

ビルン全体が息を殺して見守る中、レゴの経営トップは数字と人員のリストを発表した。会社の歴史的な余剰人員削減の第一段階では、二〇〇人が解雇の対象となった。ビルンで働く四五〇〇人の従業員のうち数千人は、町に住んでいる。両親ともにレゴで働いているという家も多く、あらゆる人の家族や知人の中に少なくとも一人か二人はレゴの従業員がいる。

これはレゴにとって不安定な時期だった。人々は解雇され、会社は大きな組織再編を行っている。噂が飛び交い、古株の社員からは「ＧＫＣの時代ならこんなことは起こらなかったぞ！」という声が聞かれた。

マッキンゼー社のコンサルタントたちはコペンハーゲンに戻る前に、レゴの経営陣は変化を嫌っているとの結論を出した。多くの企業で、彼らの出したような評価はすぐ結果に結びついたのに、レゴは違ったからだ。のちに、近年の残念な成績を受けて彼自身が辞職すべきではないかと問われたとき、ケルは答えた。「私もそれは考えた。だが業績の落ち込みは非常に多くの新しいプロジェクトを始めたからであり、今は慎重に優先順位を考えなければならない。だから社長はもう少しここにとどまることにするよ！」

『パニック・オン・レゴアイランド』は、国際的に知られたアクション・アドベンチャーＰＣゲーム『レゴアイランドの大冒険』のデンマーク版である。マインドスケープ社との協力により開発されたゲームで、一九九八年に大ヒットした。一方コンパス・マネジメントは苦戦し、三年間実施されたのち、目立たず、ひっそりと廃止された。この失敗は、変化の必要を感じていない組織に変化をもたらすことはできない、という教訓を示した。ケルがぬぐい去ろうと試みた緩慢さ、停滞感、全社に広がる自己満足は、逆にいっそう強く根づいたように思われた。

世界じゅうの古くからの玩具メーカーは、西洋の子どもの自由時間のほとんどを奪ったビデオゲームや映画産業との不利な戦いを強いられた。ほんの二世代のあいだに、少年少女が遊ぶ期間から四年間が削り取られた。研究結果によると、一九九〇年代の子どもは一〇歳で伝統的な子ども向け玩具で遊ぶのをやめたのである。

だからこそ、今後レゴにとっての最大の課題は従来のライバルとの競争でなく、「子どもの時間の使い方の変化に対応すること」なのだ、とケルは一九九八年一月に述べた。

今こそ、従来のレゴと、子どもが欲しがるコンピュータ制御のデジタル的娯楽との溝を埋めることを、真剣に考えねばならない。レゴは一〇〇億クローネを未来の玩具に投資する用意ができていた。とはいえ伝統的なブロックは、依然としてグループの基礎でなければならない。「新しいメディアは、物理的な製品での遊びをさらに楽しくする、わくわくする機会を提供してくれる」と当時ケルはインタビューで語った。

この戦略が最も明確に表現され、成功に近づいたのは、ボストンのシーモア・パパートとメディアラボとの提携においてだった。協力関係が結ばれてから一三年後の一九九八年、レゴ マインドストームとレゴ テクニック・サイバーマスターが発売された。最初は、情報化時代の子どもや若者から成る特定のフォーカスグループに向けて披露された。サイバーマスターはテクニック・シリーズをコンピュータ化して発展させたものだ。たとえば、ユーザーは好きな性格を持たせるようプログラミングしたロボットの剣闘士を組み立てることができた。ロボットは遊んでいる子どもと話ができた。

レゴ マインドストームは、一九九〇年代後半の最も話題になったレゴ製品である。サイバーマスターよりさらに進化したもので、年長の子どもや若者はこれでモーターと電子センサーのついた模型を組み立て、赤外線技術で操作することができた。レゴの研究所でマインドストームを試した子どもたちは、想像力あふれるさまざまなロボットを作った。レゴでテーブルを作り、その上にデジタルカメラを置いて、テーブルに止まった鳥を撮影した女の子もいた。このコンピュータ制御のブロックを特徴とするレゴの革新的セット二種類を国際的に発表する場で、ケルは言った——

1997年12月、クリスマスムードのケルはワイヤレスリモコンつきバーコードトラックの前でしゃがみ込んでいる。トラックは、この年レゴテクニックから発売された主要な新製品の一つ。

これらの製品は、コンピュータを使うのに慣れた新世代の子ども向けに開発されました。我が社の目標は、過去から今に至るまでずっと、子どもたちのために最新の製品を作ることでし

1998年のレゴ マインドストームの発表は国際的なイベントとなり、世界各地からジャーナリストがロンドンでの記者会見に集まった。ポーズを取るケルが持つこの画期的な発明は、子どもだけでなく大人も遊べるおもちゃだった。

た。楽しくて、子どもの想像力や創造性を刺激する製品です。今や子どもたちは、孤立したPCの世界だけでなく、コンピュータの外にある現実的な人間の世界においても、創造的な遊びのためにコンピュータを使うことができるのです。

何より大切なのは、マインドストームには会社の普遍的な価値観、つまり創造性と想像力を刺激するという考え方が込められていることだ、とケルは述べた。「ロボットが自分の思ったとおりに動かない、という場合も多いでしょう。そんなとき子どもは、直すべきはプログラムなのか、それともロボットのほうか、と考えねばなりません。それは非常に創造的なプロセスなのです」

小売価格が高いにもかかわらず、マ

インドストームはすぐにヒットした。ところが、購入者や使用者の四〇パーセントは父親など成人男性であることが判明した。子どもの頃、ブロックをくっつけたり離したりするくらいしかできなかったレゴで遊んだ人々である。

旧来の製品で充分なのではないか？　ロンドンでのマインドストームの発表のとき、あるジャーナリストは質問した。なぜ古き良きレゴブロックをデジタル化する必要があるのか？　ケルの答えは、デジタル化はレゴのシステムにとって自然な発展である、というものだった。

これは我が社の製品開発の第四段階です。一九五〇年代の単純なブロックから、レゴ製品に動きをもたらした一九六〇年代の車輪とモーターに発展し、一九七〇年にはミニフィギュアで組み立てたものに命と物語を与えました。そして今、ブロックはコンピュータと交信するようになったのです。五〇年近くのあいだ、我々は毎回、まったく新しい特徴を追加してきました。

一九九八年には、マインドストームとサイバーマスターに加えて、レゴは将来を見据えた新規事業を始めた――ソフトウェア、テーマパーク、ＰＣゲーム、子ども服、靴、時計など。あまりに多かったためケルすらついていけなくなり、非常に多くのプロジェクトが進行中なので「もう少しうまく優先順位をつけられないだろうかと考えている」と社内報で告白した。

そうは言いながらも、業界の誰もが行き当たりばったりなアプローチを取らねばならない時期にあって、こうした多角化がレゴのブランドを強化し、会社に新しく心躍る機会をふんだんに与えてくれることも、ケルにはわかっていた。

「多角化がどこまで行くかはわからない」ある新聞でケルはコメントし、将来の収益を確保するための資金投入は厭わないと強調した。金はいくらでも出す、というわけだ。ケルは、レゴは「エデュテインメント」——急速に拡大している、学びと遊びを合体させた製品の市場——の世界で競争力を保つため真剣に資金を注ぎ込むつもりだ、とも述べた。レゴは現在新たなデジタルのパートナーを探しており、ハリウッドの一、二の映画会社とのライセンス契約も視野に入れているという。

ケル：私が始めた多くのことは時期尚早であり、それは不安を生んだ。理由の一つは、その頃我が社の中核的製品があまり売れていなかったことだ。しかも、メディア製品やライセンス製品や子ども服や時計など多くのものにも時間を費やさねばならなかった。現在でも同じことをしているが、今はレゴが直接やるのではなく、別のところがやっている。一九九〇年代後半の間違いは私の責任だ。あまりに多くのことに会社を巻き込んでしまった。独立した部門を作るつもりも、ファッション業界に参入するつもりもなかったのだが、社内でもそのように受け取られてしまった。セミナーを開いても、人々は私の望みが何かわからず困惑していた。

「ブロックは今もまだいちばん重要なものなんですか、ケル？」

「もちろん」私は答え、我々のブランドへの愛情を形で表すことを望む子どもや若者や親が非常に多いので、こういうブロック以外の製品はファン向けグッズと考えればいい、と説明した。

この年月、ケルは一瞬たりともブロックの力を疑わなかった。『ユランズ・ポステン』紙から、新しいPCベースの玩具やライセンス契約やそのほか従来と異なるレゴ製品による収益はいずれブロックの収益を超えるだろうかと問われたとき、ケルは答えた。「いや、一〇年後でもそれはないだろうね。レゴブロックは将来も我が社の中核製品だ。家族向け製品という我が社のコンセプトは子どもが自らの想像力を育むことを促す、と我々は今なお強く信じている。外からファンタジーの世界を押しつけられるよりもね」

とはいえ、これらの新事業も、種々の主要なメディア・娯楽産業の企業を喜ばせようという努力も、新しく特別な部品が数多く入った新しいレゴのシリーズも、どれも高くついた。レゴは過度の拡張によって資金を大量に失う危険に直面していた。

ケルと取締役会長メス・オーリセンがようやく事態の打開に動いたのは、一九九八年の初めだった。レゴの財政状態に対する懸念がふくらんだのを受け、二人は最高財務責任者（CFO）を探しはじめた。会社を落ち込みから引き上げ、二〇〇五年までにレゴをディズニーより人気のあるブランドにするという野心的な目標に向けて進めてくれる人物である。

ヘッドハンターたちが候補者を二人に絞ったあと、最終的に選ばれたのは四九歳のポール・プローメンだった。「ビジネス・ドクター」と呼ばれる彼は、危機に陥った会社の救済を専門としていた。特によく知られているのは、一九九〇年代初頭に高級音響機器メーカーのバング＆オルフセン（B＆O）の業績を好転させたことだ。

ケル：一刻も早く新しい血を入れねばならないのは明らかだった。私たちだけでは事態に対処できなかったので、力強く精力的な、行動指向の幹部を探した。ポール・プローメンを選んだとき、取締役会もオーリセンも賛成してくれた。彼はB&Oでの働きで評判がよかった。だが彼には「微笑む殺人者」との異名もあり、彼を雇うことに多少の不安がなかったわけではない。

また、プローメンが会社に入る直前、新CFOが『ユランズ・ポステン』紙のインタビューで自身とその手法について「ひとたび決定が成されて戦略が採用されたら、あとは前進あるのみ！決して後ろを振り返らない」と述べているのを読んだとき、ケルはあまり心穏やかではなかった。レゴでは昔から謙虚さが尊ばれてきた。しかし、一九九八年に経営に加わるこの人物は相当の自信家だ。それでも、プローメンがこの仕事を受けた唯一の理由は、それがレゴだからだった。彼はこのブランドや家族経営の会社がとても好きだった。のちに彼は、こうしたオーナー企業は株式公開企業より一〇〇倍も優れていることをぜひとも証明したいと述べた。だがビジネス界の多くの人々は、対立回避を嫌うプローメンのアプローチが、ケルの穏健な経営スタイルとどう調和するのかと興味津々だった。

懐疑論者たちは見込み違いをしていた。ケルが好む東洋哲学の核心は、両極やあらゆるものに内在する二元性の尊重である。強硬なポールと穏やかな調整型のケルという新たなコンビはうまく機能しているようだった――プローメンの任命から六カ月後、レゴが一九九八年のきわめて悪い財務成績に直面したときも。

六六年間の歴史で、レゴは初めて赤字を出した。それも少額ではない。二億八二〇〇万クローネの損失である。ケルは年次報告書で、これは「受け入れがたい結果」だと述べた。緊急に処置をしなければならない。ビジネス・ドクターは即座に行動を起こした。プローメンは入社以来

レゴからオファーを受けたとき、ポール・プローメンはパリで暮らし、引退を考えていた。けれどもレゴからの誘いを断ることはできなかった。

行ってきた観察と調査に基づいて、今後一年間で少なくとも一〇億クローネの支出を減らす必要があると判断した。彼とケルは相談し、会社全体をスリム化する計画を立てた。歴史上の戦争における戦いと同様、この作戦にも名前がつけられた。「フィットネス」である。この少々軽く聞こえるかもしれないネーミングについて、ケルは地元のラジオで弁解した。

「『フィットネスプログラム』という名前を使ったのは、会社として余分な体重をほんの二、三キロ落とすだけでは不充分だからです。長期的な目標を達成するには、もっとシェイプアップしなければなりません。だから、非常に適切な比喩だと思いますよ」

実際には「流血」のほうが適切だったかもしれない。レゴグループのおよそ一〇人に一人に当たる従業員一〇〇〇人が仕事を失うことになったからである。プローメンはまず、ふくらんだ経営幹部陣にメスを入れた。今こそ「過剰な管理」や数十年にわたって身内を採用したことによる「同族経営」を排除する潮時だ、とプローメンは判断した。これによって、レゴの古き良き日々はついに終わりを迎えたということを無理なく印象づけられると信じていたのだった。

全社集会で彼が社員に最初に述べたのは、業績不振や不活発な経営陣や大幅な予算カットについてマスコミで騒がれているのを聞いて悲観的な雰囲気が生まれていることについてだった。「我々は自信を取り戻さねばならない」

プローメンはもう一つ、資金を節約できる、象徴的な意味で重要な分野を発見した。「昨年、我が社は外部コンサルタントに二億二五〇〇万クローネを支払っている。大きな問題をすべてコンサルタントに丸投げしたかのようだ。これは自信の欠如を表す、まったくばかげた決定だ。自分たちで解決できない問題など存在しない」

レゴ史上最悪の成績に対するプローメンの精力的で楽観的なアプローチは、会社の歴史における山あり谷ありの激動の五年間の始まりだった。

ケル：ポールが行ったのは必要な措置だった。しかしそれは、会社にとって劇薬だった。ポールは経営チームにおける解雇について、「階段は上から洗い流すのが効率的だ」と言った。確かに、彼は話し上手で、素晴らしく鋭敏で活発な幹部だった。だが無慈悲でもあり、それは我が社の社風とは相いれなかった。

その後私は、一九八〇年代や九〇年代をともにした多くの優秀な従業員を解雇したことを後悔した。また、それは会社の経営資源を流出させることにもなった。彼らに代わって連れてきた新しい経営幹部たちは、独自の考えを持ち、製品開発やマーケティングなどを従来とまったく異なる方向に進めたがった。

最初ケルはCFOの提案を支持し、「フィットネス」計画は危機への応急処置だという考え方を繰り返し否定した。二人は一九九九年四月一六日金曜日、代わる代わる演壇に立って、その日行われた六回の説明会で一六〇〇人の従業員に会社の新しい構造と戦略を述べた。

楽観的な二人をはじめとする上級幹部チームは、予算や人員の削減は「弱気」なものでもパニックに駆られたものでもない、と強調した。ケルによれば、それは「我々が目標に到達するための足がかりとなる、慎重に練られた意欲的な計画である。その目標とは、子どものいる家庭で最も知られたブランドになること。私たちは『将来のために健康』になる必要があるのだ」

今後数カ月、従業員は皆、自分の立ち位置を知らされるまでじっと待たねばならない。「もちろん、これは楽しい状況ではない。不安が生まれる。誰もが、自分や親しい同僚が解雇の対象になるだろうかと気になってしまうからだ」労働組合の広報担当者は述べた。

とはいえ多くの従業員は、レゴの歴史上それまで何度もそうだったように、職場や、七〇年近く会社を所有して経営してきた一族との連帯感を抱いていた。ストライキを行う者はおらず、ビルンの工場における一般的な感情は、説明会のあとある若者が社内報に語った内容に要約される。

「ケルから直接説明してもらったら、こういう処置ももっと人間的に感じられる」

ポール・プローメンは不可能なことを成し遂げた。解雇や組織再編や予算大幅削減による激変が続く中で、記録的な赤字を五億クローネの黒字に転換させたのだ。この電光石火の治療がビジネス・ドクターの功績であることは、衆目の一致するところだった。ある匿名の情報筋がビジネス誌の『エコノミスク・ウーウブレウ』誌に語ったように、「プローメンは、確固たる意志、分析能力、これまでレゴの誰にもなかった強引なまでの実行力を持っている」

この驚くべき黒字転換にはもう一つ重大な要因がある。プローメンがビルンに足を踏み入れる数カ月前の一九九八年春に結ばれた、きわめて魅力的な契約――レゴとルーカスフィルム社の契約である。『スター・ウォーズ』の世界に関するレゴ製品を開発・製造・販売する複数年契約の独占的ライセンスは、レゴにとって大きな利益をもたらすものだった。

このSF冒険物語のシリーズ第四作は、ビルンの人々が皆「フィットネス」のほうに気を取られていた一九九九年五月に全米で公開された。レゴ スター・ウォーズの新しい二つのシリーズはすでにアメリカで販売されており、伝説的なXウィング・スターファイターを含むシリーズは飛ぶように売れていた。『スター・ウォーズ　エピソード1／ファントム・メナス』の公開初日、トイザラスだけでレゴ スター・ウォーズは五万セットが売れた。その年アメリカ国内で売れたレゴ スター・ウォーズ製品の総額は一億三〇〇〇万ドルに達することになる。その年の後半に海外でも映画が公開されると、製品は世界じゅうで爆発的人気となった。

レゴがディズニーやワーナー・ブラザースとも交渉していた映画のライセンス契約の利点の一つは、クリスマス前だけでなく一年じゅういつでも製品が売れるようになったことだ。スター・ウォーズとの提携の成功は、ケルにとっては特に重要な意味があった。長年ライセンス契約に反

2000年秋、デザートストームというレゴの戦略計画が発表された。毎年、新製品の数はこれまでより減らすが、世界に向けてより大々的に発売するという。「これまでは新製品の発売に1回当たり4,000万クローネを使っていたとしたら、今後は1億2,000万クローネを使うことになる」とプローメンは述べた。ビジネスジャーナリストはあきれて首を振り、マインドストームは空中楼閣だと書いた。(写真:ペル・モーテン・エブラハムセン)

対していた経営チーム内の保守派に対して、古いレゴ哲学を進化させる時が来たことを証明したからだ。

これまでレゴは、玩具市場で他社とかかわることに乗り気でなく、それよりも自分たち独自で製品を作って最初から最後まで完全な品質管理を行うほうを好んでいたのである。

ケル：そもそもルーカスフィルムとの提携を思いついたのは、レゴのアメリカ支社だった。だがデンマークでは、最初皆が賛成したわけではなかった。一部の人は、この映画は戦争だらけだと考えていた。

私は言った。「わかった、話をやめて、とにかく家に帰って映画を見てくれ！」

『スター・ウォーズ』は架空の世界での冒険物語で、善と悪との永遠の戦いを描いている。子どもがこの映画について考え、これをテーマにしたゲームをすることに、何も不健全さはない。これは容易にレゴのブランドに組み込めると私は考え、ルーカスフィルムとの契約にゴーサインを出した。

『スター・ウォーズ』は金の生る木だった。幼い子どもが映画館でこの映画を見るのは許されなかったが、若いファンはゲーム機、テレビ、暗くしたホームシアターで見るDVDで、ルーク・スカイウォーカーとダース・ベイダーの物語を知った。ケルは新聞で述べている――

現代の子どもはマスメディアにとてつもなく大きな影響を受けている。昔、私が子どもだった頃、私たちは何もないところから想像の世界を作り上げねばならなかった。カウボーイや先住民族のことしか知らなかったので、それを演じて遊んだ。しかし現在、子どもは非常に幼い頃から情報を浴びせられている。良くも悪くも――私は、だいたいは良いと思っている。五、六歳でも、子どもはびっくりするほど流行や最新の話題に通じている。それには『スター・ウォーズ』のようなものも含まれている。

やがて九〇年代、そして二〇世紀は終わりを迎えた。昔の子ども、子ども向けの本、忘れられた過去のゲームへの弔辞が書かれた。一九九九年一二月、レゴブロックはバービー人形、アクションマン、古典的なテディベアといった国際的アイコンと並んで、『フォーチュン』誌と全英玩具小売店連合から「今世紀の玩具」に選ばれた。

ビルンでは、好調な業績が予測されていた。取締役会では、安堵と大きな喜びに包まれたメス・オーリセンは、プローメンとケルとの協力関係について、二人ともパイプを吸い、濃い煙の中で会議や長いフライトを過ごすという事実以上に深いものがあると感じた。プローメンは「フィットネス」計画の最も過酷な部分をやり遂げ、そのため日々の経営は非常に厳格に管理されるようになり、ケルは大局観にもっと集中できるようになった。

数年間の失望を経て上向きの年間決算を確信したケルは、日常的な経営の責任を、一一月に最高執行責任者（COO）に昇進したポール・プローメンに正式に譲渡した。新たなミレニアムに入って数カ月後、上機嫌で笑顔のレゴ所有者は語った。「今、私は長年やりたかったことをやっ

レゴ スター・ウォーズは1999年に発売された。スター・ウォーズの最初のシリーズ中最大のヒットは、ルーク・スカイウォーカーの伝説的なXウィング・スターファイターだった。

ている。将来に向けての展望、価値観、発展といったことに取り組んでいる。楽しいことばかりだ。ビジネスを進めるのは、ほかの人々に任せている」

9

Turning Point

転機

2000年代

『スター・ウォーズ』ミレニアム・ファルコン、
2008年

二〇〇四年一月八日、レゴがビルンでの記者会見への招待状を送ったとき、準備はすべて整っていた。記者会見は午後一時に始まる予定で、経済記者やカメラマンを運ぶため、飛行機がコペンハーゲン空港で待機することになっている。上級経営チームと取締役会はそれまで数日間かけて、記者に何を言い、プレスリリースに何を載せるかを話し合っていた。プレスリリースで発表することは三点。記録的な損失、ポール・プローメンの即時辞任、そしてケル・キアク・クリスチャンセンが再び経営の全責任を負うという決定である。

ケル：数年間会社を経営していたのはポールだったが、もううまくいかなくなっていた。私は二〇〇二年にはすでにヨアン・ヴィー・クヌッドストープに目をつけており、翌年にはイェスパ・オヴェーセンを財務担当取締役として迎えた。将来を担うのはこの二人だと、私にはわかっていた。二〇〇三年のクリスマス、私たちは新たな経営陣の顔ぶれと行動指針についての最終的な計画をまとめた。私は当分のあいだ社長の座にとどまるが、彼ら二人が実質的に経営に当たって会社を立て直す、ということで意見が一致した。年が明けて最初の営業日、私はポールと話をした。話し合いはあまりなごやかなものではなく、ポールはすぐさまオフィスをあとにした。私は幹部たちに事情を説明し、翌日に記者会見を開いた。

四六歳のイェスパ・オヴェーセンは、ノボノルディスク社やダンスケ銀行でCFOを務めた、充分な経験のある人材だった。二〇〇三年秋にレゴの財務状態を調べるよう依頼されたが、さしものベテラン経理マンも事態のあまりの悪さに衝撃を受けた。新参者である彼は他人の過ちについて自身が非難されることを望んでおらず、たとえレゴの内輪の恥であってもすべてを記者会見で発表すべきだと強く信じていた。

取締役会長メス・オーリセンは反対した。取締役としても経営者としてもデンマークのビジネス界でよく知られて高く評価されているリーダーとして、六四歳のオーリセンは自らへの評判のことも考えねばならなかった。彼は一四年間レゴの取締役であり、そのほとんどの期間で会長を務めてきた。デンマークのビジネスジャーナリスト連中の前で、厳しく批判されたり業績悪化の責任があると言われたりしたくない。

頑として自説を譲らないこの二人のあいだに入ったのは、そこまで自我の強くない二人、すなわち五六歳のケル・キアク・クリスチャンセンと三四歳のヨアン・ヴィー・クヌッドストープである。二〇〇一年にレゴに入社したクヌッドストープは、最初プローメンの下で事業開発を担当し、着々と出世を果たしてきた。二〇〇三年夏、会社の金融資産はひどくむしばまれていてレゴは近々債務の返済が不可能になるとプローメンやオーリセンやケルに直言したのも、優れた分析能力を持ち頭の回転が速いクヌッドストープだった。

プレスリリースに関する意見の不一致という問題を解決し、記者会見全体を仕切らせるため、レゴは経験豊富なコミュニケーション・コンサルタントのイェス・ミュートゥを雇った。こういったイベントを演出して、きわめて不都合な状況をさほど大変な事態ではないよう見せかける能力にかけては、この国でミュートゥの右に出る者はいない。

彼はオヴェーセンとオーリセンとが妥協することを提案し、プレスリリースではたとえば「地図と現実の地形に食い違いがあるなら地形のほうに従わねばならない」といった表現を用いては

ケルはホワイトボードに図を描き、プローメンから日常的な経営を引き継いだと発表した。「古き良き価値観、優れた商才に立ち戻らねばなりません。この仕事はうまくいくのか、と自問するのです」

2004年1月、記者会見に臨んだイェスパ・オヴェーセン（左）、ヨアン・ヴィー・クヌッドストープ、取締役会長メス・オーリセンの表情から事態の深刻さがうかがえる。レゴは独立した会社でいられるかどうかの瀬戸際だった。（写真：モーテン・ユール、『リツァウ・スキャンピクス』）

どうかと言った。そして記者会見では、「我々は舵を切っている」「ブレーキを踏んでいる」などのフレーズを使うことを勧めた。また、視覚資料についてもいくつかのアイデアを出した。ケルがホワイトボードに「即興で」図を描き、記録的な損失をあまり壊滅的に思わせないようにする、といったことだ。

コペンハーゲンでの霧のためフライトが遅れたものの、記者は全員時間に間に合った。ケル・キアク・クリスチャンセンが厳粛な顔のオーリセン、オヴェーセン、クヌッドストープを引き連れて記者会見場に入ったとき、出席者は噂が本当だったことを知った。ビジネス・ドクターのポール・プローメンはもはやレゴにいない。ケルにいつもの笑顔はなかった。服装は地味で、普段つけている明るい色のレゴ柄のネクタイは家に置いてきた。彼は観衆に歓迎の辞を述べることから始めた。出席した記者やカメラマンだけでなく、レゴの数百人の管理職や労働組合代表も、近くの講堂の大画面で記者会見を見守っていた。

ケルはまず、二〇〇三年の業績は不振が予測されることを述べた。だからこそ、レゴのクリスマスセールに大きな関心が集まっていたのだ。残念ながら、数字は期待したような好転をしなかった。

「損失は単に大きいだけでなく記録的であるということを白状せねばなりません。税引き前損失はおよそ一四億クローネ、売上高は約二五パーセント落ち込みました。もちろんこれは、まったく納得できるものではありません。マイナスの影響を与えた一連の外部的要因により不運な一年を送っただけではなく、我々が誤った戦略を取ったことも認めなければなりません。

その結果、私と最高財務責任者ポール・プローメンは別々の道を歩むことで合意いたしました。したがいまして、現在の私の責務は、会社に必要な修正を行い、戦略を変更することです。

突然、遠くから拍手喝采が聞こえた。講堂にいる人々がこの知らせを聞いて大喜びしたのだ。ケルはそれを聞いて内心にっこり笑ったが、スピーチに気持ちを集中させ、なぜ事態がこれほど悪化したのかという最も重要な疑問に移った。ここで彼はリハーサルしたとおり、いったん口を閉じた。ホワイトボードのところまで行って、過去五年間のレゴの一連の危機を図で示すことになっている。

立ち上がった彼は青いペンを手に取り、ホワイトボードに図を描きはじめた。一歩下がり、皆に見えるようにする。図はまるでツール・ド・フランスの危険な山道に見えた。「私たちはジグザグに進んでいました」山と谷を指差しながら言う。一九九八年の赤字のあと、一九九九年には満足な収益が上がり、二〇〇〇年と二〇〇一年もそこそこの利益が得られたが、二〇〇二年には大きな損失を出し、そして二〇〇三年には記録的な損失となった。

このように業績が不安定な原因は玩具市場にある、とケルは述べた。過去五年間、市場は流行に左右される個々の製品に大きな影響を受けており、それはレゴを利することもあれば損害を与えることもあった。『スター・ウォーズ』や『ハリー・ポッター』の新作映画との提携は計画どおり順調に進み、過去数年間大きな業績の伸びをもたらした。だが残念ながら、それはほかのもっとベーシックなレゴ製品への関心を生んで売上を伸ばすことにつながらなかった。

要は、我が社の成長戦略は失敗に終わったのです。したがって今回は、我が社の中核製品のアイデアに集中する戦略を立てています。レゴブロックや、時を超越した普遍的な価値を持つレゴブランドを中核とする価値観に象徴されるアイデアです。二〇〇四年に向けての目標は、損益をプラスマイナスゼロまで戻すことです。難しくはありますが、すでに着手している対策を考えれば、現実的な目標です。目標を達成して、マーケットシェアを取り戻さねばなりません！

「なるほど、でもそれは本当に可能なのか？」会見場にいた記者のほとんどがそう考えていた。彼らの数人は、すでに批判的な記事を用意していた。レゴ一族の三代目の失敗を綴り、あらゆる読者が抱いているであろう、将来に関する大きな疑問を提示する記事である。「ケル・キアク・クリスチャンセンは会社を救うのに適切な人物なのか？」

確かにケルはレゴの舵を取り、特に一九七八年〜一九九三年には素晴らしい結果を出している。だが、過去一〇年間レゴの運命を暗転させ、多くの問題を鬱積させてきたのも、結局のところケルではないのか？　あまりに多くの組織変更、あまりに多くの経営幹部の首のすげ替え、あまりに多くのノウハウの損失、デジタルの流行へのあまりに多額の投資、そして最も決定的なのは、あまりに多くの野心的すぎる成長目標があったのではないか？

それに加えて、どう見ても誤った決定がいくつか下されている。最近では、デュプロの名称の廃止である。認知度が高く成功したブランドのデュプロは、アメリカ市場での受けを狙って、唐突にレゴエクスプロアに改名されていた。結果はたちどころに現れた。一〇パーセント以上の収入滅として。

あるジャーナリストは、ゴッドフレッドが生きていたなら、今日のような日にはどんな反応を示したと思うか、と尋ねた。

ケルは率直に答えた。「父なら、今日は落胆したでしょう」

別のジャーナリストは、メス・オーリセンは社長を首にすべきではなかったのかと質問した。

取締役会長が答えようとすると、ケルが割り込んだ。「忘れないでください、これは私の会社なんです！」

のちにオーリセンは、ケルが口を挟んだとき恥をかかされたとは感じなかった、と如才なく述べた。ケルがレゴ一族に生まれたことを考えれば、あれは当然の反応だった。また、ケルが経営の手綱を取ることは自然であり非常に適切である、なぜなら信頼を得てレゴを元の姿に戻すことができるのはケルしかいないからだ。「レゴを背負っているのはケルだ。彼は社内で大変尊敬されている。人々には目指すべき明確な道が必要であり、ケルならそれを示してくれる」

記者会見の数日後、メス・オーリセンは『ユランズ・ポステン』紙の長いインタビューで、解雇や工場閉鎖は行わないと約束した（ただし、その約束は守られなかった）。また、取締役会はケル、クヌッドストープ、オヴェーセンによる新たな三頭体制を全面的にサポートすると強調した。三人は今、レゴを中核ビジネスに戻そうとしている。つまり、ブロックをベースとした製品に。

レゴの新たな財務管理者でプローメンと同じく危機に陥った企業を再編してよみがえらせた経

プローメンが去ったあと、ヨアン・ヴィー・クヌッドストープが後継者として昇格する前、ケルは今後レゴを復活させることになる経営チームを組織した。ケルの後ろに並ぶのは、左から、トミー・グンデラン、イェスパ・オヴェーセン、アーサー・ヨシナミ、ヘンリック・ポールセン、メス・ニパー、セーアン・トープ・ラウアセン、ドミニク・ガルヴィン、そしてヨアン・ヴィー・クヌッドストープ。

験を持つイェスパ・オヴェーセンが実質的に副最高経営責任者に任命されたのか、と質問されたとき、オーリセンは短くきっぱりと答えた。

「レゴの跡継ぎは決まっていない」

それは嘘だった。ケルはかなり前から、ヨアン・ヴィー・クヌッドストープに目をかけていた。ドイツ南部のギュンツブルクにオープンしたばかりのレゴランドで二〇〇二年六月に開かれた取締役会で、ケルは初めて、この若者が非凡な分析とコミュニケーション能力を有していることを認識した。このときクヌッドストープはレゴに来て一年しか経っておらず、まだプローメンの下にいて会社の戦略上の問題を解決する仕事を行っていた。たとえば、バイエルン州での取締役会での最重要議題、レゴ特約小売店チェーンを拡大するにはどうすればいいか、といった問題である。

レゴはすでにブランドを冠した店舗を数店持っていたが、今後の数年間で迅速にそれを拡大することが計画されていた。これは野心的な目標であり、クヌッドストープはその財務評価と戦略評価を行うよう命じられた。特約小売店の展開はプローメンがB&O時代から行っていたことで、子どものいる家族に最も知られたブランドになるというケルの計画の要となるものの一つがレゴ専門店だった。

ところが結局、分析結果はこの上級幹部二人の計画に待ったをかけることになった。クヌッドストープに言わせれば、このアイデアは金銭的に割が合わず、特に今はレゴにかなりの出費を強いる可能性がある。解説や略語や外国語だらけのパワーポイントを用いることなく、クヌッドストープは誰にでもわかる言葉で自らの評価結果の核心を述べた。これは実際どういうことか、どれくらいリスクがあるのか、レゴはどれくらいの金を失うことになるのか?

テーブルの周りに沈黙が広がる。激怒するプローメン、唖然とするケル。ケルはクヌッドストープを見つめた。クヌッドストープは、自分はレゴの最高経営陣が実行に移したがっていることと、彼らが自分に期待していることを台なしにしてしまったと考えていた。彼らは、ブランドの世界的支配の企てを進められるよう、この新顔の若造が基盤を整えることを期待していたのだ。

帰国する飛行機で、ケルがトイレに立ったとき、プローメンはこの若者をにらみつけた。「君はたいした度胸の持ち主だな！」

その出張の後半、ブローメンとともにパイプをふかしながら書類仕事に没頭しているとき、ケルはふと顔を上げて言った。「君の説明は見事だったよ、ヨアン！　あんなにわかりやすいプレゼンは初めてだった」

ケル：私はすでにその時点でヨアンを高く評価していた。彼がプレゼンで提示した見通しは非常に切れ味鋭かった。また、彼は自分の言葉でわかりやすく穏やかに自らの考えを話した。それは強い印象を残した。私は誰を後継者にすべきかと考えて、幾度も眠れぬ夜を過ごしていた。ポールではない。彼は私とほぼ同年代だし、そのときにはもう、彼は我が社の社風や物事の進め方にあまり適していないことが明確になりつつあったからだ。

二年後の二〇〇四年一〇月、ヨアン・ヴィー・クヌッドストープがレゴの新しい社長になると発表され、同じ日、ケルはオフィスを出てレゴ本社をあとにした。誰にも――特に新しいCEOには――ケルが日々の経営に口を出すのではないかとの懸念を抱いてほしくなかったのだ。彼自身が一五年間父に対して感じていたように。

この発表はデンマークのビジネス界の多くを驚かせた。業界の大物の中には、レゴを立て直すのにクヌッドストープは未熟すぎるとはっきり言う者もいた。アメリカのヘッドハンティング会社、ラッセル・レイノルズ・アソシエイツ社のある共同経営者は、もしもヨアン・ヴィー・クヌッドストープのような経歴の人間が候補者としていきなりレゴの取締役会に現れていたなら提案は即座に却下されただろうと明言した。

ケル：ヨアンを昇格させたとき、多くの人が否定的な反応を示すだろうことはよくわかっていた。だからこそ、私は一年近く待ったのだ。ヨアンとイェスパ・オヴェーセンには手腕を証明

2004年10月、35歳のヨアン・ヴィー・クヌッドストープがレゴのCEOに任命された。

する機会を持たせたかったし、彼らは確かにやってのけた。とはいえ、私はずっと前から後継者はヨアンにするつもりであり、本人にもそう言っていた。正式に彼を指名したのは取締役会だったが、何人かは以前から疑念を持っていた。彼は若すぎて経験不足ではないか？　もっと待ったほうがいいのでは？

　しかし私は、今でないとだめだと強硬に言い張った。絶対にヨアンが適任だと感じていた。才能があるだけでなく、心から仕事に打ち込み、レゴを完璧に理解していたからだ。

　ところで、彼はいったいどういう人物なのか？　長身で、優しそうな笑みを浮かべ、顎鬚をきれいに整え、縁の太い眼鏡をかけたクヌッドストープには、知的な雰囲気があった。経歴を見れば、勤勉かつ好奇心旺盛な人間であることがよくわかる。オーフス大学で経営学の博士号を取って優秀な成績で卒業し、その後この大学で教鞭を執り、研究を行った。また、格別優秀な講師に与えられるデン・ギュルネ・パイエピン（ゴールデン・ポインター）賞を与えられた。一九九八年、彼はマッキンゼー・アンド・カンパニー社に就職し、パリに配属されて、三年間フランスの

新たな社長が最初に行ったことの一つは、会社を見て回り、ビジネス手法や従業員たちを知り、数年前のインタビューでのケルの言葉を実行に移すことだった。「従業員との率直で非常に親しい対話があれば、レゴ精神は生きつづけるだろう。自分たちの話は真剣に聞いてもらえる、いいアイデアや企画が従業員からもたらされたら経営者は行動を起こす、と従業員が実感するようにしなければならない」

企業を相手としたコンサルタントを務めた。二〇〇一年秋にデンマークに帰国してレゴに入社し、二年間で五回昇進を果たした。ヴァネッサという妻と、四人の子どもがいる。

発表が行われたとき、クヌッドストープは記者たちに、自分にとって主要な課題の一つは八〇〇〇人の従業員に対して全力を注ぐことだと話した。「そのためには、とことん正直になり、アプローチしてきたすべての人に対応するつもりです。今は、考慮に入れるべき人々が数多くいることを実感しているところです」

このため、クヌッドストープは任命された直後に社内オンラインチャットを立ち上げ、新CEOに質問やコメントや提案を寄せるよう全世界のレゴ従業員に呼びかけた。国境を越えて社員と対話を続けることはクヌッドストープの新年の抱負だった。そうすれば、レゴが大きな難問に直面しているこの時期、社員は皆、新たな経営陣を身近に感じることができるだろう。

「私は一日に三、四通のメールを受け取っていますし、社員との対話には非常に高い優先順位をつけています。私にとって常に最も大切なのはレゴの針路を定めることであり、我々は社風や経営の転換に向かっているのです。単にオフィスでじっと腰かけて成り行きを見守るなどということはできません」

レゴの親分は気さくで話しやすい人だと認識した記者たちは、ビルンのクヌッドストープのオフィスの隅に蛍光色の救命胴衣が置かれていることに気がついた。内陸の荒野ではあまり必要とされないものだ。それはある大規模集会のあと、数人の従業員から贈られたプレゼントだった。その集会でクヌッドストープは自らが直面する課題について、巨大な氷山に衝突した船のたとえ話を用いて説明しようとした。船長の仕事は船を氷山から引き離すことであり、もしそれに失敗したなら、できるだけ多くの人を救命ボートに乗せなければならない――彼はそう言ったのである。

クヌッドストープの社長としての一年目は、まさしく氷山だらけの障害物コースだった。予想されたとおり、二〇〇四年は前年以上の損失が出た。クヌッドストープとオヴェーセンは、資産の簿価を切り下げ、不要なものを廃棄し、予算を削減し、種々の制限を設定し、組織を再編し、従業員を解雇し、売れるものは売った。どこにも聖域はなく、誰にもフリーパスはなかった。

これは、のちにマスコミが「クヌッドストープ療法」と名づけた措置の一部だった。彼らは自らの手を汚さねばならなかった。厳密には「クヌッドストープ・オヴェーセン療法」のほうが正確だっただろう。生き残りのための苦闘の具体策を中心になって進めたのはイェスパ・オヴェーセンだったからだ。この手法はゼネラル・エレクトリック社の伝説的経営者、ジャック・ウェルチに触発されたものだった。ウェルチは、優秀な経営者に対して「過去ではなく、こうあってほしいという願望でもなく、そのままの現実を直視する」よう助言した。また、事態がおかしくなりはじめたとき、経営者は会社の現状について「徹底的に正直」になることをためらってはいけない、とも言った。

クヌッドストープとオヴェーセンは「徹底的に正直」になり、飛行機から工場や土地まであらゆるものを処分しようとした。普段穏やかで優しいイディスは、彼らがライオン・ハウスまで売りに出したがっていると聞いたとき、テーブルにこぶしを叩きつけた。「私が生きている限りそんなことは許しません!」彼女はそう言い放ち、必要ならあの伝説的な建物は自分が買い取ると言った。ライオン・ハウスは単に亡き夫の実家であるだけではなく、レゴの歴史を支えた紛れもない基礎なのだ。

イディスは言い分を通したが、仕事を失う危機にさらされたビルンの多くの労働者は、そうはいかなかった。二〇〇五年四月七日、取締役会と経営陣はまたしても巨額な損失を発表せざるをえなかった。今回は二〇億クローネ近い赤字である。クヌッドストープとオヴェーセンは「外注」の可能性を口にした。生産をアメリカとドイツという最大の市場に近くて賃金の低い地域に移すのだ。これが実行されれば、ビルンでは最大で一〇〇〇人もの労働者が犠牲になるだろう。

感傷的な人間ではないが、町や地域に対するレゴの社会的責任を充分に意識しているクヌッドストープには、もはや遠回しに言うことはできないとわかっていた。彼はいくつかの短い質問に徹底的に正直に答え、その発言は翌日西ユトランド地方最大の新聞の一面を飾った。

ビルンに対して何か約束はできますか？

「できません」

これからもビルンにレゴの仕事はあるのでしょうか？

「今のところはあります。でも、レゴのいないビルンというものも想像はできます。我が社は、それが理にかなっていると思える限りビルンにとどまります。しかし保証は何もありません」

多くの傍観者の目には、もう遅すぎるように見えた。玩具としても輸出品としても、レゴブロックにとってもはや時間は尽きていた。レゴに関する種々の不都合なニュースが流れ、この国がかつて誇った最大の玩具メーカーを話題にするとき、デンマークのマスコミは陰鬱な論調にあふれていた。ある大手広告代理店の幹部は『ベアリングスケ』紙に書いた。「私はレゴのブランドを愛している。私の子どもが愛している以上に愛している。製品はいつか死ぬ。問題は、レゴのおもちゃはすでに死んでいるのかどうか、ということだ。とはいえデンマーク人として、そのように言うのは心の痛むことである」

その数日前、以前より頻繁に出社してビルンでよく姿が見られるようになっていたメス・オーリセンが、マスコミに重大発言をしていた。「残る手段は一つしかない」。クヌッドストープとオヴェーセンの会社救済計画が失敗に終わり、現在の少額の収益を二〇〇六年にもっと多額にする

2004年から2005年にかけてレゴが生き残るため奮闘していた期間、ケルの子どもの頃からの信仰が重要な支えとなった。今、彼は言う。「私は家で、毎回食事の前に祈りを唱えることを学んだ。今でも夜には祈りを捧げるし、天からの助けが本当に必要だと感じる状況では主に祈っている。私が宗教的・精神的に受け継いだのは信仰だけではなく、生き方や価値観もだった」（写真：キャスパー・ダルホフ、『リツァウ・スキャンピクス』）

ことができなければ、オーナーはレゴの売却を検討しなければならない、ということだ。オーリセンが発言の締めくくりに用いた言葉は、その後の月日で何度も引用されることになった。「レゴのブランドは永遠に不滅である。問題は、それを誰が所有するかだ」

アメリカ市場の大手企業数社は早くも探りを入れはじめており、この時期すでに国際的投資銀行モーガン・スタンレーとの話し合いが持たれていた。二〇〇四年末、銀行幹部は売却の可能性についてケルと交渉するためビルンを訪れた。

話し合いはウトフトの狩猟小屋で行われた。ケルは、もっぱら礼儀のため、そして好奇心から出席した。彼は長年かけて、自分自身や家族の状況についてじっくり考えていた。一方アメリカの投資コンサルタントたちが準備にかけたのは数週間だった。彼らは鍵となる人物や業界の問題に関してあらゆることを知っており、おおよその数字をはじきだしていた――約二〇億ドル。

ケル：私はそんなことなど一瞬たりとも考えていなかった。だから、そのことをはっきり言っておきたかった。レゴを救うためなら全財産を投げだす覚悟があった。もちろん私たちには家族所有の投資会社キアアクビがあったが、そこから資本を投入する可能性はまったく検討されなかった。当時キアアクビの半分を所有していた姉グンニルドやその家族にとって、そんなことは問題外だった。緊急事態に際しては、一般の銀行でなくキアアクビから金を借りるのが賢明だっただろう。しかしこれは、私の家族だけで対処すべき問題だった。モーガン・スタンレーとの話し合いは数時間に及び、彼らは私を説得しようとした。「まだ数十億の価値があるあいだに会社を売ってください！」。結局私は彼らの話を聞くのに耐えられなくなり、協議は決裂した。

残念ながら、テーマパークのレゴランドについては手の打ちようがなかった。クヌッドストープとオヴェーセンはケルに、会社の財政を立て直したいならデンマーク、ドイツ、アメリカ、イギリスのレゴランド四つはすべて手放さねばならないと明言した。二〇〇五年七月に売却契約がまとまり、アメリカの投資ファンド、ブラックストーン・アンド・マーリン・エンタテインメイツ・グループが総計二八億クローネで四箇所のテーマパークを購入した。

その契約には、レゴが所有権の一部を保持するとの条件がつけられていた。ケルはキアクビ株式会社を通じて三分の一弱の株を保有しており、いつの日か、会社や家族やブランドにとって大きな意味を持っていたテーマパークを取り戻すと誓った。クヌッドストープとオヴェーセンだけで決められるなら、レゴランドは一〇〇パーセント完全に売却されていたに違いない。

ケル：彼らの考えは、レゴランドから完璧に手を引くべきだというものだった。

「完全に手放すことはありえない。三分の一は持っておきたい！」私は言った。

「わかりました、だけどケル、そうしたら手に入るお金も少なくなりますよ！」

そのとおりだ。それでも言い張ってよかったと思う。レゴランドは我々の活力の源であり、父にとって大きな意味を持つものだった。一九六八年にビルンに最初のテーマパークを作ることができ、それがレゴ製品の絶好の披露の場となり、訪問者にとって究極のブランド体験になったという事実……それこそが、一九九〇年代にもっと多くのレゴランドを作って広めたかったことだ。父は気に入らなかったが、それでも私は計画をひそかに進めたんだ。

レゴがクヌッドストープとオヴェーセンに率いられて基本に立ち戻ると考えた人は、考え直さねばならなかった。

現実には、レゴはケルとプローメンが率いていた時代に重視されていた現代のメディア、映像、ゲーム文化とかかわりつづけるしかなかった。スティグ・ヤーヴァード教授など、子どもの玩具やゲームや文化的消費を研究するデンマーク人学者数人が指摘したように、当時伝統的な玩具と考えられていたものはすべて現代のメディア文化の影響を色濃く受けていたのである。

「レゴ製品の多くは『ハリー・ポッター』や『スター・ウォーズ』のライセンス供与を受けたキャラクターを基にしており、それが製品の販売促進に役立っているのは明らかである。レゴは子どもに最も知られたブランドになるという願望を有している。彼らが昔ながらのブロックに集中したいのなら、どうやってこれほど大きな戦略を実現させられるのか、私にはわからない」

だから、『スター・ウォーズ　エピソード3／シスの復讐』が二〇〇五年春に公開されるのはレゴにとって朗報だった。この新作映画はレゴの売上を伸ばしてくれるだろう。クローンターボタンクやARC-170スターファイター宇宙船といった組み立てセットの新製品だけではない。アナキン・スカイウォーカーやボバ・フェットからオビ＝ワン・ケノービやレイア姫に至るキャストがレゴミニフィギュアで登場する『レゴ　スター・ウォーズ　THE　VIDEO　GAME』のようなゲームもある。このゲームは映画館で映画を見ることが許されていない幼い子どもを含むすべての年齢層向けで、プレイステーション2、Xbox、PC、ゲームボーイアドバンスで遊ぶことができた。これがヒットすれば、レゴグループとゲームの共同制作者TTゲームズは続編を作ることになっていた。

二〇〇四年に任命された総勢八名から成るレゴの上級幹部チームは、平均年齢四〇歳。皆、若いが経験豊かなビジネスマンだった。「上」からのメッセージは一貫して「古き良き価値観と優れた商才」に重点を置くというものだったが、彼らはアメリカの映画やメディア業界とのライセンス契約をやめるわけにはいかないことを理解していた。レゴを救うというのは、後退して中核製品だけに戻ることではない。あるデンマークの新聞は、レゴが近々公開される『スター・ウォーズ』映画から期待する売上増に関する記事の見出しにこう書いた。「数十億があなたと共にあらんことを」

だが忘れてはならないのは、二〇〇四年の売上でトップを記録したのが、レゴ自身が考案したバイオニクルの世界に登場するトーアなど種々の戦士キャラクターだったことだ。このシリーズは二〇〇五年にも依然として最も重要な製品だったことを、上級幹部チームのメス・ニパーは指摘している。また、新製品にはハリー・ポッターをテーマにしたものもあった。レゴの多くの人間は否定的だったにもかかわらず、ホグワーツ魔法魔術学校のヒーローや悪役は飛ぶように売れ、二〇〇四年のレゴの売上第六位につけた。

レゴは一一月の『ハリー・ポッターと炎のゴブレット』公開を前に、映画で派手に繰り広げられる魔法学校対抗試合を基にした新シリーズを発売した。これはハリーをはじめとする多くの選手が一連の課題に挑むもので、課題の一つは恐ろしいドラゴンが守る金色の卵を奪い取ることだった。レゴ版でのドラゴンには磁石がついており、ハリー・ポッターがドラゴンに乗って飛ぼうとするとき、ドラゴンはハリーのところまで「浮かび上がる」ことができた。一つの魔法学校

21世紀初頭、レゴはバイオニクルでアクションフィギュアの世界に参入した。これはテクノロジーと神話を合体させた「生物学的年代記《バイオロジカル・クロニクル》」だった。レゴは架空の島マタ・ヌイを舞台に、ヒーローや悪役の登場する世界を作り上げ、そのストーリーはレゴブロックだけでなくコミック、書籍、映画、オンラインゲームでも語られた。写真は、溶岩を滑るサーフボードにもなるマグマソードを持つタフー・ヌーバ。

の生徒をホグワーツまで運ぶ不気味なダームストラングの船も、レゴで作れた。そして会社の歴史上初めて、レゴは気味悪いものを世に出した。映画のクライマックスとなる善と悪との戦いの背景を表現する、不気味な「身の毛もよだつ」墓地である。

二〇〇〇年代半ばの製品群に目をやった年配の消費者は、さぞ不可解に思ったことだろう――新たな経営陣が「グループのクラシックな中核製品とレゴのブランドが長年築き上げてきた価値観に集中する」という目標を述べたにもかかわらず、なぜレゴの非暴力的なルーツに沿った製品がもっと多く生みだされなかったのか、と。

筋肉隆々の好戦的なレゴ バイオニクル、重武装したレゴ スター・ウォーズの戦闘機、そしてとりわけ、バイオレンス満載の名作『ターミネーター』に触発されたマッチョな戦闘ロボットのレゴ エクソフォースなど、戦争や格闘技に重点を置く傾向は、以前はレゴのおもちゃに顕著に見られる特徴ではなかった。だが上述したように、これは、子どもがもはや昔のような遊び方をしない新たなミレニアムの玩具市場の現実を反映している。レトロ製品という狭い市場で終わることになりたくないなら、子どもを取り巻く状況が大人のものと見分けがつかなくなっているという現実を受け入れねばならなかった。

とりわけこれに注目したのは、子どもの発達や生育状況の研究者、アメリカのデイヴィッド・エルカインド教授である。彼はレゴが共同企画したデンマークでの会議の講演で、自分たちは現代の子どもを、西洋でよく見られるような小さな大人にするのではなく、子どものままでいさせねばならない、と主張した。そして、まさにこの理由で自分はレゴのクラシックなコンセプトを好んでいると明言した。

昔のレゴブロックは素晴らしいものでした。あなた方は子どもの発達を促すおもちゃを提供しました。けれども状況は変わってしまいました。今、あなた方は子どもにブロックの組み立て方を教えています。ここへ来る道中、レゴはシャキール・オニールなどNBAスターのミニフィギュアが付属したレゴ　バスケットボールを発売したとの記事を読みました。この種の玩具は遊び方を指示していますが、それは残念なことです。

新たなミレニアムの最初の一〇年間におけるこの危機の年月、レゴに注目が集まる中、デンマークでは子どもと文化、遊びと玩具についての議論が起こっていた。少年時代にレゴブロックでせっせと遊んでいた人々は、エルカインド教授と同じく現代のレゴの玩具を批判した。それらはもはや創造性を養わず、取扱説明書の指示に従うだけのものになっている。あるライターは、形や大きさがさまざまなものが交ざった昔のブロックがデザイナーやエンジニアの世代を生みだしたのに対して、分厚い取扱説明書と番号つきの袋に入ったブロックから成る現代の人気のセットは単純作業労働者を生みだしている、と述べている。

『ポリティケン』紙の記者は「古き良きブロックはどうなったのか?」と題した記事で、「レゴの物語を、いわば創造性の失脚の物語と考えることもできる」と書いた。問題は、レゴは今もまだ本当にレゴなのかということだ、と筆者は述べた——かつてこのブランドが、自由で創造的な遊びを重視する文化的・社会的価値観を象徴し、戦争の武器をまっこうから拒絶していたことを考えると。

「墓場の決闘」が全世界で発売されたのは2006年秋。箱の外側には、保護者への警告として3歳未満の幼児には遊ばせないこととと書かれている。恐ろしすぎるからではなく、小さな部品を多く含んでいるからである。

ケル：この創造性に関する議論は理解できたし、批判もある程度しかたがないと思っていた。すべての製品を取扱説明書つきのセットで作る傾向は、一九九〇年代に強くなっていき、やがて圧倒的優位に立った。互いに非常に似通った、特定のテーマを持つおもちゃを、さらに多く作るようになったからだ。もちろん、レゴテクニックに取扱説明書は必要だ。それがなければ複雑な模型を作るのは不可能だからだ。それでも、テクニックの部品を使って、想像力によって素晴らしいものを組み立てる若いファンや年配のファンは、今なお大勢いる。

取扱説明書はこういう創造性を充分に満足できるほどは刺激しない、と論じることはできるだろう。だが逆に、これによって子どもたちに多くの学びの機会を与えることもできるのだ。我が社の開発担当者たちは、子どもに「そうか、部品をこんなふうに使うこともできるんだ！」と思わせる取扱説明書を非常にうまく作れるようになったと思う。そういう意味で、前向きな発展があったわけだ。

レゴシステムにおいて取扱説明書は重要な存在だが、自由で創造的な組み立て体験や作りたいものをなんでも作りだすような遊びに取って代わることは決してない。多くの大人や子どもが、組み立てたものを飾りとして置いておくのではなく、常に作り直して新しい方法で世界を組み立て直すことを、私は心から願っている。それこそ私たちが常にレゴに望んでいることなのだ。

二〇〇五年三月にレゴの新たな経営陣は、子どもは一般的に昔ほど遊んでいない、特にレゴブロックへの関心が薄れている、ということを否定した。クヌッドストープはある新聞のインタビューに答えて、一部の人々が言うように子どもは九歳で遊ぶのをやめるなど、一瞬たりとも信じていないと述べた。「ちょっと考えてみてください、プレイステーションで遊ぶのが好きな三五歳の成人男性がどんなに多いか！」

クヌッドストープはこのことをよく知っていた。彼はすでに、急速に成長しているレゴの消費者グループと何度か遭遇していた。「大人のレゴファン（Adult Fan of LEGO）」（ＡＦＯＬ）と呼ばれる、世界じゅうの主に成人男性から成る大きな集団である。彼らは一九九〇年代半ばからインターネット上で仲間を集めて種々のコミュニティを作るようになった。同じ頃、レゴは公式ウェブサイト www.LEGO.com を開設した。サイトの公式目標は、子どもや親やレゴファンが集って遊び、楽しみ、一緒に活動できる仮想世界を創造すること。しかし新しい「大人の」レゴコミュニティは、自分たちだけで、あるいは欧米でのファンイベントで集まるほうを好んだ。そこで互いに顔を合わせ、情報交換したり経験を伝え合ったりした。

ケル：私は一九九〇年代、当時私たちが「趣味のビルダー」と呼んでいた大人に対してもっと何かすべきだと考えていた。経営陣の大半は子どもに焦点を当てるべきだと考えていたが、私は、人はどんな年齢でも自分の中に内なる子どもがいると思っていた。だが彼ら専用のレゴ製品を作ることはできなかったし、当時はどうやって彼らを見つければいいのかもわからなかった。彼らは自宅の狭い地下室にこもり、それぞれが、今もレゴで遊ぶのが大好きな大人は世界で自分だけだと考えていたからだ。

だが一九九〇年代半ばから、インターネットが勢いを増しはじめた。ほどなく小規模なウェブサイトが次々と生まれ、大人のファンが集まってレゴを使った計画やプロジェクトを話し合う大きなコミュニティも少しずつできてきた。そうしたコミュニティはどんどん拡大し、有益な情報や優れたひらめきを伝え合った。二一世紀の初めには世界じゅうでフェスティバルが開かれるようになったが、レゴグループが直接かかわることはなかった。ある年の夏、私はヨアンをワシントン州で開かれたブリックフェストに連れていった。筋金入りのファンが集まって自分の作品を見せ、レゴに夢中になり、組み立てのテクニックや古い希少なセットなどについて講演を行うイベントだ。こうした熱心なファンとの出会いは、ヨアンにとってまったく新しい発見だった。彼はそこから、大人の購買層を育てて以前よりずっと深くかかわらせることを考えるようになった。

「ケルとヨアン」は二〇〇五年のブリックフェストで最大の呼び物だった。若きCEOが種々のミニセミナーやディスカッションに出席する一方、古きCEOは出品者たちのあいだを歩き回って大勢のファンと交流した。ファンはいつものとおり、改善点や将来の製品についての素晴らしい提案を次々と口にした。ケルは彼らの作品に感心してコメントし、サインをし、ロックスターのごとく自撮り写真のためにポーズを取った。

レゴを立ち直らせるという精神的負担の大きい課題に取り組んでいるクヌッドストープにとって、二〇〇五年のブリックフェストは元気回復の清涼剤だった。熱心なファンとの出会いのおかげで、この時代を超えた製品への自らの熱意が再燃した。『スター・ウォーズ』熱はいまだ冷めておらず、ケルとヨアンが舞台上で尽きせぬ好奇心を持つ観衆からの質問に答えるQ&Aコーナーの前後には、レゴのスター二人の写真が撮られてソーシャルメディアに載せられ、写真の一枚には「若きパダワンとその師」というキャプションがつけられた。弟子と師匠を意味する『スター・ウォーズ』用語である。

すっかり鼓舞されたクヌッドストープはブリックフェストから戻ったあと、レゴの自己認識について、会社がこれまでどのように革新を行って価値を生みだしてきたかについて、考えをまとめようとした。これからも製品を市場に送りだすのはレゴ自身だが、以前と違って、あらゆる年齢層の男女の消費者と直接手を組んでもっと多くのレゴ製品を開発すべきなのだ。

二〇〇六年初頭、クヌッドストープは自らのアイデアを『ユランズ・ポステン』紙に発表した。「オタクに全権を！」との見出しで、今後はレゴがベストセラーを出すのに年長の子どもや大人

ケルは若き後継者を伴って海外のレゴフェスティバルに赴き、非常に熱心でひたむきな大人のファンと会った。写真は２人が 2006 年ベルリンでの 1000 シュタイン＝ラントに行ったときのもの。（写真：アンニャ・サンダ）

新世紀に入って最初の数年間で、レゴは消費者との関係を深めた。2006 年にはアメリカのコンピュータ専門誌『ワイアード』が、レゴのためならたとえ火の中水の中という「狂信的ファン」を取り上げ、彼らが最近新製品レゴ マインドストーム NXT の開発に協力したことを述べた。

のファンが協力してくれる、と説明した。「レゴオタク」が好きなものは、たぶんほかのレゴ消費者も好きだろう、というわけだ。ただしクヌッドストープは、自分はマスコミの好む用語（「オタク」）を使うつもりはない、彼らが少々変人だと示唆することになるからだ、と強調するのを忘れなかった。

「変人どころか、彼らは我が社にとって最高の顧客です。私としては『熱狂的ファン』と呼びたいですね。彼らは年長の子どもや大人です。今でもレゴで遊ぶのは楽しいし素敵なことだと思ってくれています」

彼はさらに、こうした老若のファンは玩具店やデパートでレゴを買わない、品揃えが不充分だからだ、と述べた。彼らはレゴの直販店へ行くか、インターネットや通信販売で購入する。集まりや会議を開き、クラブを結成し、ウェブでチャットし、本を著し、何よりもメールを書く。

ある意味、クヌッドストープとレゴはすでにこういう新しい形で消費者とかかわりはじめていた。クヌッドストープは週に一度ブログを書き、誰からのメールも受け取るようにしていた。会社や製品に対して思うところがある人なら、社外の人間でも彼にメールを送ることができた。レゴはミレニアムの変わり目頃に大人のファンとの対話を始めた。レゴ マインドストームへの熱烈な関心に応じ、大人のユーザーの献身をいずれ会社に利益をもたらすイノベーションだと考えることに決めたからである。

ドン・タプスコットが著書『ウィキノミクス——マスコラボレーションによる開発・生産の世紀へ』（日経BP社、井口耕二訳、二〇〇七年）で書いたように、一九九〇年代後半、生産者と消費者との「マスコラボレーション」を通じて生まれたグローバル経済の新たな形態が姿を現しつつあった。タプスコットによれば、マインドストームのファンに発言権を与えて彼らをいわば共同制作者にしたレゴは、この点における旗艦だった。レゴはユーザーの集団知を利用し、ユーザーはそれについて報酬を受け取ることはなくとも、よりよい製品を手にしたのである。

クヌッドストープにとって、世界じゅうのAFOLたちとの幾度もの出会いは、会社としてのレゴの自己認識に影響を与える文化的変化の予兆だった。イノベーションは、もはやレゴを囲む塀の中だけに存在するものではない。この気づきは、クヌッドストープが描いた成功の基準の一つだった。レゴが危機から本当に脱して新たな成長と強みへと向かっていると言えるために満たすべき基準として彼が考えたものである。二〇〇七年一月、彼はある新聞に述べた。「製品は顧客との協力によって開発することができる。集団知は会社単独の知恵よりも強力だという信念を持たねばならない。知的財産を必死で守ってきた会社にとっては、これは大きな飛躍である」

エンドユーザーとの協力の真価が試されたのは、二〇〇六年の次世代「レゴ マインドストームNXT」発売だった。この新製品開発の肝は、レゴと何人かの選び抜かれた消費者との数年にわたる協力だった。当初は四人のスーパーユーザーで始まり、その後ユーザーグループは拡大されて七九カ国から一〇〇人が加わった。彼らは製品のバグをいくつも発見したのみならず、レゴの人間が思いつかなかった新たな遊び方や組み立て方の提案を行った。二年の期間中、プロジェクトマネジャーのフレミン・ブンゴーは一〇四人のファンから約七五〇〇通のメールを受け取った。発売に当たって、彼は結論づけた。「よりよい製品を作ることができた。我々にとっても、消費者にとっても」

二〇〇五年の年間決算も赤字が予想されていたが、蓋を開けてみれば、二〇〇六年が始まるまでに会社は五億クローネの利益を上げていた。過去五年間で最高の成績である。新聞各紙は、レゴはついに自由を取り戻そうとしていると書いた。ケルの私財から八億クローネが注入されたもののの会社はこれまで法的には銀行の管理下にあった、という状況を念頭に置いての表現である。レゴランドや多くの資産や土地の売却によって、負債の大部分は返済できた。それでも今後の年月で大きな収益を上げる必要があることは、クヌッドストープにもわかっていた。

元気を取り戻した経営チームの陣頭指揮のもと、製品開発はすぐに、より明確な方向性と現実認識を与えられた。レゴは長年、女の子にもレゴで遊びたいと思わせようとしてきた。これは会社にとって一九五五年以来の課題である。何十年ものあいだ、レゴは何度も、女の子にブロックへの興味を持たせようと試みた。しかしそれは一度も成功しなかった。クヌッドストープは、この古くからの野望を捨てて、レゴは現在も将来も主に四歳から九歳の男の子向けであることを受け入れるのがいちばんいいと考えていた。

「私が女の子市場に資源を注ぎ込むのにやや消極的だとしたら、それはほかの非常に大きな世界的企業が独占していて、競争がきわめて激しい市場だからだ。いくら我々が『ほら見て！　新しいレゴのお姫さまだよ！』と叫んでも……あまり長続きしそうにない」

女の子向けの心温まる製品を懐かしがるレゴのファンにとって事態が少々暗く見えていたとしても、少なくともビルンにある取締役会室での現実の男女平等については、ようやく明るい変化が訪れていた。従来、ここでは女性は秘書か事務員としてしか雇われていなかった。二〇〇六年、レゴの七〇年の歴史上初めて、女性が取締役副社長に任命された。三九歳のリスベト・ヴァルター・パレセンが、新しくできたコミュニティ・教育・直販事業部を任されたのだ。彼女の役

レゴ マインドストームの発売後、老若のユーザーによる巨大なコミュニティが生まれていた。その中には、2008年のファーストレゴリーグに参加した35カ国の10歳から16歳までの子ども8万5,000人も含まれている。決勝戦はアトランタで行われ、もちろん熱狂的ファンのケルも出席した。（写真：ジョー・メノ、『ブリック・ジャーナル』）

割は、次の大きなベンチャー案件であるオンラインの「レゴ ユニバース」ゲームなど、デジタル事業における新分野の開発である。パレセンには、デンマーク、アメリカ、イギリスに七〇〇人の部下がついていた。彼らは新しいインターネットゲームを開発し、www.LEGO.comに置かれたレゴの数々のクラブの会員二三〇万人を管理し、世界じゅうの四万人以上のファンの要望に応えた。

継承やリーダーシップが常にきわめて父権制的である企業における初の女性幹部として、パレセンは当然ながら女性全般に対する一定の責任を感じていた。自らの歴史的昇進についてはこう述べた。「女性として、経営レベルにおいて男性が慣れているのとは違った議論に寄与できるこ

2006年8月、レゴの経営チームに初めて女性が登場したが、テーブルに並んだ玩具のほとんどはまだ男の子向けだった。クヌッドストープは「チームに女性が入ってくれたのは喜ばしいが、もっと喜ばしいのはデンマーク人以外が入ってくれたことだ」と述べた。左から、イギリス人バリ・パッダ、デンマーク人メス・ニパー、ヨアン・ヴィー・クヌッドストープ、クリスチャン・イーワセン、リスベト・ヴァルター・パレセン。

とを願っている」

二〇〇六年は、メディアがデンマーク産業界の最高レベルでの顕著で継続的な不平等に目を向けた年でもある。一九九〇年代、私企業の経営幹部で女性の占める割合は四パーセントときわめて低く、五〇年間時間が止まっているようなデンマークの有名企業はレゴだけではなかった。この議題は二〇〇〇年代の初め、プローメンの任期中に話し合われていた。低い階層の女性部長を相手に行われた社内調査により、レゴでは三つの要因により昇進が妨げられていることが明らかになった。家庭、女性自身の抵抗感、そしてレゴグループ内の男性による女性観。ビジネス界のほかの多くの分野と同じく、出世の階段を上がるとき性別によるステレオタイプが女性を押しとどめていたのである。

そのときケルは、女性従業員の採用やスカウトにおける不適切さの是正に取り組むと約束し、男性の人事部長は「レゴは広く支持されている会社、普遍的な価値を持つブランドだが、もっと多様性を持つ必要がある。多様であればあるほど、より多くのインスピレーションや創造性が得られる」と述べた。リスベト・ヴァルター・パレセンはこうした初期の議論に参加し、問題の核心を指摘した。

「スキルの評価方法を検討し直さねばならない。女性はプロセスをより意識する。商品が合格点に達しているのか、人々は自分が約束していることに熱心に取り組んでいるか？ 男性は結果に目を向ける。我々は目標を達成し、納期を守ったか？ こういう男性的な価値観が優勢なのは、動かせない事実を評価するほうが簡単だからだ。でも、会社としては両方を評価する必要がある」

とはいうものの、レゴグループが会社の父権制的な基盤を本当に揺るがすには、一〇年以上の歳月を要した。二〇一一年、ジェンダー平等大臣が選んだ「女性経営者のための大使」を数年務めたのち、クヌッドストープは新たな幹部チームを指名したが、選んだのは……男性一二名という、意図せずして冗談のような結果に終わった。大臣付大使になったとき、彼は最初もっと期待の持てるスタートを切っていたのだ。たとえば二〇〇八年には、「草を踏み荒らして『俺たちはここでベリーを見つけるんだ！』と言う白髪の老ゴリラに従いつづけることはできない」というコメントを残している。

男性一二名の任命はささやかな革命を誘発し、長期間の努力の末、二〇一七年にはレゴの最上級幹部二五名のうち三名は女性になっていた。中国系フィリピン人マージョリー・ラオ（CFO）、ロシア系アメリカ人ジュリア・ゴールディン（最高マーケティング責任者［CMO］）、イタリア人ルチアア・チオッフィ（上級副社長）。これら三人は、レゴの海外拠点も女性幹部を採用するようになったことを象徴している。彼女たちが担当する部門はもともとビルンに置かれていたが、のちに上海やシンガポールやロンドンやコネチカット州エンフィールドに移され、レゴにさらなる多様性をもたらすことに貢献していた。社内で女性が管理職になる割合は男性に比べればまだまだ低いものの、ある男性がクヌッドストープのブログにコメントしたように、中には「管理職になるには性転換しなければならないのか？」と考える男性従業員もいた。

ビジネスでのジェンダー平等に関する数冊の著書を持つアヴィヴァ・ヴィッテンベルク＝コックスは、二〇一四年に『ハーバード・ビジネス・レビュー』誌で、レゴが常に女の子の興味を引くのに苦労している理由の一つが経営陣における五〇年間の不平等である可能性を指摘した。上級幹部チームがジェンダー不均衡である場合、バランスの取れた消費者グループを保持するのは難しい。ヴィッテンベルク＝コックスは、新たなミレニアムにおいても「男性優位」のレゴグループはいまだに女性を、利益につながる多様なニッチが含まれる巨大市場というよりは「女の子」という単一の市場と考えていて、二〇一二年に発売したパステルカラーのレゴ フレンズのような製品を世に出している、と苛立ちを露わにした。

かつてシーメンスやノキアといった携帯電話会社も女性向けにピンクの電話機を出すなど同

創業者による昔のモットーは何十年ものあいだ壁にかけられていた。これは1950年代初頭に撮られた写真。トラックに紙やすりをかけて色を塗っているのは、ディーナ・トムセン、リリー・ムンク、ヴェルボー・メッセン。

様のことをしていたが、アップルが市場のジェンダーバランスを五分五分にするため両性の好みを統合したジェンダー・「バイリンガル」なiPhoneを出して、彼らを打ち負かした。そこにこそ金鉱が存在するのである。だから、この新たな三人の遠慮がちな紹介に対して市場が即座に示した好意的な反応を、会議室のテーブルを囲む紳士諸兄へのメッセージとしようではないか。大胆になれ！　革新せよ！　前世紀の考え方から脱却せよ。こうした革新的な女性のレゴ愛好家たちを、取締役会や経営陣に迎え入れよ。

これは適切な助言であり、クヌッドストープはばかげているとも理解不能だとも思わなかった。とはいえ、当時それはToDoリストのいちばん下に置かれていた。彼はまだレゴの回復に専念している最中で、五歳から九歳までの男の子向け玩具に力を入れることが最優先だったのだ。だが、二〇〇六年に最も重要だったのは、レゴの従業員八〇〇〇人のための新たな戦略、「シェアド・ビジョン」だった。会社にとっては一〇年間で三つ目の大きな経営構想である。最初は一九九六年から一九九八年までの「コンパス・マネジメント」、次は一九九九年の「フィットネス」。そして今度の「シェアド・ビジョン」は、三つの段階から成る七年間の計画である。第一段階はすでに始まっており、従業員はその内容を学び、日々の労働の一部にすることを求められた。

クヌッドストープはこれについて非常に詳細に記述したので、社内報『レゴ・ライフ』は彼の考えを伝えるための特別号を出した。表紙では主要なターゲット層の年齢の男の子がレゴブロックで塔を作っており、その写真の下には新戦略の三段階を記したリストがあった。

1. 顧客と販売網のための価値を生みだして業界をリードする
2. 顧客に提供する価値に改めて焦点を合わせる
3. 経営上の卓越性を高める

従業員の中には、これは古いワインを新しいボトルに入れただけにすぎないと思った者もいるだろう。けれど大半は、現実的と思える計画に満足していた。生き残りと方向転換から将来の成長へという変化に焦点を当てた三つの段階の概要が描かれ、ようやくトンネルの向こうに光が見えたようだった。

クヌッドストープはシェアド・ビジョンを陳腐な決まり文句まみれにするのではなく、オーレ・キアクのモットー、「ふさわしいのは、最高のものだけ」に基づいて、計画をレゴの歴史と価値観に根差したものにした。レゴの創業者がこの言葉で言いたかったことも、その起源も、明確にわかっているわけではない。オーレ・キアクはスローガンを叫ぶタイプの人間ではなかった。彼がこのフレーズのヒントを得たのは、一九三七年春にドイツへ行き、ライプツィヒでの大規模見本市ムスターメッセを訪れたときだったと言われている。彼は当時子どもに人気の動物のぬいぐるみを展示したシュタイフ社のブースで立ち止まり、そのドイツの会社のスローガンに目を留めたらしい。「子どもにふさわしいのは最高のものだけだ！《フュア・キンダー・イスト・ヌア・ダス・ベステ・グート・ゲヌーク》」

二〇〇六年、クヌッドストープはこのモットーを自分なりに解釈し、レゴには新しい戦略がある、重要な問題に対する会社の基本的姿勢はオーレ・キアクの時代とまったく同じである、と世間に知らしめた。

顧客、つまり子どもたちにふさわしいのは、最高のものだけです。我々は、我が社の製品によって子どもたちに適切な経験を提供しなければなりません。けれど、小売店にとっても、そしてもちろん従業員にとっても、ふさわしいのは最高のものだけなのです。私にとってこのモットーは、我々は完璧に卓越した経営を行う必要がある、という意味でもあります。高品質、優れた物流、秀でた顧客サービスや消費者サービスを維持しなければなりません。絶えず、どうすれば仕事を改善できるかを考えていなければなりません。しかし、おそらく何より大切なのは、リピート購入が重要であること、消費者から消費者へと好評価が伝わって製品が売れることであり、オーレ・キアクもそれをよく理解していました。オーレ・キアクは子どもが引っ張って遊ぶ木製のアヒルにニスを三度塗りました。アヒルはよく家具にぶつかって傷がつくからです。ニスを塗ることにより消費者はレゴの玩具で繰り返し遊ぶことができ、また同じものを買ったり別の人に勧めたりする、ということを彼は知っていたのです。

ケル：祖父のモットーを英語に訳すのは難しかった。適切な表現を思いつけずにいた。「よすぎる」というのがあまりにユトランド的な表現だからだろう（デンマーク語での表現「Det bedste er ikke for godt」は文字どおりには「最高のものも、よすぎることはない（The best is not too good）」という意味。これでは否定的に聞こえるので、普通は「ふさわしいのは、最高のものだけ（Only the best is good enough）」と訳される）。私個人としては、この言葉は常に、「何をし、何を成し遂げたとしても、決して革新をやめてはいけない」という警告だった。それが私にとって、祖父のモットーの最も適切な解釈だった。創造的で革新的であることを決して忘れるな！　しかし、これを偏執的なまでの完璧主義の要求だと解釈した人が多くいるのも知っている。私は、そんな完璧主義は恐ろしいと思っているのだが。

クヌッドストープのシェアド・ビジョンの発表は、二〇〇六年春に会社から行われたもう一つの重要な発表と時を同じくしていた。それは、生産と梱包をチェコ、ハンガリー、メキシコといった低賃金の地域に移すというものだ。一年以上のあいだ、その可能性は不吉な暗雲としてビルンを不気味に覆っていた。それが現実になろうとしている。

スイス、アメリカ合衆国、韓国、そしてビルンの一部の成形工場の閉鎖は、大勢が仕事を失うのみならず、将来の生産の大部分をフレクストロニクス・インターナショナルという会社に移すことも意味していた。これは大きな変化であり、クヌッドストープとオヴェーセンによる業績回復計画の核心となる部分だった。理論上、レゴの全世界での総従業員数は二〇一〇年までに八〇〇〇から三〇〇〇に削減されることになる。普通なら、それは大惨事である。しかしクヌッドストープの開けっ広げで正直な経営スタイルと穏やかな口調のおかげで、この無慈悲な発表も少しは明るく響いた。

とはいえ、クヌッドストープもオヴェーセンもオーリセンも、ビルンの住民に対してなんの約束もしたくなかった。三人とも、経営者一族は過去五〇年間ですでに地域に大きな貢献をしていると感じていた。一方、住民は驚くほど冷静にこの知らせを受け止めた。おそらく、レゴのオーナー、ゴッドフレッドとイディスの息子ケルがレゴをビルンから移転させることに同意するなど、誰も真剣に考えなかったからだろう。

ケル：ヨアンとイェスパが着手した費用削減策では、何も聖域ではなかった。私は基本的には外注に反対だったが、たとえば梱包を賃金の低い地域に移すメリットは理解していた。しかし、生産全体を移転するとなると……成形工場におけるノウハウが大きく失われるのが心配だった。

八〇パーセントをチェコとメキシコに移すことには同意し、スイスの工場は閉鎖することになったが、成形の最も重要な過程はビルンに残すよう主張した。私にとって、そこは聖域だった。オーナーとしても、そしてビルンの住民としても、これだけ思いきった経費削減や解雇を行う今こそ、劇薬の使用にも一理あると思われるようにしたかった。そして結局のところ、生産の大部分を他社に任せるのはあまり有益でないことが判明した。

2007年の創業記念パーティで、ケルとヨアンはゴム紐を体にくくりつけて競走した。最初オーナー（左端）が有利に見えたが、最終的にはCEOに勝ちを譲らねばならなかった。（写真：パレ・スコフ）

最終的な業績は一五億クローネの黒字という驚くべき結果となり、二〇〇七年はいくつかの理由でビルンにとって特別な年になった。生産移転に伴う失業の発生は延期され、その後、完全に取りやめられた。フレクストロニクス社は能力不足であることが判明し、クヌッドストープはレゴブロックの成形をほかの企業に委託する案を完全に放棄せざるをえなかったのである。だから、二〇〇七年八月に会社の創業七五周年を、そして一二月末にケルの六〇歳の誕生日を盛大に祝ったのは、当然のことだった。レゴランドの広い駐車場で開かれた八月一〇日の記念パーティで、最悪の危機の年月を乗り越えた彼に機嫌のよさや人生への情熱が戻ったのは明らかだった。三〇〇〇人の従業員に陽光が降り注ぐ。パーティ会場の端には、大人の内なる子どものための遊び場がしつらえられ、反対側の端にはサーカス小屋のようなテントが建てられてランチが出され、テントの外にケルとクヌッドストープが立って皆と握手を交わした。

弟子と師匠はさまざまな出し物に積極的に参加した。ランチのとき、ケルは地面に固定したゴム紐を腰に巻いて行う競走でヨアンに挑んだ。競技場を囲むスタンドは満員になった。地元マスコミも取材に来た。選手はポケットの中を空にし、眼鏡を外し、靴と靴下を脱ぎ捨て、腰に強力なゴム紐を巻きつけた。大歓声が起こる。ケルがゴム紐に引っ張られて後ろ向きに引っくり返ると、観衆は息をのんだ。彼は満面の笑みを浮かべて負けを認めた。「ヨアンが強力なライバルであることは認めよう。ただ、少々体重があるほうが有利だな！」

二〇〇七年は、投資会社キアクビの資産が一族内で二分割された年でもあった。片方はグンニルド、その夫モウンス・ヨハンセン、彼らの子ども三人に。もう片方はケルとカミラ、ソフィ、トマス、アウネーテに。

ゴッドフレッドの死後、ケルは父の持つレゴの株を相続し、グンニルドはキアクビ株式会社の共同所有者の地位にとどまった。二〇〇七年までそのままだったが、危機のあとキアク・ヨハンセン家はレゴの直接の所有者の地位から退くことにした。レゴの財政再建のあとキアクビのＣＥ

〇になったイェスパ・オヴェーセンが、レゴの所有権をケルの家族が管理下に置く一つの会社にまとめる手続きを行った。

二分割された資産は表向き二〇〇億クローネとされたが、第三者の評価ではその二倍以上と推測されている。資産には有価証券、さまざまな投資会社における株主持分、国内外の不動産、そして最も大切な、レゴのブランドに対する権利があった。大ざっぱに言うと、グンニルド・キアク・ヨハンセンの家族はキアクビの資産のうちレゴと直接関係しない分を受け取り、ケルの家族はレゴに関連したすべてを手にした。彼は『ベアリングスケ』紙に語った。「現在行われているキアクビの分割は、亡くなる何年も前に父が準備を整えた会社分割の最終結果だと言っていいだろう。こういうことは家族の皆が仲良くしているうちにやっておくのが大切なんだ、ちょうど今みたいにね」

二〇〇七年一二月の誕生日に先立ち、ケルは三年ぶりに全国紙数紙のインタビューに応じて、会社の日常的な経営から離れた解放感について語っている。読者はリラックスしてくつろいだケルの姿を見ることができた。彼は二〇〇〇年代初頭の危機について責任の大半が自らにあることを認め、業績悪化はもっぱら自分のためらいが原因だったと告白した。

「今なら、思いきった対策を取るのが遅すぎたことがわかる。上級経営レベルに新しい人間が必要なことに、もっと早く気づくべきだった。形勢を変えるために必要な対策を行うことができたのは、非常に悪い結果が出てからだった」

ケルはまた、初めて私生活についての思いを吐露した。家族のことを考えれば、もっと早く日常的な経営から手を引くべきだった、と言ったのである。

「息子のトマスに言ったんだ。『いくら家族がいちばん大事だと常に強調していても、それと同時に実際はそうじゃないというシグナルを出していたなら、なんの意味もないよな』。認めるのは少々つらいが、結局そういうことだ。自分が喧伝していることを常に実践していない人間に、家族が第一だなんて言う資格はない」

その年末時点でのケルの最も近しい家族とは、妻カミラ、三一歳の娘ソフィ、二八歳の息子トマス、二四歳の娘アウネーテ、孫二人とその曾祖母イディスだった。イディスは八三歳になっていたが、いまだに家族の中で重要な社会的役割を果たしていた。たとえば、毎年ウトフトにある一族の狩猟小屋で聖霊降臨祭昼食会を主催するのはイディスだった。昼食会には、イディス、ケルとグンニルドそれぞれの家族、そしてイディスの高齢の兄弟姉妹六人とその子どもや孫や曾孫が集まった。

二〇〇五年、イディスの開いた聖霊降臨祭イベントには一〇〇人弱の親族が集結した。グレーネ教区教会の礼拝で始まり、その後は森での昼食会と親睦会が続いた。その前年、イディスが八〇歳になったときには、社内報で誕生日が祝われ、彼女は自分自身やゴッドフレッドとの結婚について率直に話した。

「週末の計画を立てておかなくてはなりませんでした。何も計画していなかったら、彼は土曜も日曜も働いたからです。彼が家でもっと長く過ごしてくれたらよかったのにと思います。子どもたちは父親がいなくてとても寂しがっていました。だけどゴッドフレッドは休みを取るのに苦労していました」

六〇歳のケルもまだ隠居する気はないらしく、ヴァイルヴァァイとコリングヴァァイの通りがぶつ

クヌッドストープが舵を取るようになり、会社は昔の力を取り戻しつつあるように思えた。ケルは経営者としての責任の一部を手放して、カミラと旅に出られるようになった。グリーンランドは数回訪れ、犬橇で内陸氷床を見た。（私蔵資料）

かる角にあるキアクビ・ビルディングにオフィスを構え、黒子として活躍するようになった。元社長はこの少々目立たない場所で、オーナー兼レゴ株式会社とキアクビ株式会社の取締役会役員という地位を利用して、会社の発展に向けての精神や全体的な枠組みを形作りつづけた。レゴ財団と、ブランドと新製品開発の全体的な方向性を定めるレゴ・ブランド・アンド・イノベーション委員会にもかかわった。

二〇〇四年以降、ケルはヨアン・ヴィー・クヌッドストープの指導者を務め、二〇〇五年から二〇〇九年頃まで何度もフライトをともにする中で二人の関係は深まっていった。そこでクヌッドストープは東洋思想に基づくケルの考え方を非常によく知るようになり、誕生日のスピーチで恩師について「不合理」という言葉を使った。ケルにとって明確な始まりや終わりは存在しない、という意味だ。物事は常に楽しくわかりやすくあるのが理想である。『くまのプーさん』がそうであるように。

ケル：あんなふうに自家用機で二人きりで旅をしていると、世間と隔絶された場所にいて、頭の中にあることをなんでも自由に話せるという気分になる。私とヨアンは何度も長く素晴らしい旅をした。彼も海外へ行って我々の組織をよく知ることが大切だと思ったからだ。アメリカ、オーストラリア、シンガポール、日本、中国へ行った。飛行機で席についているときや横になって眠るとき、レゴの歴史について話して聞かせ、ヨアンは数多くの質問をしてきた。

財務的には、二〇〇八年〜二〇一〇年はそれまでの三年間から引きつづいて好ましい傾向を示した。レゴグループは復活した。レゴは再び世界をリードする玩具メーカーの一つとなり、世界の経済に深い傷を残した世界的金融危機もレゴの最終損益にさほど大きな悪影響を与えなかった。二〇〇六年、その年の最終損益は一三億クローネの黒字だった。利益はその後毎年上がりつづけ、シェアド・ビジョン戦略のゴールに設定されていた二〇一〇年には四九億クローネとなった。レゴグループの売上高、利益、そして何より従業員数は、力強い伸びを見せた。クヌッドストープとオヴェーセンによる当初の回復戦略の予測では、従業員は三〇〇〇人に削減することになっていた。ところが現実は暗い予言を覆し、二〇一〇年にはレゴは九〇〇〇人以上の社員を雇っており、その全員が年末の世界規模のパーティに招待された。パーティはシェアド・ビジョンの成功を祝して、世界各地のレゴの拠点で開かれることになっていた。

デンマークでは、パーティは二〇一〇年一一月一九日金曜日に開催された。国じゅうのレゴ従業員全員が午後早い時間にバスに乗り、ヴァイレとビルンの中間にあるヴィンステッド・センターまで運ばれた。テーブルサッカーやコスプレからフェイクタトゥー、釘を丸太に打ち込むゲームまで、さまざまな催しが行われた。余興として、そして三〇〇〇人の従業員をケルとカミラが先導するダンスに誘うため、デンマークの現代ポップミュージックの有名人が呼ばれていた――メディーナ、ラスムス・シーバック、ハイ・マテマティーク、イダ・コアー、インファーナル。

地球上のレゴ従業員に贈られた多大な感謝の言葉（デンマークでは大画面に映しだされた）は、拍手喝采で迎えられた。クヌッドストープ、メス・ニパー、リスベト・パレセン、バリ・パッダ、ステン・ダウゴー、クリスチャン・イーワセンといった上級幹部が登場するミュージックビデオが流された。

ビデオは本社オフィスの取締役会室の様子から始まる。そこでは上級幹部チームが集まり、世界的パーティで従業員に対して行う感謝のスピーチに向けての戦略を話し合っている。もちろん、スピーチがパワーポイントを使って行われることにテーブルを囲む全員が賛同し、一人は「とにかくパワーポイントだ」と言う。ところがそのとき、テーブルの中央で携帯電話が鳴る。ケルからだ！

クヌッドストープは真面目な顔でうなずきながら聞き入り、全員にメッセージを伝える。「ケルは、パワーポイントはだめだと言っている！」

レゴ幹部たちは唖然として互いに視線を交わす。パワーポイントがだめ？　だったらどうする？

クヌッドストープが立ち上がる。「みんな、時計を二〇〇四年まで戻してみよう。大変な危機の真っ最中、お先真っ暗だったとき。あのとき我々は何を感じていた？」

その言葉をきっかけに、空気ががらりと変わる。澄まし顔の幹部たちの中に何かが入り込み、彼らは抑制を捨て去り、退屈な取締役会室は一九七〇年代の汗くさいダンスフロアに変わる。薄暗い照明、くるくる回るミラーボール、大音量のビート、グロリア・ゲイナーのサウンド。彼らは声を揃えて『恋のサバイバル』の替え歌を歌う。誰もが売却されると考えたが、従業員の「強さと創造性」のおかげで生き延びた会社についての歌である。

国際的財政危機のさなか、ライバルたちが大量の資産を失っているとき、レゴは成長し、2009年には18億クローネの利益を上げた。ヨアン・ヴィー・クヌッドストープはデンマークのビジネス史上最高級に目覚ましい回復劇を演出しながらも、控えめな態度を保った。「4、5年前には我が社も経済的危機に陥った。だからこそ、今は以前よりも備えができている」

我々は強くなった
シェアド・ビジョンが背中を押してくれた
今、我々は戻ってきた
君のおかげで、我々は生き延びた

ヴィンステッド・センターを興奮が駆け抜けた。世界じゅうの従業員一万人の前で経営陣が一七歳のように歌って踊るなどということが、いまだかつてあっただろうか？　ＣＦＯはデジタル事業部長とともに踊り回り、マーケティング部長はコーラスに加わり、ウェンブリー・スタジアムのメインステージに立っているかのように情熱的に「レゴグループは強い／最高の場所だぜ、ヘイ、ヘイ！」と歌う。クヌッドストープは愛情を込めてバリ・パッダの体に腕を回し、未来に目を向ける。

我々の使命は遊びの未来を作りだすこと
さあ、分かち合おう
毎日、ちょっとした魔法を
そうしたら僕も君も
空まで行き着くだろう

やがてパッとミラーボールの照明が消え、幹部たちは再び会議テーブルの周りに座って顔を見合わせる。苦笑いを交わしていると、ＣＦＯが上着の袖についたキラキラ光るものを払って言った。「こんなのはだめだ。二度と誰も私たちの話に真剣に耳を傾けられなくなる！」

「そうだ、やっぱりパワーポイントにしよう」メス・ニパーが応じた。

「それがいい」バリ・パッダはうなずいた。「パワーポイントがいちばんだ！」

こうしてレゴグループの一〇年間は、すべての人の中にある遊び心への賛辞を世界じゅうに伝えて締めくくられた。歌って踊るＣＥＯがその数年前に発した言葉を借りるなら、「おもちゃが子どもたちのためにできること……どうして私たちのためにも、同じことをしてはならないのか？　レゴは、そんな精神を体現する職場でなければならない」

10

Inheritance

継承

2010年代

フレンズ、2012年

ユトランド地方中央部の原野。1964年夏、馬車は雄牛街道《オックスロード》の未舗装の道を進む。（私蔵資料）

時は一九六四年。デンマークの夏の盛り、一六歳のケルはほかの多くの馬愛好家たちとともに乗馬学校にいた。ヴァイレで人気の乗馬教師グスタフ・マーテンズは、駅馬車一台とエレファントという馬が引く幌馬車一台による、年に一度のオックスロード・キャンプを企画していた。子どもや大人が馬に乗って手綱を取ったり駅馬車の屋根の上で横たわったりして、ユトランド地方を縦断する古い街道へアヴァーイェン（文字どおりの訳は「軍隊の道」だが一般には「雄牛街道《オックスロード》」と呼ばれる）を陽気な行列が進んでいく。中世には、この街道はデンマークとドイツなど他のヨーロッパの地域を結んでいた。巡礼者や放浪者や兵士から古道具屋や牛追いや群れを連れた馬商人まで、ありとあらゆる人々が通ることでよく知られた道である。

一九六四年七月にこの古い街道を通るのは、マーテンズ率いる一行だけだった。ある日の午後、彼らはランブルデイ内の地所、コースハイゴーの近くでキャンプを張った。ヴァイレ・オーデル谷を通る道中で最も美しい地域の一つである。この地はケルの心に強い印象を残した。

その夏、ケルはポール・エリックと親しくなった。彼もケルと同じく馬が大好きだった。けれどもポール・エリックに玩具工場を相続する予定はなく、すでに馬や乗馬にかかわる人生を思い描きはじめていた。

一〇年後の一九七〇年代半ば、ケルはもう乗馬にあまり時間を費やしていなかった。大きな襟つきのぴったりしたシャツと裾の広いギャバジン地のズボンに身を包んだ新婚の若者は、スイスのレゴ株式会社の社長になっていた。

ケルとカミラはアルプス地方の国で暮らしていたが、近々デンマークに帰国する予定だった。故郷ではケルの父が息子と義理の娘のために広い一戸建てを用意してくれている。一度帰省したとき、彼らはビルンの真ん中ではない場所に自分で土地を探す可能性について話し合い、ケルはランブルデイの近くの美しい風景を思い起こした。

ケル：そこに住むことを考えて、コースハイゴーの地主に会いに行った。もしかしたら売ってもらえるかもしれない。地主は年配の馬商人アントン・モートセンセンという人で、牧場は絶対に売らないとのことだった。私たちはあきらめ、スコウパーケンに引っ越した。

その後一〇年、ケルはレゴを成功に導き、彼とカミラは女の子二人と男の子一人に恵まれた。一九八八年のある夏の日、珍しく出張に出ていないとき、ケルは乗馬を始めたばかりのソフィを連れて馬術ショーを見に行った。父と娘が場の雰囲気を味わい、つややかな毛並みの馬の美しさを満喫しているとき、ケルは乗馬学校と夏のキャンプで一緒だった古い友人とばったり出くわした。二人は再会をおおいに喜んだ。ポール・エリックはケルの仕事を知っており、自分はヴァイレの近くで乗馬用具店を経営していると話した。また彼は、乗用馬の愛好家や飼育業者のための団体、「デンマーク温血種《ダンスク・ヴァルムブロッド》」の役員もしていた。ケルは彼をシェレンボーに招待した。敷地内の空っぽの家畜小屋を目にしたとき、ポール・エリック・フクメンは叫んだ。「ここで馬を飼うべきだよ、ケル！」

それはただちに実行された。小屋が改装され、馬房が設置される。ケルはポール・エリックの専門的な助言を受けて馬を購入し、馬術選手のための馬牧場を作って「アスク馬牧場《ストゥッテリ・アスク》」と命名した。かつての乗馬仲間である二人は協力して、馬の飼育とスポーツの両方にかかわる事業を起こすことにした。ユトランド地方中央部に馬五〇頭を置ける乗馬センターと種牡馬牧場を作れる場所を探しているとき、ケルは再びランブルデイの絶好の場所にある牧場のことを思いだした。

ケル：私は受話器をつかみ、コースハイゴーのアントンに電話をかけた。

「こんにちは、アントン。ビルンのケルです。あの牧場はまだ持っておられますよね。もしかして売ることを考えておられないかなと思ったんですが」

「やあ、いいときに連絡してくれたね。私は八〇歳になって、もううまく歩けないんだ。娘は老人ホームへ行くべきだと言っている。だから喜んで売らせてもらうよ！」

彼は希望の売り値を口にし、私は「うん、妥当な値段ですね、アントン。それで手を打ちましょう！」と言った。あの年老いた馬商人は少々がっかりしていたよ。だってほら、彼は値段をめぐって駆け引きするのを楽しみにしていたんだ、ユトランド流にね。

厩舎や馬場などの施設を備えたコースハイゴーの新しい乗馬センターは「ブルー・オー」と名づけられ、ポール・エリックが運営を任された。

「では、ケルの役割は？」一九九二年の秋に取材に訪れた馬専門誌『ヒッポロイスク・テュスクリフ』の記者は尋ねた。

自分はレゴの社長としての仕事にほとんどの時間を取られている、とケルは答えた。そのため、ストゥッテリ・アスクとブルー・オーで働いてくれる人を雇わねばならない。

雑誌はケルについて、かつて乗馬や馬術にのめり込んだのは、主に馬への愛からだったと書いた。今、彼はこの投資をそこそこ利益の上がる事業にしようとしている。レゴと同じく、ストゥッテリ・アスクもブルー・オーも地域で最大である必要はないが、最良であってほしい。だからこそ自宅で夜遅くまで帳簿を調べ、この新たな趣味でもあり事業でもあるものについてもっとよく知ろうとしているのだ、とケルは説明した。彼は、レゴと違って一目で全体が把握できる小さな会社に深くかかわるのを楽しんでいた。厩舎や訓練場まで歩いていったり、血統・特徴・子孫・競技成績・レースの日付・検査結果・出産予定日といった繁殖馬のデータベースを更新したりすれば、牧場の全体像はつかめるのだ。

ケル：正直、あまり儲かる事業ではなかったが、何年ものあいだとても楽しませてもらった。

シェレンボーでのように、すぐ近くで馬を飼って繁殖させられるのは、とにかく素晴らしい。子馬は馬を見に行くのは本当に好きだ。とりわけ、放牧地で親馬が子馬と一緒にいるときに。子馬はよく、おずおずと近づいてきてちょっとつついてくる。動物と親しくしていると、私はとても癒される。いちばん嬉しいのは、馬が何を考えているかわかったときだ。たとえ相手が馬でも、遊びを通じて多くのことが学べる。それはまさに、遊びや学びに関してレゴが常に考えていることなのだ。

ケルが馬への情熱を妻や子どもたちとも共有するようになったのを機に、ポール・エリックは牧場の運営から手を引いた。ケルはもう乗馬をやめていたが、ソフィはまだ続けていた。新たなミレニアムが始まると、彼女はビルンとエスビャウのあいだにあるクレルン鹿牧場で熱心に乗馬に取り組んだ。トマスは何年ものあいだ騎手としてレースに出場し、一時期シェレンボーの近くでアラブ馬の種牡馬牧場を経営した。そして末っ子のアウネーテはやがて国を代表する馬術選手となり、ジョジョＡｚという馬で二〇一六年のリオ・オリンピックにデンマーク選手として出場する。

ケルは三〇年近くのあいだデンマークの乗馬スポーツに貢献を続け、自らが設立した二箇所の牧場、フュン島のストゥッテリ・アスクとビルンのブルー・オーに力を注いだ。ブルー・オーには馬や乗馬に関するありとあらゆる施設があり、中央には一〇〇〇人近くの観客を収容できる広く近代的な馬場がある。ケルにとって乗馬は単なる競技スポーツではなく家族で楽しめる娯楽であり、彼は昔のレゴランドのコンセプトを思い起こさせるようなフェスティバルを開いている。

家族みんなで楽しめる体験を生みだすという基本理念は、二〇一〇年代にケルが立てた壮大な計画にも表れていた。ビルンの真ん中にレゴハウスを建てるのだ。それを思いついたのは、社内ミュージアムをホーウェガーデンの外れにある祖父の家に移したときだった。移転が行われているとき、このアイデアハウスを一般に公開すべきかどうかについて議論が起こった。これが特に差し迫った問題になったのは、世界じゅうのＡＦＯＬたちが、すべての始まりの地ビルンへと聖地巡礼を行うようになっていたからだ。しかし一九四二年に建てたオーレ・キアクの家と細長い工場は展示に適していなかった。一般公開する博物館に必要な設備も広さも不充分だったのである。

二〇〇七年、ビルンとグランステは合併して一つの大きな自治体になった。両町長による協議の結果、新しい自治体の名は「ビルン」とするが、オフィスや公文書室があり職員が勤務する町庁舎はグランステに移すことになった。そのため、旧ビルンの中央部、ライオン・ハウスから一〇〇メートルも離れていない中央広場に、大きく不格好で空っぽの建物が残された。町当局はここをどうするか決めかねていた。

そこはビルン川に近い町の真ん中で、かつて酪農場があった場所だ。このまま放置しておくのはもったいない。このときケルは、新しいレゴの博物館は旧来からあるような博物館であってはならないと考えていた。それよりも、建築を通してブランドの価値を表す、大きく、力強く、現代的な「ブランドハウス」を建てよう。建物の中には、世界各地から来た子ども、親、祖父母がブロックで遊び、組み立てを実体験し、レゴの価値観や歴史を楽しんで知ることができる体験センターを置く。

「このドン・シュフロは1997年、4歳のときに購入した。映像を見たとき、感激で思わず涙が浮かんだよ。ものすごく速い。ぜひとも種牡馬牧場に欲しい！　すぐにうちの種牡馬になってくれた。種牡馬のドイツ式繁殖能力指数で10度、第1位になった。馬術成績としては、2008年、中国でのオリンピックで銅メダルに輝いたのが最高の瞬間だった。2020年1月、27歳を目前にして死に、馬術界のレジェンドになった」（私蔵資料）

想像力豊かなレゴのオーナーには、博物館の設計を任せる人物についてすでに心当たりがあった。デンマーク人建築家ビャルケ・インゲルスなら、レゴブロックやレゴシステムの背後にある考え方を反映した、遊びの空間を創造する建物を作るというケルの夢を実現してくれるだろう。

二〇一〇年四月、レゴ賞がニコラス・ネグロポンテに授与された。教育とコミュニケーションを通じて発展途上国の何百万もの子どもたちが貧困の孤立を打ち破れるようにすることを目的とした「ワン・ラップトップ・パー・チャイルド」（「子ども一人に一台ノートパソコンを」）の創設者である。その授与式でケルはビャルケ・インゲルスに基調演説をしてもらった。式典が終わると、彼はこのスター建築家をビルン観光に連れだした。

ケル：授与式のあと、私はビャルケを車に乗せ、町を見せて回った。旧町庁舎の前を通ったとき、さりげなく言った。「ほら、あそこなら素敵なレゴの建物を作れそうですよ」私たちはそのアイデアについて話し合い、ビャルケは最後に、それは楽しそうだ、大変興味がある、と言った。

その後、建築家三人を招いて設計コンペを開くことを発表した。ビャルケの設計スタジオ、「ビッグ」も含まれている。彼は完璧な準備をし、屋外テラスなどのついたモジュール建築の建物の案を披露した。そして問題なく選出された。

最初ケルがビャルケ・インゲルスに興味を持ったのは、デンマークが人口比で世界のどこよりも多くの建築家を育てているという事実とも関係がある。デンマークの建築は長年にわたって国際的に高く評価されており、そのため多くの傑出した事業が生まれている。ほかの多くのデンマーク人建築家と同じく、ビャルケ・インゲルスも子どもの頃レゴブロックで遊んでいた。ビッグがビルンでの仕事を請け負うことが決まったとき、彼は言った。

レゴグループの建物を設計させてもらうのは、我々ビッグの人間にとって大きな夢だった。私個人にとっても、レゴブロックはとても大きな意味を持っていた。甥たちを見ていると、創造性や革新が社会のほぼあらゆる面の主要な要素になっている世界では、子どもが独創的にものを考えたり作ったりできるようにするというブロックの役割はますます強くなっていると実感する。

途中多くの大きな障壁にぶつかりながらも、プロジェクトはその後数年間ほぼ計画どおりに進み、ついに二〇一六年一〇月六日、着工を記念し、進行中の建設の様子を紹介する式典が開かれた。それはお祭りとなり、町じゅうに朝から晩まで旗が掲げられ、商店は夜六時を過ぎても閉まらなかった。三〇〇〇枚の入場券はビルンの町民やレゴ従業員に即時完売した。

二〇クローネ出せば、建築現場を見て回り、ホットドッグ二本とソフトドリンクをもらい、ビャルケ・インゲルス、ヨアン・ヴィー・クヌッドストープ、ケル・キアク・クリスチャンセンのスピーチを聞くことができた。つい最近セグウェイで衝突事故を起こして脚を骨折していたケルは、自宅の温室で車椅子に座ったままスピーチせざるをえなかった。今レゴハウスと呼ばれているこの建物は自分の長年の夢だった、子どもと大人が一緒にあるいは個別に、さまざまな、できればこれまで考えたこともなかったものをレゴで作れる活動的な場を作りたい、と彼は述べた。

我々一族は、自分たちはもっと大きな目的に向かって努力しているのだと考えています。それは子どもたちの遊びと学びです。だからこそ、遊びがどれほど価値のあるものかを、親ごさんたちにもっと説明することが大切なのです。レゴハウスは独特の存在です。なぜなら、このような施設は今もこれからも、世界にただ一つしかないからです。私にとっては、それこそが重要なことなのです。

建設は二〇一七年に本格的に進められた。建物の表面は白くて、教会の塔を除けば高さ九メートルを超える建物がないビルンのど真ん中に光沢ある高い氷山が出現したかのようだった。九月に完成した建造物は二一個の巨大なレゴブロックで構成され、その全体像はドローンで見ないとはっきりわからない。極大デュプロ、と言ってもいいだろう。

建物に入ると、そこは柱など天井を支える構築物が何もない空間だ。面積およそ二〇〇〇平方メートルの中には、通路のほかレストラン、カフェ、そしてもちろん品揃え豊富な大規模レゴストアがある。この中央広場から、子どもも大人も探検に出ることができる。シアターのある地下へ下りてレゴの歴史を学ぶのもよし、大人が記憶をたどって子ども時代にレゴで遊んだ体験を再発見するもよし。

子どもは例外なく上階のほうに引きつけられた。レッド、ブルー、グリーン、イエローと名づけられた四つの体験ゾーンが設けられている。その根底に流れる教育上の理念は、遊びを通じた学びである。レッド（創造）ゾーンでは自由に遊び、ブルー（認識）ゾーンでは問題を解く。グリーン（社会）ゾーンはキャラクターや物語の世界、イエロー（感情）ゾーンではレゴブロックを使って感情表現を行う。あちこちにいる若い職員が、子どもや大人にレゴで遊ぶよう促す。

最上階は「マスターピース・ギャラリー」で、世界じゅうのＡＦＯＬたちが作った選りすぐりの立体レゴ作品が展示された。そして四つの体験ゾーンの中央には、床から天井まで届く高さ一四メートルの木が立っている。六〇〇万個のブロックで作られた「創造性の木」だ。当初、こ

ビルンではまたしても建設が進められ、レゴやキアクビの施設の頭上では常にクレーンが作業していた。レゴハウスの建設予定地はかつて協同組合の乳製品販売所があり、その後町庁舎となった場所（1）。システム・ハウス（2）、1924年築のオーレ・キアクの家（3）、1942年築の工場（4）、1959年築のゴッドフレッドとイディスの家（5）、ビルン・センター（6）。

の木をめぐって建築家と依頼主のあいだに意見の相違があった。インゲルスは空中に浮かぶ巨大なレゴ作品を提案したが、ケルはもっと根を下ろしたものを望んだ。常緑の枝を空に向かって広げながらも、レゴが生まれたスカンジナビアの土地と文化にしっかり根を張った、北欧神話のユグドラシルのような生命の木である。

開業後、ビッグとレゴの協力によって作りだされた新しい建物を見ようと全世界から建築家や美術評論家がビルンを訪れた。会社の製品と理念をこれほど素晴らしい建物で体現させたことに、ほぼ全員が熱狂した。しかし一部の評論家は、国際的なモダニズムを体現するようなすっきりした新たな建物（レゴハウス）と、それを囲む田舎町とのシュールなコントラストに言及せ

（上）2014 年の定礎式で、レゴのオーナー一族が、会社の 6 つの中核的モットーが書かれた巨大ブロックの後ろに並んだ。後列左からアウネーテ、カミラ、ケル、ソフィ、トマス、前列は 90 歳のイディス。彼女は建物の完成を見られなかった。2015 年のクリスマス直前、ケルの母は死去した。70 年の長きにわたり、家族の生活においても、町や会社にとっても、活発な役割を果たしてきた女性だった。（下）完成したレゴハウス

ずにはいられなかった。

『アーキテックン』誌の評論記者は、ビルンに到着してレゴ帝国の白い宇宙船のような建物に歩み寄ったとき、パラレルワールドに入り込んだかのように感じた、と書いた。「建物が蜃気楼のように感じられるとしたら、それは――ビルンの皆さん、ごめんなさい――何もないところにそびえ立っているからだ。レゴハウスは、昔のパブかドイツのオフィス家具市に迷い込んだ、目を見張るほど美しい花嫁を連想させる」

レゴハウスが建てられたのは、レゴの歴史上一九八〇年代と同じくらい活気にあふれた時期だった。レゴの二〇一五年の業績は九〇億クローネを超える利益となったが、その最大の功労者は二〇一一年発売のレゴ ニンジャゴーと、二〇一二年発売の女の子向け最新シリーズのレゴ フレンズである。どちらも「ビッグバン」、すなわちレゴ自身が考えだした製品だった。これらは数年間かけて開発され、全世界に向けて販売キャンペーンが行われた。

どちらのシリーズ製品も、新世紀最初の一〇年の危機のとき経営陣が進めたジェンダー区別を継続して行っていた。男の子向け玩具と女の子向け玩具の区別は、ニンジャゴーの戦士やフレンズに加えて、二〇一二年のデュプロ プリンセスによってさらに強調された。ディズニー的なお姫さまが登場するシリーズである。眠れる森の美女の部屋、白雪姫の小屋、シンデレラの馬車やお城。これは、デュプロ製品は男女両用であるべきだという四〇年間優勢だった考え方の変化を示しているように思えた。

「女の子には女の子が欲しいものを与えよう」デュプロ営業部長ルイーズ・スウィフトは言い、デュプロの売上の七〇パーセントは男の子向け製品で、世界じゅうの母親たちは女の子向け製品を探しているのだ、と説明した。デュプロ プリンセスとレゴ フレンズはそれを提供し、女の子たちや多くの母親たちだけでなく、自身も孫を持つケルをも大満足させた。彼は、二〇一二年のレゴ創業八〇周年パーティのスピーチでこう述べた。

私には孫が六人います。全員女の子です。だから、今私にとっていちばんのお気に入りは、レゴ フレンズです。上の二人、六歳と五歳は、とにかく夢中になっています。フレンズの女の子たちの名前を知っていて、物語に感情移入でき、しかも組み立てるのが大好きです。女の子はほかのレゴ製品でも遊びますが、これほど素晴らしいものを提供できるのは喜ばしいことです。

二〇一〇年代前半のレゴの大幅な伸びに寄与した、同じくらい重要な製品は、レゴ ニンジャゴーのシリーズである。これは、『カンフー・パンダ』や、ニューヨークの下水道で暮らしてときどき現れては犯罪と戦う忍者に変身する四匹の亀の物語『ティーンエイジ・ミュータント・ニンジャ・タートルズ』といったヒット映画の人気に乗って、数種類のデジタル製品とともに発売された。

レゴ製品第二マーケティング部長ミカエル・ステンデルップは、二〇一一年一月の発売前から高い期待を寄せており、このシリーズは前回の大々的な企画製品、レゴ パワー・マイナーズの二倍は売れると確信していた。「基本的に、男の子は世界じゅうどこでも同じだ。カッコいいもの、使命を帯びて戦うようなものを欲しがる。戦闘があり、強くてアイコン的なキャラクターが登場するもの。ニンジャゴーにはそれがある」

レゴハウスは2017年、デンマーク皇太子、皇太子妃、その子ども4人が出席して公式にオープンし、彼らは素晴らしい1日を過ごした。最上階には世界じゅうのファンが作った抽象的なレゴの模型が展示され、ケル（左）、ビャルケ・インゲルス、レゴハウス館長イェスパ・ヴィルストルップが皇太子妃メアリーを案内した。（写真：イェンス・ホノレ、レゴハウス）

レゴ フレンズは30年間で6つ目の女の子向け製品。ターゲットは5歳から8歳の女の子で、ハートレイクシティの10代の多様な女の子5人は消費者を夢中にさせた。オリビアの家は、ニンジャゴー、スター・ウォーズXウィング・スターファイター、レゴシティ・ポリスステーションを押しのけ、2012年最高に売れたレゴ製品となった。

ニンジャゴーの世界の戦いの要素をさらに強めるため、レゴはスピナーを開発した。レゴのフィギュアが上についた、一種のコマである。男の子同士が互いに自分のスピナーを相手のものと戦わせ、最後まで残った者が優勝する。スピナーとレゴブロックには、スピナーごとの特性を記したカードも付属している。

「しかし、一九九〇年代後半と同様に、レゴは自らのDNAや中核ビジネスから遠ざかっているのではないか?」社内報は問いかけた。マーケティング部長は否定した。

「男の子は戦いを求めている。重心をクラシックなレゴ製品からほかのものに移すつもりはまったくない。だが、もっと売りたいなら、別の遊び方にも力を入れる必要がある」

言い換えれば、レゴは時代の風潮に乗って、二〇一〇年代に西洋の親たちに広まっていた考え方と思われるものに対応していたのだ——男の子と女の子は根本的に異なっていて、生物学的な違いを均等にしたり変えたりしようと試みるのは不可能であり、完全な間違いだとも言える。

育児に関するこの広く流布した見解には、多くの研究者が反対していた。その一人は、遊びや玩具がジェンダーに与える影響を調べたアメリカの社会学者、エリザベス・スウィート教授である。彼女はレゴと同じく、遊びは子どもが学び、育ち、世界に適応し、一人前の人間になるのを助けてくれるので、子どもには絶対に必要だと考えていた。だがレゴとは違って、現代の玩具がここまでジェンダーの型にはめられていると子どもが自らのアイデンティティを形成するのは困難だと述べた。

「研究によれば、玩具の種類によって子どもが伸ばせるスキルも異なることがわかっている。(中略)こうしたスキルはすべて、一人前の人間になるために必要なのだ」

ケル：一九九〇年代、ピンクのブロックを作りはじめたときから、我が社は多大な批判を受けてきた。特に激しかったのは、二〇一二年にレゴ フレンズを発売したときだ。だが、なぜだ？製品を消費者や時代に合わせせるのは当然の理ではないか。私たちは、子どもが組み立てて遊ぶという素晴らしい機会を数多く提供してきた。そして実際、男の子と女の子は、特にある一定の年齢に達したとき違いが生じるのだ。

そのとき、女の子は「ごっこ遊び」をしたいという欲求に訴えかけるものをより好むようになる。自分たちの遊びのための枠組みを作り、自分が作りだしたさまざまな登場人物や設定に感情移入する。一方男の子にとって大切なのは、アクションや、大きなものを設計して組み立てることだ。だから私は、我が社は適切で自然な道を選んだと思っている。現在、子どものユーザーの二五パーセント以上は女の子になっており、その数字は上がりつづけている。

レゴ スター・ウォーズ、クリエイター、テクニック、レゴシティ、ニンジャゴー、そしてフレンズは二〇一〇年代前半で最も売れたシリーズだ。そのあとには、ハリー・ポッター、マインドストーム、デュプロといった安定的な人気の製品が続く。とはいえ、レゴが手を触れたものすべてが黄金に変わったわけではない。たとえば、多大な金額を注ぎ込んだオンラインゲームのレゴ ユニバースは失敗に終わった。二〇一二年、発売わずか一年後に生産中止となったのである。それでも、二〇一五年二月二五日にビルンで年間決算を発表するときヨアン・ヴィー・クヌッドストープが国内外のマスコミを集めたのには、もっともな理由があった。

二〇一四年には七〇億クローネというレゴグループ史上最高益を出したという発表に加えて、CEOに就任して一〇年になるクヌッドストープは記者会見で非常に楽しいパフォーマンスを披露した。ぱりっとしたグレーのスーツと揃いのネクタイを身につけた彼は、流暢なアメリカ英語でヨーロッパ、アジア、アメリカのマスコミに歓迎の辞を述べたあと、つい最近ハリウッドで行われたアカデミー賞授賞式に言及した。アニメ映画『LEGOムービー』が歌曲賞にノミネートされ、テーマソング『すべてはサイコー‼』がハリウッドのドルビーシアターで演奏されたのである。

これを発案して演出したのは、レゴのライセンスパートナーのワーナー・ブラザースだった。彼らは金に糸目をつけなかった。ミニフィギュアのカウボーイに扮した者たちが突然舞台から駆け下りて、ブラッドリー・クーパー、メリル・ストリープ、クリント・イーストウッド、オプラ・ウィンフリーといった俳優やセレブにレゴで作ったオスカー像を配ったのだ。式典のあと、受賞者は皆レゴのオスカー像を持って報道写真、スナップ写真、自撮り写真におさまり、写真はソーシャルメディアでデジタル的に共有された。サイコー！

この派手なパフォーマンスは多くの人にとってその夜のハイライトだった。これは、レゴのブランドについても、アニメーション映画についても、世界に向けた途方もなく価値のある広告となった。それに比べて、アカデミー賞授賞式の中で従来の三〇秒のコマーシャルを流すだけでも一〇〇〇万クローネかかる、とデンマークのある新聞は書いた。

その三日後、ドルビーシアターよりも少し小さなビルンの舞台で、クヌッドストープは開口一番、さらなる記録更新について述べた。レゴはまたしても自己最高記録を塗り替えたのだ。そし

『ＬＥＧＯムービー』は2014年２月にアメリカで公開された。主人公エメットはレゴのマニュアル（取扱説明書）に従って無難な人生を送る平凡なミニフィギュア。ところがある日、彼は邪悪な暴君から世界を救うレゴのマスター・ビルダーだと勘違いされてしまい……。（写真：ワーナー・ブラザース）

てアカデミー賞授賞式のことに触れたかと思うと、突如歌を歌いはじめた。覚えやすいコーラスに合わせてぎくしゃくと体を動かす。「すべてはサイコー／君が仲間にいればすべてがクール」

そのあとクヌッドストープはギアを切り替え、年間決算の系統的な総括だと予想されていたスピーチを、遊びの重要性に関する実用科学のミニ講義に変えた。彼は記者やカメラマン一人一人にレゴブロック六個が入った小さな袋を渡し、四〇秒でアヒルを作って隣の人と見せ合ってくださいと言ったのだ。これは、国内外のビジネスジャーナリストの精鋭を被験者とした遊びと学びの実践であり、実際に手を動かすことによる学習だった。

クヌッドストープがメディアの前で行ったパフォーマンスは話題を呼んだ。反響冷めやらぬ中、この優れたCEOはレゴ社内報で新たな目標を示した。会社は『LEGOムービー』によって全世界に新たな顧客を獲得したが、まだ多くの潜在的な顧客が存在する、とクヌッドストープは指摘した。

世界はますます裕福になっています。世の中に大きな不確実性はあるものの、低いインフレ率と低い石油価格が現在のマーケットにおける積極的な成長を促してくれることでしょう。我が社のブランドには大きな潜在能力があり、世界には我々が知られていない場所がいまだ多く残っています。成長の機会を示す好例はマレーシアです。我が社は二〇一四年にマレーシアにオフィスを置き、消費者への売上は一〇〇パーセント以上の伸びを示しました。世界じゅうに、このように我々がまだ活躍できていない国がたくさんあるのです。

レゴは何年ものあいだこの戦略を追求し、成功をおさめてきた。ゴッドフレッド率いる経営陣が一九六〇年代の繁盛期に思い描いた世界展開は、二〇一〇年代後半にほぼ実現できた。二〇一〇年代を通じて、レゴの規模も資産もふくれ上がった。その主な要因は、ヨーロッパ、北米、ロシア、中国をはじめとするアジア地域など、長年入り込むのに苦労していたマーケットでの成長である。

二〇一五年以降、レゴは東アジア市場でさらに勢いを増しはじめた。そのための基盤は、それまでの五年間に敷かれていた。上海、シンガポール、ロンドン、コネチカット州エンフィールドにそれぞれの地域の拠点が設置され、ビルンの本社とは別に事業部が置かれたのだ。

ケル：海外拠点では多くのエキサイティングな活動が行われていた。それは、問題となるマーケットでの販売やマーケティングだけではなかった。製品開発やライセンス契約といったことも行われた。こうした拠点の責任者はたいてい、ビルンの経営陣の一人でもある上級マネジャーの誰かだった。そうすることで、私たちはあらゆる点でグローバルに考えられるようになった。また、海外拠点、たとえばロンドンでなら、種々のジャンルの専門家を見つけるのも容易だった。昔から、ビルンに人材を集めるのはあまり簡単なことではなかった。実のところ、多くの場合、外国人たとえばニューヨークの人間をビルンに定住させることはできても、コペンハーゲンの人間をビルンに定住させるのはそれほど簡単ではなかったのだ。

アジア市場の急速な成長を示す一つの兆候が、中国人ＡＦＯＬの登場である。二〇一七年、上海の拠点に籍を置くジャレッド・チャンは、レゴの考え方を広めてくれるこうした新しい熱烈なファンとレゴとの関係を育むという任務を課せられた。中国のＡＦＯＬは世界のその他の地域と比べて非常に若かったが、レゴのブランドに対しては劣らず熱心だった。彼らが組み立てて展示したものすべてが、レゴブロックが幅広い用途に使えることを中国の子どもや親たちに教えていた。

その顕著な例が、東部の大都市の南京に拠点を置く、あるＡＦＯＬのグループである。彼らは一八世紀の小説『紅楼夢』に登場する非常に有名な庭園、大観園をレゴで再現した。模型はたちまちアイコン的存在となって中国の文化輸出に貢献した、とチャンは語る。模型は中国だけでなく、シカゴのブリックワールドといった国際的ファンイベントでも展示されたからだ。いわばこれは、時には政治的に対立する二つの国同士の文化交流だった。レゴが彼らを引き合わせた、と言ってもいいだろう。

レゴグループが二〇一六年三月一日に発表した二〇一五年の決算は、一二年連続の伸びを示した。黒字は今や一〇〇億クローネに近づいており、従業員は一年間で一万四八〇〇人から一万七三〇〇人に増えていた。クヌッドストープは発表の最初に、当然ながら期待に胸弾ませている報道陣を前に、今年は歌いも踊りもしないと断言した。それでも一瞬ジャンプして、継続した発展への喜びを表した。数字は途方もなく素晴らしい。利益もそうだが、レゴは世界じゅうの一億人の子どもに商品を届けているという同じくらい驚異的な事実もある。本当にサイコー！

だが、レゴの規模がこの五年間で二倍になったことをCEOが大喜びしている一方で、オーナーは（彼の言葉によれば）すさまじい、異常と言ってもいいほどの成長への懸念を表明するようになっていた。「我々はこのペースについていけるのか？　必要な人材を確保できるのか、新しい従業員全員に会社とその中核的モットーをきちんと教える時間が持てるのか？」

二〇一六年、レゴの売上高と収益の両方が減少し、ケルの懸念はいっそう募った。この、壊滅的にはほど遠いものの心配な業績が公にされたとき、ヨアン・ヴィー・クヌッドストープはもはやそれを発表する立場にはいなかった。新たに舵を取ることになったのはインド生まれのイギリス人、六〇歳のバリ・パッダである。一五年近く経営陣に名を連ねていた彼は、レゴの歴史上初の非デンマーク人CEOとして、きらびやかとは言えない業績を発表する不名誉を担うことに

2016年、レゴは2年連続で記録的な利益を達成し、クヌッドストープは再び短時間宙に浮いた。集まった報道陣はこの歴史的瞬間を待ち構え、カメラマンのメス・ハンセンはそれをカメラにおさめるべく備えていた。（写真：メス・ハンセン）

なった。パッダはこう締めくくった。「過去何年ものあいだ、我々は途方もない成長を遂げてきました。（中略）現在は、より持続可能な成長に戻ろうとしているところであり、今後もこのペースを予測しています」

クヌッドストープのCEO退任は、この突然の業績落ち込みとはなんの関係もない。二〇三二年に創業一〇〇周年を迎えるファミリー企業において、彼には新たに重要な役割が与えられたのだ。課せられた任務の一つは、レゴの円滑な世代交代を進めること。一〇年以上にわたって準備が進められていた世代交代である。退任の辞でクヌッドストープは述べた。「私の新たな役割は、トマス［・キアク・クリスチャンセン］との協力により、オーナーにとってすべてが円滑に進むようにし、レゴのブランドと理念の発展と保護を行い、ビジネスの視点からレゴのブランドをさらに押し進めることです」

キアクビ内のレゴ・ブランドグループにおけるクヌッドストープの新しい仕事は、さまざまなレベルで会社の将来を手助けすることである。その中心にはいくつかの疑問があった――キアク・クリスチャンセン一族は今後の年月においてレゴをどうしたいのか？　彼らのビジョンとは何か？　その目的は？　二〇一六年一二月の記者会見で経営再編を発表するとき、クヌッドストープは自分がオーナー一族といかに近い存在になるかを自らの言葉で語った。「新たな役割において、私は共同所有者ではありませんが、一族の代理として積極的にオーナーの役割を務め、対外的にはオーナーとしての統治を行います。ですから、たとえばディズニーのようなパートナーは、私を一族の一員として見ることになるでしょう」

言い換えれば、彼は一族の相談役的な役割を負うということだ。

記者会見でケルは、クヌッドストープはキアク・クリスチャンセン一族とクリスマスを一緒に過ごすようになるのかとすら問われた。

ケルは大声で笑った。「ハハハ！　いや、まだそこまでには至っていません。でも私はずっと前から、彼を養子にしようかと考えているんですよ！」

ケルの実の息子、三七歳のトマスは、その時点ですでに一〇年近く取締役を務めており、父と姉妹二人からは第四世代の中で最も活動的なオーナーだと見られていた。記者会見においてトマスは初めて公の場で話し、クヌッドストープを世代交代とレゴブランドにより深く関与させるという決定の背後にある考え方を説明した。

このようにしている理由は、物事が急に手に負えなくなり、我々が遊びの体験の質を犠牲にして、あるいはレゴの理念と相いれない方法で、成長のための成長を追求するような状況に陥るのを避けたいからです。もしそんな事態になったら、レゴは滅びるでしょう。将来そのようなことになるのは防がなければなりません。

トマスは一九七九年、父がレゴの社長の座についたのと同じ年にビルンで生まれた。子どもの頃は、ケルのような会社への崇敬の念はまったく持っていなかった。かつて父がしたのと同じく、トマスも放課後に組み立てを行えるよう模型ビルダーの向かい側にテーブルと椅子が用意されたが、トマスにはそんな習慣が身につかなかった。

ケル：私はデザイナーたちと一緒に組み立てるのが好きだったので、トマスが一二、三歳のときのある日、開発部にトマス専用の場所を作ってもらおうかと尋ねた。彼はそうしてくれると言ったものの、実際にはあまり行かなかった。時期尚早だったのかもしれない。彼はまったくやる気を起こさなかった。レゴのミニフィギュアを発明したイェンス・ニゴールのような人々や、模型やデザインをどうやって思いついたかを話してくれるような者たちとは、よくおしゃべりをしていた。それでも、トマスが心から入れ込むことはなかった。私を見ていたせいで、息子は逆に嫌気が差してしまったのではないだろうか。

トマスの子ども時代や青年時代の大部分、父は常に働いているか出張で留守にしているかだった。やっと家に帰ってきて家族で一緒に食事をしても、父はそのあとオフィスに戻って仕事をした。トマスにはそんな思い出しかなかった。

彼も姉妹も、成長期に会社と特別積極的にかかわることはなかった。彼らからすれば、自分たちが同級生と同じようになれないのも、家族の集まりで父と祖父がいつも口論していたのも、すべてレゴのせいだった。子ども三人のうち誰一人として工場についてあまり学ばなかったことも災いした。家にはレゴがどんどん運ばれてきて、彼らはどれでも好きなセットを組み立てることができたが、取扱説明書に間違いがあれば指摘しなければならなかった。アウネーテは振り返る。「ときどき、父と母がもっとレゴについて話してくれて、何が起こっているかもっと率直に教えてくれればよかったのに、と思うことがある。だけど実際には、ブロックのせいで父は時間を奪われ、祖父と口喧嘩をし、私たちは学校でいじめられる、という不都合な状況になっていた」

もっと積極的にレゴにかかわらなかった理由が、両親が子どもたちを守りたかったから、相続に関していずれ行うべき決断や、ファミリー企業に関与する可能性についての重大な問題から遠ざけておきたかったからであることを三人が理解したのは、すっかり大人になってからだった。アウネーテの言葉によれば、

父は、レゴに関してあらかじめ決まっていることは何もない、私たちは義務感を覚えなくていい、と強く言っていた。たぶん父も昔プレッシャーを感じていて、私たちに同じ苦しみを味わわせたくなかったのだと思う。でもそのために、結局私たちをレゴから遠ざけることになってしまった。こういうことは、親にとってバランスを取るのがすごく難しいんだと思う。大人になって、将来レゴを受け継ぐ子どもを持った今、私たち自身も同じように感じている。

レゴを取り巻く状況が悪化しはじめた一九九〇年代末に二〇歳となったとき、トマスにはまだ人生への展望が見えていなかった。彼と姉妹は、会社で積極的な役割を担うことは考えるな、まずは人生の道を自分で見つけろ、と父から言われていた。だがトマスは見つけられずにいた。どうすべきか見当もつかないまま、さまざまな方向に目を向けた。ビジネス？　農業？　教師になるべき？　結局トマスはオーフスのビジネスカレッジでマーケティング・マネジメントの二年コースを取り、その途中で農業の研修も始めた。

やがて、運命を決める出来事が起こった。二〇〇三年、レゴの業績悪化がケルの心に重くのしかかっていること、会社の先行きが見えないことが、家族の皆に明らかになったのだ。この逆境

の瞬間、息子はふと、父の中にこれまで見えていなかったものを見た。そして理解した。

私は二〇代前半で、何が両親に変化をもたらしたのかが気になる年齢になっていた。そのとき父に関して最も私の関心を引いたのは、事態が非常に悪く思え、皆が「なあ、ケル、ブロックのことなど全部忘れて今すぐレゴを売却しろ」みたいなことを言っているときでも、父の中ではまだ意欲と情熱が衰えていなかったことだ。

父は心の奥底でこう叫んでいるかのように見えた。「ばかばかしい、この仕事には意味があるんだ！」

もちろん、私が父に見た意志の力は、その前の世代が築き上げた遺産を守りつづける義務感にすぎないと考えることもできた。でも、それだけじゃなかった。それはレゴの理念そのもの、自分は子どもの発達にいい影響を与えることができるという信念だ。父の中にふと見えたのは、そんな情熱だった。私はそれに興味をそそられた。

トマスは初めて、レゴは単なる玩具メーカー以上の存在だと言ったときのケルの真意がわかった。本当にそうなら、まだ大きな可能性が埋もれていることになる――ブロックにだけではなく、子どもを遊びに引き込むことによって彼らの発達に寄与できるという理念にも。

大局を見通したのは、おそらくトマスの中の農夫でなく教師だったのだろう。彼は、これまで多くの問題を引き起こしてきた会社に果たして自分の未来があるだろうかと考えるようになった。彼の中の農夫なら、物事が自然に育って栄えるのを単に見守ろうとしただけかもしれない。だが彼の中の教師は、物事——特に子どもたち——が育つのを見守ることを楽しんでもいた。

ケル：二〇〇三年に休暇でスキーへ行った帰り道、トマスがこう言ったのを覚えている。「父さん、考えていたんだけど、家に帰ったら、会社がどうなっているのかちょっと教えてくれないかな。もう少しよくわかるように。僕に手伝えることがあるなら、喜んで手伝うよ」

それは私にとって、トマスがレゴで働くことを考えはじめていることを明瞭に示すいい兆候だった。私は子どもたちに、会社に入るなとか入れとか助言したことはなかった。大きな危機のさなかにあるときも、いちばん大切なのは子どもたち一人一人がいい人生を送ることだと考えていた。必ずしもレゴに関係した人生でなくていい。ビジネスを引き継げば素晴らしいことは多くあるが、問題も多い。だから私は常に、子どもたちが独り立ちして、自分がどんな人生を送りたいかを見いだすことを望んでいた。それが私から彼らへのアドバイスだった。

二〇〇四年、トマスは一族の前で、自分のやりたいことがわかったと宣言した。レゴのどこに力を注ぐことになるかはまだわからないが、これが自分の追求したい道だと確信していた。

大きな危機が生じたとき、それは物事を動かし、人は必ずしもタイミングを制御することができない。この時点のことを振り返ると、そこに私がいたのは偶然だった。姉妹のどちらかが先にビジネスに目覚める可能性もあった。しかし妹のアウネーテはまだ大人になりきっておらず、姉のソフィはほかの道を志していた。私は人生において、ちょうどすべてのことが一つにはまる段階にいた。そのことが私の中に火をつけた。

トマスは二六歳でレゴ株式会社の取締役会に加わった。最初はオブザーバー(決定権はないが、会議などに出席でき、場合によっては発言できる)だった。二年後、彼は常勤取締役となり、同じ年キアクビ株式会社の取締役会にも加わった。さらに、新たに設立されたレゴ・ブランド・アンド・イノベーション委員会にも入った。ここでトマスは父やクヌッドストープなどとともに、レゴの未来を定義して言葉にするという仕事に携わった。

2017年、37歳のトマス・キアク・クリスチャンセンの見習い期間が終了した。彼は、このグローバルなビジネスにおける自らの役割を見定めるため10年間の道のりを歩んできた。そしてついに、責任を引き受ける覚悟を決めた。(写真:キアクビ株式会社)

しきたりや話術に通じた経験豊かなビジネスマンたちとともに会議に臨むのは、商工業の会社の日常的な経営に携わった経験がまったくない若者にとっては精神的な重荷だった。それが、今のトマスが長い旅と呼ぶ、学びと成長に満ちた一〇年間の始まりだった。

若くてまったく経験がないまま取締役会の会議に出て話を聞くのは、とんでもなく大変だった。最初のうち、何が話されて何が行われているのか、半分も理解できなかった。何年ものあいだ会議に次ぐ会議に出て、単になんとなく理解している状態からだんだんと、いくつかの委員会で一人前のメンバーとなるまでになったのは、大きな成長だった。自分はあらゆることについてすべてを知り、ほかの人全員を足したくらい利口でなくてはならないと思っていたから、それが無理だという事実を受け入れるのは難しかった。

トマス、そんなことは全部忘れていいんだぞ！　そう思えたとき初めて肩の力を抜くことができた。「オーケー、同族所有には何か意義があるはずだし、私たちにしかできない役目や役割があるに違いない」。優れたスキルを備えた人材を外部から連れてくることはできるだろう。だけど、ほかの誰にもできない、一族の人間だけができることがある……私はそこに焦点を置くようになった。我々の中核的モットーにこだわりつづけること、社風を正しい方向に導くこと、常にレゴの理念に忠実であること。そうすれば従業員たちは、レゴは世界じゅうの子どもたちに変化をもたらすことができる、ということが理解できるようになる。今の私を駆り立てているのはそんな思いであり、それを次世代にも引き継がせたいと願っている。

次世代、すなわちオーレ・キアク・クリスチャンセンから数えて五世代目は、二〇二一年現在九歳から一五歳までの女の子だけで構成されている。そのほとんどは二〇一二年以降、非常に特別な立場で会社にかかわってきた。ソフィとアウネーテとトマスは、もっとレゴのことを知りた

2016年6月、ヴァイレ湾での感動的瞬間。左からヨアン・ヴィー・クヌッドストープ、トマス、ケル、キアクビ株式会社のセーアン・トルップ・セーアンセン。彼らは、クヌッドストープの役割をレゴ株式会社のCEOからレゴ・ブランドグループの会長に変えることに決めた。その仕事はキアクビのもとでトマスと協力して働くことだ。ケルは4人で写真を撮ろうと言った。彼は、ついに世代交代が実現するとともに、クヌッドストープの将来の役割が確定したと感じていた。4人は握手を交わし、オーナー一族が2032年に向けてのビジョンを実現するのにクヌッドストープが協力するということで合意した。（私蔵資料）

かったという子どもの頃の経験から、一族内部に特別な教育施設を作り、それをレゴスクールと名づけた。いわゆる「準備プログラム」のために、熟練した教師を雇いもした。

　二〇一六年一二月の記者会見で、ヨアン・ヴィー・クヌッドストープは一族の特別相談役という自らの新たな役割を発表した。そのときトマスは新聞記者たちに、レゴを現在のような会社にしたのが同族経営の真価であり、もし一、二世代後にオーナーが積極的な役割を演じなくなったらレゴはレゴでなくなる、と語った。「それが私にとって最悪のシナリオです。だから我々は、自分が何をすることになるか、どうしたら積極的なオーナーになれるかを次世代が理解できるようにするため、あらゆる手段を講じるつもりです」

それがレゴスクールの役割である。未来への懸け橋となり、グループの一員としてのオーレ・キアクの玄孫《やしゃご》に、同族経営について、ひいては自らの役割について考える機会を与えるのだ。トマスは説明する。「私にとって大切なのは、簡単に言えば、彼女たちにとってトンネルの先に光があるということです。わくわくして、『そう、これが私の望みだ、世界じゅうの子どもたちに変化をもたらすことに私が貢献できるのだから！』と感じるようになってほしい。それを、今後二〇年間で成し遂げるのです」

具体的には、レゴスクールは一カ月に一日、年間で八〜一〇日開講し、それに加えてサマーキャンプが行われる。さまざまなテーマの授業が行われるが、すべて会社への積極的な関与をベースにしている。単に座ってレゴで遊ぶだけではなく、ブロックがどのように成形され、分類され、梱包され、販売されるかを間近で見る。また、製品開発部を訪れて、デザインやイノベーションについて学ぶ。ときどきケルお祖父ちゃんがやってきて、少年時代ビルンで工場内をうろうろ歩いた話をする。レゴハウスに出かけることもあるが、彼女たちはそこを「お祖父ちゃんの遊び場」と呼んでいる。チェコのクラドノにある工場を訪れることもある。見識を深めて視野を広げるため、小さなグループに分かれて、あるいは個別に、たとえば南アフリカのレゴ財団まで行くこともある。

レゴスクールはまた、フィランソロピーや財団の仕事、サステナビリティ、環境責任といった大きく難しい概念を紹介し、会社がどのように機能し経営されるかについても教えている。こういったことはすべて楽しんで進められながらも、彼女たちに将来取締役会や財務や会計に対処するようになったときの備えをさせている。三人の娘を持つアウネーテは言う。「こういうことにかかわりたい、もっと深く知りたいと心から願う世代を育てることは、とても重要だと思う。基本的に、それがこの学校の目的だ。私たちにはここに本当に素晴らしくて偉大なものがある、でもそれは一時的に預かっているだけで、次の世代へと引き継いでいかなければならない」

ケルは、彼が自らの子どもに望んだ以上のことを彼とカミラの孫に要求する「一族の学校」をどう思ったか？　自分の子どもたちの企画を誇らしく思っただけでなく、そのコンセプトに熱狂し、そしてもちろん、レゴスクールのカラフルで独創性豊かに飾られた施設がコリングヴァイの通りに面したキアクビの建物内の自分のオフィスと同じフロアにあることを喜んだ。二〇一六年、彼は『ユランズ・ポステン』紙にこう語った。「一族の一員であることに第五世代が喜びと誇りを感じているのは素晴らしい。また、この学校のおかげで、あの子たちは同級生や周囲との関係にうまく対処できるようになる」

第四世代から第五世代への継承がどのようになるか、多くのいとこたちのうち何人が大人になったとき積極的に経営にかかわることを望むかは、まだわからない。ケルからソフィ、トマス、アウネーテへの引き継ぎほどスムーズには進まないかもしれない。考慮すべきオーナーの数が二倍だからだ。

ケルから三人の子どもへの継承は、一人から複数の所有へというレゴにとっての歴史的変化であり、第五世代にも役立つモデルを作ろうとする試みでもあった。「円滑な世代交代」に対するケルの考えの根本にあるのは、個々人の自由の尊重と、跡継ぎたちにはレゴに対する義務感を抱くことなく思いどおりの人生を送らせたいという願望である。それについてアウネーテはこう述べている――

私たちは家族で、会社をどのような組織にするかに関して何度も議論や話し合いを持ち、どんなふうにかかわっていきたいか、自分たちにはどんな機会があるかについて合意を見ようとした。私たち三人きょうだいは、一人がほかの二人よりも積極的にかかわるモデルに落ち着いた。オーナーといっても、そのあり方は一つではない。たとえば、ソフィのようにより消極的な役割を選ぶこともできる。それでもかまわない。私たちは、自ら選んでレゴの家系に生まれたわけではない。多くの家庭において同じことが言えるし、家族の一員としての役割をどう果たすべきかは一人一人が考えなければならない。私たちは穏やかに、辛抱強く、それについて満足できる共通の理解に達したのだと思う。誰にでも自分にふさわしい場所がある。それが家族というものだ。

消極的なオーナーになるというソフィの決断は、長年抱きつづけている自然への愛を充分に探究したいという願望に根差している。自然を愛するようになった理由の一つは、幼い頃に何度もシェレンボーへ行ったことだ。過剰な期待を寄せられることなく、動物たちとともに森の中にいるとき、ソフィは自分らしくいられた。現在、彼女はビルンの南でクレルン鹿牧場を経営している。

アカシカ、ノロジカ、イノシシなど多くの在来動物が暮らす、デンマークでも有数の大きな牧場である。ソフィは二〇〇五年からこの牧場を所有しており、ほかの才能豊かな人々の協力を得て一三平方キロメートル以上のエリアを自然に戻し、動植物にとってよりよい環境を作り上げてきた。

昔から、私がいちばん落ち着けるのは森で動物たちと一緒にいるときだった。そこでは本当の自分でいられる。だからクレルン鹿牧場は、単なる「自然事業」や「仕事」や「趣味」ではない。自然への愛を実際の行動に移すのは、私にとって絶対に必要なことだ。自然の一部でいることが、私にとっては呼吸と同じくらい大切だというのは、ずっと昔からわかっていたのだと思う。だから、私の自由への願望を応援して、森と動物に私が人生の一〇〇パーセントを注ぐことを許してくれた家族には、とても感謝している。愛情豊かにサポートし、理解してくれることで、家族はさらに親密になっている。それは私にとって大きな意味がある。皆と異なる選択はしたけれど、家族の歴史はとても誇りに思っているから、消極的にではあってもオーナーとして持ち分をほんの少し保持していることに満足している。

家族内や三人のきょうだい間で近年行われた多くの話し合いによって、いくつかのことが明らかになり、家族の絆が強まった、とトマスは付け加える。

もちろん、家族で一緒にビジネスを行うのは非常に難しい。いろいろなことで、家族の仲は悪くなりうる。難しい問題で合意したり、少なくとも同じ方向を向いたりしなければならない

第４世代の３人はそれぞれ、レゴを所有することとは直接関係のない興味を育み、ライフワークを見いだしてきた。ソフィはビルンの南でクレルン鹿牧場を経営している。（写真：クレセン・バーク、ユスク・フィンスケ・メディア）

トマスはケアトミンドにグレート・ノーザンというゴルフリゾートを建設した。写真は2019年にゴルファーのニコライ・ホイガードに優勝賞品を渡しているところ。（写真：グレート・ノーザン）

アウネーテは馬術選手で、愛馬ジョジョAzとともに2016年のオリンピックに出場した。（写真：イェンス・ドレスリン、『ポリティケン』『リツァウ・スキャンピクス』）

からだ。だからこそ、いつも家族が元気でうまくやっているようにしなければならない。それが可能なのは、人が身動きできないように感じていないときだけだ。窮屈で身動きできないと感じていたら、いずれ爆発が起こる。

世代交代は、一〇年以上の期間をかけて行われている最中である。その中でケルと三人の子どもは、会社が生みだした資産の使い道について合意を見ようとしている。現在その資産は、一族所有の未公開の持ち株投資会社であるキアクビ株式会社が管理している。『フォーブス』誌が発表する二〇二一年世界長者番付で第二七四位に入ったのは、キアクというミドルネームを持つデンマーク人四人だった。『フォーブス』誌によれば、ケル、ソフィ、トマス、アウネーテはそれぞれ五四四億クローネを有している。彼らの個人資産を管理するキアクビ株式会社は、マスコミでしばしば「レゴ銀行」や「キアク一族の金庫」と呼ばれている。

一九八四年にキアクビ投資株式会社を設立したのはゴッドフレッド・キアク・クリスチャンセンの一族だった。ある新聞は無遠慮に、それは「レゴの高徳とも言える側面を、会社の人間味のない金融・投資ビジネスから切り離そうとする」試みだと書いた。キアクとビルンを組み合わせた名前のキアクビ（KIRKBI）は、取締役会を率いるゴッドフレッドが三〇〇〇万クローネをコペンハーゲンに本社を置くC&G銀行に投資すると決めたことで、出だしからつまずいていた。この銀行は何度か「独創的な」取引を行ったのち一九八八年に破産し、長年違法行為を行っていたことが明らかになったのだ。この事件はマスコミをにぎわせ、レゴの評判も傷ついてしまった。

一九八〇年代初期から、キアクビの目的は、レゴの投資に対して普通の銀行が可能な以上の利益を上げることだった。ほかの会社や証券に投資し、国内外の不動産を買った。保守的な投資戦略を取り、長期的視点に立っていた――つまり、買うのは売るためでなく所有するためだった。

当初は投資のみを行う会社だったが、現在のキアクビは三つの基本的な任務を行う多目的企業である。レゴの名を冠するすべての組織においてレゴブランドを守り、発展させ、強化すること。オーナー一族の活動のため健全な財務基盤を確保するとともに世界の持続的発展に貢献するような投資戦略を追求すること。オーナー一族とその活動や会社や慈善事業をサポートし、将来の世代が積極的で活発なオーナーとなれるよう支援すること。

二〇一〇年からキアクビのCEOを務めるセーアン・トルップ・セーアンセンは、それまでの会計監査役という職務で多くのファミリー企業と仕事をしていたことから、当然ながらこうした所有形態を成功に導くのは何かという問題に関心を持っていた。彼の考えでは、大切なのは一族がまとまっていることである。レゴの場合、それに寄与したのが現在のキアクビだった。彼の説明によれば、

ケルの望みは常に、レゴがキアク・クリスチャンセン一族によって所有されコントロールされること、各世代に活動的なオーナーが一人存在することだった。だから、現在のキアクビの業務の大半は、キアク・クリスチャンセン一族と最も活動的なオーナーであるトマスを成功に導く基盤を築き、強化することを中心に行われている。

二〇一〇年、ケルは私に言った。「キアクビには一〇〇億クローネあり、それを長期的に投資したいと思っている。また、一族の人間が行ける場所、新しいことを成し遂げられる場所と

して、一族用のオフィスを作ってほしい。キアクビは、血による絆よりも強く一族を結びつけるものとなる。想像してみてくれ。私の孫たちが成長して何かの理由で助けが必要になったとき、真っ先に思い浮かべるのはキアクビであってほしいんだ」

ケルがこの構想をセーアン・トルップに説明した当時、キアクビには三〇人の従業員がいて、一〇〇億クローネの管理に当たっていた。現在はビルンの本社とコペンハーゲンの事務所、スイスのバールの事務所に計一八〇名の社員がいる。会社は八五〇億クローネの投資資金を運用し、一族のメンバーの個人的な蓄えを管理するのに加えて、今なお「一族用オフィス」としても機能し、個々のメンバーがレゴ以外の興味に集中できるようにしている。セーアンは説明する。

たとえば、トマスはカートミンデの近くにゴルフコースを作った。ソフィはクレルン鹿牧場を経営し、アウネーテはユリアネユストに地所を持っている。そしてケルが情熱を燃やしたストゥッテリ・アスクとブルー・オーもある。こうした広範囲の事業に関連した管理業務（会計、給与の支払い、法務、出張など）の多くを、一族のメンバーに代わってキアクビが行っている。この職務は、ケルが「私たちは起業家一族だ。自分たちが情熱を抱く対象にできる限り多くの時間を使い、そうしてレゴとキアクビへのコミットメントを果たす必要がある」と述べた二〇一〇年のビジョンにおける重要な部分だった。過去一〇年間で、そのビジョンはキアクビ発展のテンプレートとなった。

2018年夏。ケルはシェレンボーの馬牧場のそばで孫たちとともに夕日を眺める。（私蔵資料）

キアクビはレゴの七五パーセントを所有し、残る二五パーセントはレゴ財団が所有している。したがって、すべては一族がコントロールし、最終的な決断を下すのはケルである。二〇二三年春、ケルは七五歳でキアクビ株式会社の取締役会長を辞任して、すべての責任をトマスたち次世代に譲る予定だ。

ケル：今後に関してだが、私は「ケル財団」という小さな財団を設立する準備に着手している。中立的な人物三人を理事会に置く予定だ。将来、レゴで活動するオーナーたちが所有権に関する根本的な事項に関して合意できなかった場合は、ケル財団が動くことになる。財団が事態の解決に乗りだして、誰に賛成するかを決める。その決断の根拠となるのは、レゴアイデアペーパーに書かれた、レゴの全体的な理念と、会社が常に守ってきた価値観だ。

ケルは今もレゴを形作りたいとの望みを持っているが、将来の世代が行うであろう戦略的な決断や行動を制限したくはない。また、会社の部分的な売却、企業買収、株式上場を禁じるつもりもない。ただし、彼自身はそういうシナリオを考えたくはない。それでも将来、レゴの理念を五〇年後も発展させつづけるために何が最良となるかわからないことは、彼も理解している。そのレゴの理念は、前述したとおりレゴアイデアペーパーで成文化されている。ペーパーはレゴのブランドを支える基礎概念を述べている。その概念はいわば「一族の憲法」だが、レゴの従業員も皆よく知っているものである。

大まかに言えば、レゴアイデアペーパーは一九八〇年代、一九九〇年代からのビジョンや戦略に関するケルの考え方を、ヨアン・ヴィー・クヌッドストープが、トマスに促され、トマスと協力してまとめたものである。「私たち」という言葉を使って、会社としてのレゴが拠《よ》って立つ人の道やレゴブランドが象徴するものを述べている。「私たちの根本的な信念」で始まり、「レゴのブランドとレゴの名を冠した組織のオーナー一族として、私たちは根本的に『子どもは我々のロールモデルである』と信じている」と続く。

万一ケル財団が介入する必要が生じたなら、財団はレゴアイデアペーパーと財団の定款を基に決断を下す。定款は、一族内の対立が会社の経営に有害な影響を与えたり会社の成功を妨げたりすることがあってはならない、と強調している。

世代交代はどんなファミリー企業にとっても複雑な問題となる。第四世代まで続くのは珍しく、ましてやレゴのように第五世代にバトンが渡されることは稀有である。

その第五世代はすでに次の経営者となるための教育を受けている。こうして将来の展望が開けたおかげで、ケルとその子ども三人は、レゴからキアクビに流れ込む資金の使い方に関するいくつかのガイドラインについて合意を見ることができた。

トマスの説明によれば、レゴはこれまでずっと、成長するために金を稼ぎ、もっと金を稼ぐために成長し、もっと成長するために金を稼ぎ、さらに多くの金を稼ぐために成長する、ということを繰り返してきた。


つい最近まで、私たちは、収益を向上させるために最適化を行い、物事を掌握していてまともなビジネスを行うことができるということを証明しなければならなかった……もちろん、最も重要な目標は常に、子どもたちに変化をもたらすことだ。子どもたちこそ私たちの信念の対象である。今日、会社は純粋に商業的観点から見て非常に大きくなっているため、私たちオーナーは会社の収益の用途について別の考え方ができるようになった。


その用途には、キアクビ株式会社を通じた持続的な投資や、世界で最も無力な子どもや家族のための研修プログラムなどの慈善支援活動がある。支援活動はレゴ財団とオーレ・キアク財団を通じて行われている。

レゴ財団はデンマーク屈指の大規模な民間財団で、一五〇億クローネの基金を有し、資金を惜しみなく分配している。財団は過去一〇年間で非常に大きく成長した。二〇一二年、職員はたった一三人で、分配したのは八〇〇〇万クローネだった。現在の職員は一〇〇人で、二〇二〇年に財団は一五億クローネの寄付を行った。この金額は今後ますます増える予定である。

レゴ財団の支援活動を貫くテーマは、地球上のどこに住んでいようと、どんな環境であろうと、子どもには遊ぶ権利や遊びを通して学ぶ権利がある、というものだ。財団の理事長であるトマスは一族を代表して述べている。「我々の大望は――私が生きているうちに達成されることはないだろうが――全世界のすべての子どもたちに遊びと学びの意義深い体験をしてもらうことだ」

レゴ財団が重きを置くのは、子どもたちの発達にとっての遊びの重要性と、学びの意味の再考である。三〇以上の国と提携し、特に南アフリカ、ウクライナ、メキシコ、デンマークで集中的な取り組みを行っている。また、アフリカ東部の難民キャンプ、中東、バングラデシュなど、子どもが良質の幼稚園や学校に通えずにいる地域で人道的援助を行っている。

どんな場所でも、レゴ財団は一流の専門家、教育者、親、ユニセフなどの有力機関、各国政府、省庁といった、遊びを通した学びの提唱者を育成・鼓舞・活性化することを目的とする組織と協力している。トマスはこうした慈善活動について語っている。

私としては、レゴが支援活動について称賛されようがされまいが、そんなことはどうでもいい。我々の活動が世界をいい方向に動かすことに寄与していると感じられる限り、我々がほかの人々にも同じ道をたどるよう促し、遊びを通した学びを提供することで極力多くの子どもたちに支援が届けられるような協力関係を生みだせることを、私は誇りに思う。

オーレ・キアク財団はレゴ財団より小規模である。ケルが理事長を務め、カミラも理事会に加わっている。財団は子どもやその家族の生活の質を向上させるプロジェクトを支援している。こうした社会活動が財団の主な目的だが、文化的・宗教的・人道主義的な問題にも取り組んでいる。

たとえば二〇一六年、オーレ・キアク財団はコペンハーゲンにあるデンマーク国立病院のボーネリウという小児病棟建設に六億クローネを寄付した。これは子ども専用の病院で、子どもや若者、母親、その家族の扱いに関してまったく新しい基準を設けており、二〇二五年に完成が予定されている。遊びは、この小児病院と種々の治療における日常生活に不可欠な部分となる。この種のものとしては世界初となるプロジェクトに関して財団自身がコメントしたように、「病気のときでも、子どもは遊びを通して直感的に新たな知識を得、遊びを通して世界を理解し体験する」からだ。

個人としての慈善活動によって世界に影響を与えようとする一族の取り組みは、時に批判を受けてきた。その一例は、二〇一六年三月の『ベアリングスケ・ビジネス』紙である。ビルンでまたしても数十億クローネの利益が上がり、その結果さらに数十億クローネがキアクビに行くと発表されたとき、この新聞はデンマーク一裕福な一族にもっと大規模でもっと国際的な慈善活動を求めた。ウォーレン・バフェットやビル・ゲイツといったアメリカの慈善家は、個人資産の大部分をさまざまな慈善活動に寄付しているではないか、と。

「たとえば、なぜ我々は、ケル・キアク・クリスチャンセンが種々のプロジェクトに積極的に関与し、何世代にもわたって継続して本当に違いを生むような深く意義のある足跡を残しているところを目にしないのか?」

おそらくその答えの一部は、キアク・クリスチャンセン一族がユトランド地方の人間だから、ということだろう。

この地方には、アメリカの慈善家たちが育った環境とは異なり、近年のように慈善活動や持続可能な目的のために何万、何億クローネを寄付するという文化の歴史がない。だが一族は、レゴ財団とオーレ・キアク財団を通じて、またキアクビと一族の「消極的投資」を通じてもそれを行っている、と考えている。

ケル：私たちは世の中に還元しているのだと考えたい。私たちは長年にわたって多額の利益を上げてきたし、キアクビを通じてほかの人たちのためにいいことをするのは建設的だと思っている。キアクビにはプロの投資担当者がおり、自己資本を極力うまく活用するための戦略がある。また、私たちにはそれ以外にも資本がある。以前はそれを「情熱資本《パッション・キャピタル》」と呼んでいたが、今は「テーマ投資」と呼んでいる。

一族は投資担当者の協力を得て、心を込めて投資を行い、持続可能性関連のプロジェクトや植林に関与し、革新的で刺激的な形で気候変動緩和に取り組む会社に資金を投入している。見返りは多くなくても、未来のために環境や気候を改善するような開発機会を提供するプロジェクトだ。そして最後に、私はビルンの発展に携わり投資する機会を得た。地方自治体との協力のもと、私たちはここを「子どもたちの都」にし、願わくはいずれ子どもの遊びと学びの発達と理解を促す動力源にしたいと思っている。いろいろな面で、子どもの目を通して世界を見られる場所に。

二〇二一年三月、レゴのCEO、ニールス・B・クリスチャンセンは、過去最高益を三年連続で更新したと発表した。世界最大の玩具メーカー史上、大変に意義のあることである。これは、当初ささやかな利益を上げていた会社が、九〇年間向上を続け、絶えず投資を行い、拡大し、変身してきたという物語だ。継続的な成長の途上では、時折挫折も経験した。何度か深刻な経済的打撃も受けたが、そのたびに這い上がり、再び成功をおさめて前進した。

九〇年間の収入は、ビルンと周辺地域にとって計り知れない意義があり、レゴと地元自治体とのあいだには忠誠心と互いへの責任感が生まれた。五〇年以上にわたって、レゴの年間決算が公表されるとき、CEOが最初に連絡を取る相手はビルンの町長だった。決算の数字は常に地元財政に大きな影響を与えるのみならず、政治判断や住民の税率にもある程度かかわってくるのを知っているからだ。

ニールス・B・クリスチャンセンは以前勤めていたダンフォス社でも同じような相互信頼を経験していた。ダンフォスもファミリー企業で、レゴとビルンの関係と同様にアルスの町と共生関係を結んでいたのである。

小さなコミュニティの一員でもある大きなファミリー企業にとって、こうした基本的な価値観や文化を有していることは大変な強みになる。約束が約束としてきちんと果たされ、互いを信頼し、相手が自分を騙したりカモにしたりしていると考えずにすむ環境にいられるのは、素晴らしいことだ。人は互いを適切に扱う。それは本当にいいことだと思う。

2,000人以上の従業員が働くビルンの新本社は、レゴキャンパスと呼ばれている。ケルはこの建物について述べた。「C・F・モラーの建築家たちが素晴らしく胸躍るものを設計してくれて、皆大喜びだった。以前も素敵なオフィスビルだったが、年金事務所にしてもいいくらい個性のない建物だった。レゴの精神があまり反映されていなかった。だから私は建築家たちを私のオフィスに連れていき、レゴの作品を誇らしげに披露している少年の絵を見せたんだ。その絵を見た彼らは、どうすればレゴにふさわしい本社にできるかをわかってくれたよ」（写真：ニールス・オーゲ・スコウボ）

レゴブロックの抽象的で自由な使い方は常にブロックのDNAであり、今日では芸術の一形態にまで発展している。1968年、ダニー・ホルムがレゴランドのために作った動物、家、風景によってその方向性が定められ、現在は世界各地に「ブロックアーティスト」が存在する。たとえば、ネイサン・サワヤは2004年にニューヨークでの弁護士という仕事を辞め、レゴを用いたフルタイムのアーティストとして独立した。代表作『イエロー』は、アーティストとしてのサワヤのアイデンティティを表現している。

現在でも、ヨーロッパ市場向けのレゴの部品は主にデンマークで成形されている。部品はチェコでレゴの箱に詰められる。チェコにはヨーロッパ向けの倉庫も置かれている。南北アメリカ向けのレゴの箱はメキシコで、中国とオーストラリアの市場に向けた製品は中国で生産されている。成形技術の開発や、リサイクルしたプラスチックやサトウキビなどを原料とする持続可能な部品の研究と製造は、ビルンで行われている。

二〇二一年三月に発表された決算は、新型コロナウィルスの世界的流行にもかかわらず、レゴがまたしても玩具業界でトップの成績をあげたことを明らかにした。消費者への販売額は二一パーセント増加し、二〇二〇年の総売上高は四三七億クローネを記録した。一九三二年、オーレ・キアクが初めて木製玩具の価格表を印刷したとき、売上高は三〇〇〇クローネだった。二〇一七年にレゴに加わったニールス・B・クリスチャンセンによれば、これだけ長年会社が成功している主な要因は感情だという。世界じゅうの消費者がレゴ製品やレゴブランドに抱く感情だけでなく、集積して時間とともに社風や特別なレゴ精神に凝縮し、徐々に何世代もの従業員に広がった感情でもある。レゴは全世界に二万人以上の従業員がいるが、それでもこの精神は今なお明確に存在している、とクリスチャンセンは考えている。

多くの会社は、自分たちの持つ優れた価値について語ることができる。だが、その会社の従業員が、私たちが毎日感じているのと同じように、同じ程度にその価値を感じているとは思わない。レゴでは、価値とは社長が読み上げる紙に書かれたものではない。ここでは、価値とは私たちが行うことそのものであり、あらゆるレベルにおける決断の一部なのだ。

もちろん、レゴの精神は時代に合わせて絶えず変化しているが、それでも最初のキアク・クリスチャンセン的、ビルン的なものが刻み込まれている。会社における重要なプロセスの多くが世界のいろいろな場所で行われているけれども、会社の本質を成すものがあり、それはすべての始まりの地、ビルンで行われねばならない。

たとえば製品のデザインだ。ビルンには二五〇人から三〇〇人のデザイナーがいて、その国籍は五〇以上にわたっているが、私たちはビルンでデザインすることにこだわっている。だから、もし我が社に迎えたい才能あるデザイナーがいたとしても、その人がビルンで働くことを望まないなら、話はそれまでだ。また、レゴグループのCEOはどんなときでもビルンのグローバル本部にいて、ここから会社を動かすべきだと思う。そして、これには異論もあるだろうが、CEOはデンマーク人であるべきだとも思っている。たとえデンマーク人でないとしても、レゴ精神の心髄を確実に維持するためには、会社の歴史や価値や精神の重要性を充分に理解している人物でなければならない。

ニールス・B・クリスチャンセンは二〇二一年三月一〇日の記者会見で、好決算は従業員の働きのおかげだと述べたあと、将来の大きな課題はデジタル化だと言った。流行の最前線にいて、子どもの寝室にある多くの魅力的なデジタル機器に後れを取らないため、レゴはこの分野に巨額の投資を続ける。

デジタル分野での新たな取り組みの例は、レゴ スーパーマリオやヒドゥンサイドである。後者は「拡張現実」を活用し、スマートホンのアプリを使ってゴーストハンターになれるというものだ。このテクノロジーは、眼鏡やヘッドセットやスマートホンやタブレットで見ることのできるデジタルの物体を現実に重ね合わせて、物理的な世界を拡張している。二〇二〇年三月、CEOは新聞にこうコメントした。「現代の子どもはデジタル的な遊びと物理的な遊びを区別していない。彼らは特に意識せず両者を行き来し、現実とデジタルが互いを高め合うような流動的な遊

「この新型モデルにはとてもわくわくしている。我が社のレゴデザイナーたちは、ブガッティの象徴的なデザインを細部まで見事に再現してくれた。まさにこれこそが、レゴブロックを使えば、なんでも作れることを証明している」2018年6月にレゴハウスで模型が発表されたとき、ブガッティのCEO、ステファン・ヴィンケルマンが本物のブガッティ・シロンを持ってきた、とニールス・B・クリスチャンセンは語った。

びを楽しむ」

レゴのデジタル化への投資には、二〇二〇年に二億五〇〇〇万人が訪れたウェブサイトLEGO.comの機能やサービスを拡張することや、未来にもレゴが重要な存在でいられるようにするというもっと広い意味での活動も含まれている。その未来とは、玩具業界の人間が全員、ある一点について合意している時代である——何もかもがどんどんデジタル化している！

もしあなたが、顔の見えないインターネットでばかり買い物することにうんざりしていて、レゴブロックを実際のレゴストアで買ってこのブランドを物理的に体験したいのなら、ビルンから朗報がある。二〇二一年には一二〇店舗（うち八〇店舗は中国）がオープンし、現在世界各地に全部で八〇〇を超えるレゴ専門店が存在するのだ。

レゴは二〇〇四年以降、誰も予想しえなかったほどの速さで成長した。この急速な成長は、人々が一九六〇年代にゴッドフレッドに対して、あるいは一九八〇年代にケルに対して尋ねたのと同じ質問の多くを誘発している。レゴはどこまで大きくなるか、レゴブランドができることに限界はあるのか？

ケル：私の考えでは、限界はない。我々は自分を何と比べればいいのか？　我々はおもちゃのブランドではない。むしろライフスタイルのブランドだ。技術の進歩、とりわけインターネットの普及により、とてつもなくすごいものを作る大人のレゴファンという素晴らしいグループが生まれた。彼らの作品は子どもたちを刺激し、遊びと学びの発達を促している。だから、まだ終わりは見えないと思う。

二〇二一年春、ケルは過去一五年間を振り返って大きな満足を覚え、この歳月は仕事のみならず家庭生活という点においても人生最高の時期だったと述べた。世代交代、レゴハウス、さまざまな企業買収と世界で八箇所のパークを持つマーリン・エンタテインメイツの株式の四七・五パーセントの所有によって取り戻したレゴランドへの影響力など、多くのことがうまくいった。一族にはさらに孫が増え、二〇一七年にはカミラから七〇歳の特別な誕生日プレゼントを贈られた。それは地球上のどこでも好きな場所への冒険旅行である。

ケルはアフリカを選んだ。ここはレゴがまだあまり開拓していない大陸、ケルがかねてより「途方もなくエキサイティングで、風変わりで、困難な大陸」だと考えていた場所である。彼はデンマークの元精鋭猟兵中隊兵士で親友のB・S・クリスチャンセンをガイドとし、自らの飛行機、ヘリコプター、熱気球で、ジンバブエとの国境に近い南アフリカのポロクワネから出発して、かつてキプリングが『ぞうのはなはなぜながい』（集英社、二〇〇九年）で「ワニがばんごはんに何を食べるのかしらと、ユーカリの木だらけの川まで行ってみた」と書いた濁った灰緑色のリンポポ川をさかのぼった。

七〇歳と元兵士はさらにボツワナを通ってザンビアのヴィクトリアの滝に向かい、動物愛好家のケルは途中でサバンナを自由に歩き回るキリン、ゾウ、ライオン、シマウマを見た。二〇〇〇以上の写真や映像を撮り、五〇メートルの距離からライフルでスイカを一発で撃ち抜いて割った。ときどき、一九五〇年代後半にビルンの荒野にいた少年に戻ったように感じた。

今や彼は引退した人間として人生を送っていかねばならない。父はそんな生活を苦痛に思っていたが、ケルは楽しみにしている。またデザイナーたちに交じって隅に小さなテーブルを確保し、そこに座って、創造の達人たちの技を教わりながらレゴをいじりたい気分だ。

ケル：そのことについてトマスと話をし、いても立ってもいられなくなったら会社を歩き回っていいと許しを得ている。実際にはほとんどしていないが。それでも、様子を見に行って、デザイナーが素晴らしいもの、非常によく考え抜いたものを作ったら肩を叩いてねぎらってやりたい、という衝動に駆られる。これまでに充分に楽しませてくれた馬は、まだ持っている。ニールスとヨアンとはこれからも会合を持ちたいし、会社全体の動きについていくつもりだ。だが業務に口を挟んで介入するのは――それはやりたくない。あと、財団での仕事があるし、キアクビでまったく新しい投資戦略を考える仕事もある。キアクビには、私のような人間ができることがたくさんある。忘れるところだったが、ビルン町議会での仕事や、大切なプロジェクト、「子どもたちの都」もある。私が最も覚えておいてもらいたいことは――子どもについて、子どもの発達や遊びや学びについて、遊び一般の重要性について、私はたくさん考えてきた、ということだ。

いまだに活動しつづけている、と娘の一人は父であるケルのことを言う。「どこからあんなにアイデアが湧いてくるのか！　きっと頭の中ではたくさんのことが進行しているに違いない。この一〇年間、父は内に秘めた力を解き放って、さらに自由奔放に、突拍子もなく、独創的に考えるようになった。何が起こっても不思議じゃない！」

そろそろケルに別れを告げることにしよう――驚嘆し、彼の一族の夢や理想や大志や戦略や計画やビジョンについて考え、ずっと昔からの年次報告書や市場分析や予算や特許申請書のフォルダーや新聞の切り抜きや価格表や四世代の父・母・子が写った写真のアルバムの山に囲まれて。それらすべてを見守っているのは笑顔の老人だ。さまざまな責任から解放され、世界を駆けめぐる旅に出ようとしている。彼こそは遊びの使者。デンマークの「子どもたちの都」から大切な

毎年８月、古いF1 レースカーを愛好する成人男性のグループがスペイン、マルベーリャの北にある有名なアスカリサーキットに集まり、自分の車でレースを行う。主催者はフォーミュラ・オートモビルの経営者ジョニー・ラウセン（右）。曲がりくねったコースで自身のフェラーリF1-9を走らせるケルの写真が撮られたのは、初参加した2014年だった。（私蔵資料）

2018年、ケルはアフリカへ行き、野生動物や滝の写真を数千枚撮った。(私蔵資料)

メッセージを伝えている。「我々の使命は『遊び』という語を子ども時代だけのものにしないことだ。残念なことだが、いまだに、人はちょっと大きくなったら遊ぶのをやめなければならないという偏見が残っている。ばかばかしい。さあ、立ち上がって楽しみ、遊ぼうじゃないか――生涯をかけて！」

訳者あとがき

ポッチ（突起）のついたカラフルな四角いブロック、レゴ（ＬＥＧＯ）を知らない人はいないでしょう。多くの人は幼い頃にレゴで（あるいは別の会社が出す類似のブロックで）遊び、大人になってからは自分の子どもにもレゴを与えたことでしょう。また、今なお「大人のレゴファン（ＡＦＯＬ）」として自ら模型作りに励みつづけている人もいるでしょう。

レゴの魅力は、自由な遊び方ができることです。取説を読まなくても遊べる。好きな色のブロックを好きな数だけ使って好きなものを作ることができ、作ったあとはまたばらばらにして別のものを作れる。組み立てること自体を楽しむもよし、作品を飾って観賞するもよし、組み立てたものをおままごとなど別の遊びに利用するもよし。部品が足りなくなったら買い足せばよく、別のセットの部品と組み合わせて独創的なものを作ることもできる。親が昔使ったものを押し入れから引っ張りだして、子どもに買った新たなセットと一緒に使ってもいい。この自由性、汎用性、不朽性が、レゴが長年にわたって世界じゅうで愛されてきた理由だと言えるでしょう。

本書は、そんなレゴを生みだし、育て、今なお世に出しつづけているデンマークの創業者一族、キアク・クリスチャンセン家の物語です。大工から木工職人、そして玩具製造者となった初代のオーレ・キアク。現在の形のブロックを完成させ、ブロックによるシステムという考え方を構築した二代目ゴッドフレッド。レゴの教育的側面を見いだし、また現代のデジタル化に対応してブロックを進化させた三代目ケル。これからのレゴを背負っていく四代目トマス。彼らの人生を縦糸に、レゴの一〇年ごとの歩みを横糸にして、物語は綴られていきます。

著者イェンス・アンダーセンは文芸評論家・ジャーナリスト。北欧文学の研究を専門とし、アンデルセンの童話を再話・編集した本は『本当に読みたかったアンデルセン童話』（ＮＴＴ出版、福井信子・大河原晶子訳、二〇〇五年）として日本でも出版されています。ちなみに、アンデルセンとアンダーセンは同じ「Andersen」。童話作家のほうは「アンデルセン」という呼び名が定着していますが、実はデンマーク語では「アンダーセン」のように発音されるのです。

ブロックを積み上げるように、著者アンダーセンが歴史的な事実を積み上げて組み立てたレゴの物語。今度暇なとき、また昔のようにレゴで何か作ってみようか――読み終わって、そんな気になりませんでしたか？

二〇二四年一〇月

【著者】

イェンス・アンダーセン（Jens Andersen）

デンマークの作家・文芸評論家。コペンハーゲン大学で北欧文学の博士号を取得。デンマーク国内の数々の文芸賞の受賞歴を持ち、特にハンス・クリスチャン・アンデルセン、アストリッド・リンドグレーンの伝記は高い評価を得ている。

【訳者】

三島　崎子（みしま　さきこ）

英米文学翻訳家。ロマンス小説、ノンフィクション、自己啓発書など訳書多数。大阪府在住。

LEGO

木工所から世界 No.1 玩具メーカーへ、90 年間のストーリー

2024 年 10 月 17 日　第 1 刷発行

著者　イェンス・アンダーセン

訳者　三島崎子

装丁　ヤマシタツトム

本文デザイン　木村真理子

発行者　岡田　剛

発行所　株式会社　楓書店
〒 150-0001　東京都渋谷区神宮前 3-25-18 2F
TEL 03-5860-4328
http://www.kaedeshoten.com

発売元　株式会社　サンクチュアリ・パブリッシング（サンクチュアリ出版）
〒 113-0023　東京都文京区向丘 2-14-9
TEL 03-5834-2507　FAX03-5834-2508

印刷・製本　シナノ書籍印刷株式会社

ISBN978-4-8014-8502-0